自动化设备工程设计与应用

孙崇智　韩　良　宋晓波　著

吉林科学技术出版社

图书在版编目（CIP）数据

自动化设备工程设计与应用 / 孙崇智，韩良，宋晓波著. -- 长春：吉林科学技术出版社，2023.6
ISBN 978-7-5744-0703-9

Ⅰ. ①自… Ⅱ. ①孙… ②韩… ③宋… Ⅲ. ①自动化设备—工程设计 Ⅳ.①TP202

中国国家版本馆 CIP 数据核字(2023)第 137690 号

自动化设备工程设计与应用

著	孙崇智 韩 良 宋晓波
出 版 人	宛 霞
责任编辑	安雅宁
封面设计	正思工作室
制 版	林忠平
幅面尺寸	185mm×260mm
开 本	16
字 数	350 千字
印 张	15.5
印 数	1–1500 册
版 次	2023年6月第1版
印 次	2024年2月第1次印刷

出 版	吉林科学技术出版社
发 行	吉林科学技术出版社
地 址	长春市福祉大路5788号
邮 编	130118
发行部电话/传真	0431-81629529 81629530 81629531
	81629532 81629533 81629534
储运部电话	0431-86059116
编辑部电话	0431-81629518
印 刷	三河市嵩川印刷有限公司

书 号	ISBN 978-7-5744-0703-9
定 价	90.00元

编委会

前　言

我国科技水平的不断提升，促使机械自动化技术的大规模实际应用。当前很多企业已对传统企业生产设备进行更换或者改进，将机械自动化技术和相关设备较好的应用在产品生产过程中，这样既可以提高企业生产效率和质量，同时也促进企业整体运营成本的有效控制。实现最大限度的利用机械自动化技术，进而创造更大的经济价值的目标，这需要科技人员对自动化设备技术进行深入研究，根据实际应用情况和国外先进技术对设备进行升级改进。

自动化具体是指在少人或是无人参与的前提条件下，使设备按照人的要求，自行达到预期目标的过程。目前，自动化技术已经被广泛应用于多个领域当中，如军事、农业、工业、科研、交通、医疗等等。自动化最为突出的特点在于能够使人从繁重的体力劳动、恶劣及危险的工作环境中解放出来，有助于生产效率的提升，其现已成为科学技术现代化的重要标志。

本书的章节布局，共分为十章。第一章是机电类特种设备概述，介绍了机电类特种设备及其用途、特殊性和发生事故的危害性以及安全监察和法规体系等；第二章对常见特种机电结构特点及其检测要求做了相对详尽的介绍，本章介绍了电梯、起重机械、客运索道、大型游乐设施和厂内专用机动车辆；第三章是伺服电动机、步进电动机与直流电动机；第四章是 PLC 和运动控制器；第五章是常用电气控制电路，介绍了控制柜内电路的一般排列和标注规律、电动机起停控制电路以及电动机正、反转控制电路等；第六章是自动化设备工程应用实践，介绍了变频恒压控制系统、恒温度控制以及恒流量控制等；第七章是射线检测在机电特种设备中的应用，介绍了射线检测的概述、工艺方法与技术以及在机电特种设备中的应用；第八章是超声波检测在机电特种设备的应用，介绍了超声波检测的概述、工艺方法与技术以及在机电特种设备中的应用；第九章是磁粉检测在机电特种设备中的应用，介绍了磁粉检测的概述、工艺方法与技术以及在机电特种设备中的应用；第十章是渗透检测在机电特种设备中的应用，介绍了渗透检测的概述、工艺方法与技术以及在机电特种设备中的应用。

本书在撰写过程中，参考、借鉴了大量著作与部分学者的理论研究成果，在此一一表示感谢。由于作者精力有限，加之行文仓促，书中难免存在疏漏与不足之处，望各位专家学者与广大读者批评指正，以使本书更加完善。

目　录

第一章　机电类特种设备概述

第一节　机电类特种设备及其用途

一、定义

（一）特种设备

国务院颁布的《特种设备安全监察条例》规定，特种设备是指涉及生命安全、危险性较大的锅炉、压力容器（含气瓶）、压力管道、电梯、起重机械、客运索道、大型游乐设施和场（厂）内专用机动车辆。

（二）机电类特种设备

电梯、起重机械、客运索道、大型游乐设施和场（厂）内专用机动车辆为机电类特种设备。锅炉、压力容器（含气瓶）、压力管道为承压类特种设备。

（1）电梯：是指动力驱动，利用沿刚性导轨运行的箱体或者沿固定线路运行的梯级（踏步），进行升降或者平行运送人、货物的机电设备，包括载人（货）电梯、自动扶梯、自动人行道等。

（2）起重机械：是指用于垂直升降或者垂直升降并水平移动重物的机电设备，其范围规定为额定起重量大于或者等于0.5t的升降机；额定起重量大于或者等于1t，且提升高度大于或者等于2m的起重机和承重形式固定的电动葫芦等。

（3）客运索道：是指动力驱动，利用柔性绳索牵引箱体等运载工具运送人员的机电设备，包括客运架空索道、客运缆车、客运拖牵索道等。

（4）大型游乐设施：是指用于经营目的，承载乘客游乐的设施，其范围规定为设计最大运行线速度大于或者等于2m/s，或者运行高度距地面高于或者等于2m的载人大型游乐设施。

（5）场（厂）内专用机动车辆：是指除道路交通、农用车辆外仅在工厂厂区、旅游景区、游乐场所等特定区域使用的专用机动车辆。

二、机电类特种设备的用途

（一）电梯的用途

电梯的主要用途是垂直或倾斜、水平输送人和物。随着当今现代化城市的高速发展，为节约城市用地和适应生产与生活相对集中发展的需要，一幢幢高楼大厦拔地而起。为了输送大量人员及物资，每幢楼宇需要配备电梯这种垂直运输系统。电梯已经成为人民群众工作生活中必需的交通工具之一。

在服务性或生产性部门，如医院、商场、仓库、车站、机场等，也需要大量的病床电梯、载货电梯、自动扶梯和自动人行道。随着经济和技术的不断发展，电梯的使用领域将越来越广。

（二）起重机械的用途

起重机械的主要用途是垂直升降重物，并可兼使重物作短距离的水平移动，以满足装卸、转载、安装等作业要求。起重机械是现代化生产必不可少的重要机械设备。高层建筑的施工、上万吨级和几十万吨级大型船舶的制造、火箭和导弹的发射、大型电站的施工和安装等，都离不开起重机械。

（三）客运索道的用途

客运索道包括客运架空索道、客运拖牵索道、客运缆车。其中客运架空索道是利用架空的绳索承载工具运送乘客，运载工具在运行中是悬空的。架空索道能适应复杂地形，跨越山川，克服地面障碍物，实现直线运输。客运拖牵索道是利用雪面、冰面、水面承载运载工具运送乘客，乘客在运行中不脱离地面，利用钢丝绳拖动乘客行走，下行侧不载人。客运拖牵索道主要用于滑雪、滑水等体育娱乐活动中。客运缆车是利用地面轨道承载运载工具运送乘客，运载工具（一般为客车）沿固定的轨道（多为钢轨）依靠钢丝绳的牵引运行。

（四）大型游乐设施的用途

大型游乐设施的主要用途是载人娱乐和满足乘客在娱乐过程中对动感和惊险的感受度的需求。

（五）场（厂）内专用机动车辆的用途

场（厂）内专用机动车辆包括专用机动工业车辆和专用旅游观光车辆。场（厂）内专用机动工业车辆兼有运输、搬运及工程施工作业功能，并可配备各种可拆换的工作装置与专用属具，能机动灵活地适应多变的物料搬运作业场合，经济高效地满足各种短距离的物料搬运作业的需要。场（厂）内专用旅游观光车辆则以电动机或内燃机驱动，以休闲、观光、游览为主要用途，适合在旅游风景区域运行。

第二节 机电类特种设备的特殊性和发生事故的危害性

机电类特种设备是经济建设和人民生活中使用的具有潜在危险的重要设备和设施，随着我国经济的发展和人民生活水平的提高，机电类特种设备数量迅猛增长，使用领域日益广泛。实践证明，这是一类事故率高、事故危害严重的特殊设备。

一、机电类特种设备的特殊性

机电类特种设备均为机电（甚至包含液压和气压）一体结构的特殊设备，一般具有以下特点：

（1）结构复杂，由多种机械零件和电子、电气、液压、气压等元件组成。

（2）部分器件承受交变载荷和处于摩擦运行状态。

（3）随着作业时间的增加，因零部件磨损、腐蚀、疲劳、变形、老化和偶然性损伤等，会造成设备技术状态变坏，从而导致失效，并发生严重事故。一旦发生事故，易造成群死群伤，社会影响恶劣。

表1-1为机电类特种设备主要失效方式和潜在危险。

表1-1 机电类特种设备主要失效方式和潜在危险

序号	设备名称	主要失效方式和潜在危险
1	电梯	剪切
		挤压
		坠落
		撞击
		被困
		火灾
		电击
		由下列原因引起的材料失效： ①机械损伤 ②磨损 ③锈蚀
2	起重机械	吊物坠落
		挤压碰撞
		触电
		机体倾翻

序号	设备名称	主要失效方式和潜在危险
		由下列原因引起的材料失效： ①磨损 ②腐蚀 ③疲劳 ④变形 ⑤机械损伤
3	客运索道	吊具在站台上撞人 断索 张紧索松脱 脱索、索缠绕 吊人 闸制动失灵造成飞车 吊具与支架相撞 设备损坏等 由于下列原因引起的材料失效： ①磨损 ②腐蚀 ③机械损伤
4	大型游乐设施	由于乘人部分导致的危险： ①超载荷运行导致的对设施结构的塑性破坏、疲劳破坏 ②设备控制部分安全保护失效 由于主要构件导致的危险： 　①没有按设计规定进行维护和规定使用期内的更换，导致主要构件的塑性破坏、脆性破坏、疲劳破坏、腐蚀破坏、蠕变破坏 　②没有实施必要的监测和检测措施，使主构件的破坏程度由于安全临界点的失效产生瞬间的扩大 　③由于部件的失效产生关联性的机械伤害 由于动力部件、传动件及制动件（器）导致的危险： ①机械能量的累积释放造成机械装置和机械安全装置的破坏 ②对处于提升段和靠惯性滑行的游乐设施（如滑行车），由于动力部件和（或）传动部件所做的功不能累积所必需的能量，使得设计所需的累积机械能丧失 由于金属结构导致的危险： 机械力和机械应力的作用下导致塑性破坏、脆性破坏、疲劳破坏 ②没有按规定进行金属结构表面维护而导致腐蚀破坏

序号	设备名称	主要失效方式和潜在危险
		由于安全装置、安全网、安全防护罩导致的危险： ①没有按设计规定进行维护和规定使用期内的更换，导致安全装置、安全网、安全防护罩的塑性破坏、脆性破坏、疲劳破坏、腐蚀破坏、蠕变破坏 ②没有实施必要的监测和检测措施，使安全装置、安全网、安全防护罩的破坏程度由于安全临界点的失效产生瞬间的扩大 ③由于部件的失效产生关联性的机械伤害
		由于液压和气动系统导致的危险： ①没有按设计规定进行维护和规定使用期内的更换，导致系统元件和系统保护装置的疲劳破坏、腐蚀破坏、蠕变破坏 ②没有实施必要的监测和检测措施，使系统元件和系统保护装置的破坏程度由于安全临界点的失效产生瞬间的扩大 ③由于部件的失效产生关联性的机械伤害
		由于电气系统和电气操作控制装置导致的危险： ①动力源失效 ②控制电路失效 ③设定错误 ④电气短路产生电击伤害
		由于水上设施的水池、水滑梯、碰碰船等专用船只导致的危险： ①腐蚀破坏 ②蠕变破坏
		由于基础、站台、栏杆和安全通道导致的危险：腐蚀破坏
		由于安全警示及标志导致的危险：人的不安全行为
		由于设施构造和防护功能未考虑不同年龄层乘客的行为特征导致的危险（如儿童游乐设施）：决策失误
5	场（厂）内专用机动车辆	物体坠落
		翻车
		坠车
		碾轧、碰伤

二、机电类特种设备发生事故的危害性

（一）电梯

根据国家质检总局公布的2010年度统计数据，我国在用电梯162.85万台，占在用特种设备的比重达到25.14%，而2010年电梯事故占特种设备事故总数的14.86%，居于八类特种设备的第二位。2002年2月10日，吉林省白山市市场经营开发总公司山货市场分公司发生一起电梯重大事故，造成3人死亡。事故原因系维修期间钢丝绳丝扣断裂，导致轿厢坠落，维修人员无资质。

2002年11月21日22时40分，湖南省郴州市宜章县兴中大酒店发生一起电梯事故，造成2人死亡。

2011年7月5日9时36分，北京地铁四号线动物园站A口自动扶梯上行时发生溜梯故障，导致正在搭乘电梯的部分乘客摔倒，造成1名少年死亡，20多人受伤。

（二）起重机械

2010年我国在用起重机械已达到150.00万台，占在用特种设备的比重达到23.16%，2008年我国起重机械事故占特种设备事故总数的26.69%，是特种设备中安全事故最集中的领域。

2000年9月，长江三峡工地发生一起塔带机倒塌事故，造成3人死亡，20人重伤。事故直接原因是设备存在严重缺陷，操作人员无证上岗。

2001年7月17日上午，在沪东中华造船（集团）有限公司船坞工地，由上海电力建筑工程公司等单位承担安装的600t×170m龙门起重机在吊装主梁过程中发生倒塌事故，造成36人死亡，3人受伤，事故造成经济损失约1亿元，其中直接经济损失8000多万元。

2001年12月24日14时25分，甘肃省天水市建三小学发生起重机械倒塌重大事故，造成5人死亡，19人受伤，其中重伤2人。事故原因系非法安装，安装人员无资质。

2005年9月27日16时20分，郑州市郑东新区热电厂一期工程使用中的一台门式起重机在雨中进行装卸作业时发生倒塌，造成正在门式起重机作业区域范围内一工具库房避雨的5名职工中3人当场死亡，司机1人受伤的较大事故。该事故的直接原因：门式起重机金属结构焊接质量及制造存在严重缺陷，同时门式起重机大车轨道存在基础滑移和沉降现象。

2007年4月18日7时53分，辽宁省铁岭市清河特殊钢有限责任公司炼钢车间一台60t钢水包在吊运过程中倾覆，钢水涌向一个工作间，造成正在开班前会的32人死亡，6人重伤，直接经济损失866.2万元。经调查认定，辽宁省铁岭市清河特殊钢有限责任公司"4·18"钢水包倾覆特别重大事故是一起责任事故。此次事故的直接原因：电气系统存在设计缺陷，制动器未能自动抱闸，导致钢水包失控下坠，钢水包撞击浇注台

车后落地倾覆，钢水涌向被错误选定为班前会地点的工具间。

（三）客运索道

2010年在用客运索道为860条。

1999年10月3日，贵州省黔西南州兴义市马岭河风景区发生客运架空索道重大伤亡事故，造成14人死亡，22人受伤。事故直接原因是设计严重违反安全规范，运行管理混乱。

（四）大型游乐设施

2010年在用大型游乐设施为1.58万台（套）。

1994年11月，重庆科普中心内"飞毯"将一男一女抛出，两人当场死亡。

1995年5月1日，南京玄武湖公园"太空飞车"第三节脱离车架坠地，一个5岁男孩死亡，其父重伤。

2010年6月29日16时45分，深圳东部华侨城"太空迷航"发生重大安全事故，造成6人死亡，10人受伤。

（五）场（厂）内专用机动车辆

2010年在用场（厂）内专用机动车辆（简称厂车）为38.79万台。

2006年2月9日，通州市海通钢绳厂沈阳经营部发生一起厂车事故，造成1人死亡。该厂沈阳经营部孟某在铁西区北–西路的物资局钢材仓库内操作叉车时，头部被挤在起升机构和上部车架间，当场死亡。

2007年2月3日，湖北省十堰市张湾区双星东风轮胎有限公司发生一起厂车事故，造成1人死亡。事发时，该公司动力车间职工驾驶装载机在煤场清理煤渣，当时车子正处于上坡，司机挂倒挡，刹车失灵，车子向后滑，翻落在煤场下边的铁轨道坑上，司机当场死亡。

第三节　机电类特种设备安全监察和法规体系

基于机电类特种设备的上述特点，保证机电特种设备安全运行是至关重要的。一旦发生事故，不仅毁坏设备，破坏生产，造成重大的经济损失，而且会造成人员伤亡和社会不安定，其后果十分严重。因此，我国和世界上大多数国家都在政府部门设有专管机构，专门从事这类设备的安全监督和检验工作。

对特种设备，设计和制造单位要保证质量，设计和生产出安全可靠的产品；使用单位要加强安全管理，确保安全运行；特种设备安全监察部门代表国家依据有关法律法规对特种设备进行综合管理监察，即实行国家监察制度。

一、特种设备安全法律法规体系

特种设备安全法律法规体系是保证特种设备安全的法律保障。各级政府质检部门依法行政和加强特种设备安全监察，必须有完善的法律法规体系给予保证。我国特种设备安全法律法规体系经过几十年发展，基本形成了目前相对完善的体系。1982年国务院发布的《锅炉压力容器安全监察暂行条例》为我国建立锅炉压力容器安全监察制度提供了法律依据，为安全监察工作的法制化、规范化奠定了坚实的基础。2003年，国务院又以《特种设备安全监察条例》取代了施行20多年的暂行条例，并正在积极推进《特种设备安全法》立法工作。我国基本形成了中国特色的"法律–行政法规–行政规章–安全技术规范–引用标准"5个层次的特种设备安全法律法规体系结构。

（一）法律

我国现行法律中，还没有一部专门用于特种设备安全管理的法律。拟定中的《特种设备安全法》已列入国家立法计划，正处于起草修改阶段。目前适用于特种设备安全工作的相关法律主要有《中华人民共和国安全生产法》、《中华人民共和国产品质量法》、《中华人民共和国进出口商品检验法》、《中华人民共和国行政许可法》。

（二）行政法规

1.国务院颁布的行政法规

根据国务院《行政法规制定程序条例》，行政法规是国务院为领导和管理国家各项行政工作，根据宪法和法律，并且按照本条例的规定制定的政治、经济、教育、科技、文化、外事等各项法规的总称。

我国1982年发布的《锅炉压力容器安全监察暂行条例》，是新中国成立以来制定的第一部关于锅炉压力容器安全监察工作方面的行政法规。而2003年国务院公布的《特种设备安全监察条例》是在原暂行条例的基础上，将安全监察管理范围从锅炉、压力容器扩大到压力管道、电梯、起重机械、客运索道、大型游乐设施等设备设施，并第一次从行政法规的角度正式将这些危险设备设施统一定义为"特种设备"。这个从2003年6月1日开始施行的条例是我国政府为了适应经济和社会发展，为切实保障安全而制定的一部全面规范八大类特种设备在生产、使用检验检测及其监督检查等过程中所涉及的安全方面活动的专门行政性法规。这项法规进一步明确了特种设备安全有关各方的职责、行为准则和相关法律责任，确立了特种设备行政许可、监督检查两大安全监察制度，塑造了我国在市场经济环境下"企业全面负责，部门依法监管，检验技术把关，政府督促协调，社会广泛监督"的特种设备安全管理新格局，是我国特种设备安全监察事业发展的一个极其重要的里程碑。2009年1月14日国务院第46次常务会议通过的《国务院关于修改〈特种设备安全监察条例〉的决定》又将安全监察管理范围增加了场（厂）内专用机动车辆。

2.地方性法规

除国务院颁布的行政法规外，许多省、自治区和直辖市为了保障本地区特种设备安全，通过省级人民代表大会立法，制定了地方性特种设备安全监察管理法规。

（三）行政规章

法定意义上的行政规章，是指国务院主管部门和地方省级人民政府、省政府所在地的市级人民政府以及国务院批准为较大市的市政府，根据并且为了实施法律、行政法规、地方性法规，在自己的权限范围内依法制定的规范性行政管理文件。部门规章应当经部务会议或者委员会会议决定并由部门首长签署命令予以公布。部门规章签署公布后，必须在国务院公报或者部门公报和在全国范围内发行的报纸上刊登。在国务院公报或者部门公报和地方人民政府公报上刊登的规章文本为标准文本。

1.国家质检总局颁发的行政规章

国家质检总局制定的特种设备安全方面的部门规章有《特种设备作业人员监督管理办法》（国家质检总局令第70号）、《起重机械安全监察规定》（国家质检总局令第92号）、《特种设备事故报告和调查处理规定》（国家质检总局令第115号）、《高耗能特种设备节能监督管理办法》（国家质检总局令第116号）等。

2.省级地方政府颁发的规章

除国家行政管理部门规章外，很多省市地方政府也制定了由政府首长签发的地方性特种设备安全管理行政规章。

（四）安全技术规范

以国家质检总局文件形式（而不是以令形式）颁布，与行政规章等效，侧重于某一方面特种设备具体安全技术方面要求的规范性文件（规程、规则、导则等），统称为特种设备安全技术规范。安全技术规范是国务院条例首次以行政法规形式在特种设备领域提出的概念。

（五）引用标准

安全技术规范引用的标准或标准的部分内容，与安全技术规范具有同等效用。

二、机电类特种设备安全技术规范

我国特种设备安全技术规范从大的方面分为管理类和技术类两大类；从管理对象方面可分为综合、锅炉、压力容器、压力管道、电梯、起重机械、大型游乐设施、架空客运索道、场（厂）内专用机动车辆等九大类。特种设备安全技术规范管辖内容涉及单位（机构）和人员资格与管理规定、各类特种设备安全技术基本要求、管理和技术程序与方法规定等方面。

表1-2为与机电类特种设备相关的主要安全技术规范。

表 1-2　与机电类特种设备相关的主要安全技术规范

序号	标准名称	标准编号
1	TSGT7001-2009	电梯监督检验和定期检验规则——曳引与强制驱动电梯
2	TSGT7002-2011	电梯监督检验和定期检验规则——消防员电梯
3	TSG17003-2011	电梯监督检验和定期检验规则——防爆电梯
4	TSGT7004-2012	电梯监督检验和定期检验规则——液压电梯
5	TSGT7005-2012	电梯监督检验和定期检验规则——自动扶梯与自动人行道
6	TSGT7006-2012	电梯监督检验和定期检验规则——杂物电梯
7	TSGT5001-2009	电梯使用管理与维护保养规则
8	TSGT6001-2007	电梯安全管理人员和作业人员考核大纲
9	TSGQ0002-2008	起重机械安全技术监察规程——桥式起重机
10	TSGQ7001-2006	起重机械制造监督检验规则
11	TSGQ7002-2007	桥式起重机型式试验细则
12	TSGQ7003-2007	门式起重机型式试验细则
13	TSGQ7004-2006	塔式起重机型式试验细则
14	TSGQ7005-2008	流动式起重机型式试验细则
15	TSGQ7006-2007	铁路起重机型式试验细则
16	TSGQ7007-2008	门座起重机型式试验细则
17	TSGQ7008-2007	升降机型式试验细则
18	TSGQ7009-2007	缆索起重机型式试验细则
19	TSGQ7010-2007	桅杆起重机型式试验细则
20	TSGQ7011-2007	旋臂起重机型式试验细则
21	TSGQ7012-2008	轻小型起重设备型式试验细则
22	TSGQ7013-2006	机械式停车设备型式试验细则
23	TSGQ7014-2008	安全保护装置型式试验细则
24	TSGQ7015-2008	起重机械定期检验规则
25	TSGQ7016-2008	起重机械安装改造重大维修监督检验规则
26	TSGQ5001-2009	起重机械使用管理规则
27	TSGQ6001-2009	起重机械安全管理人员及作业人员培训考核大纲
28	TSGS7001-2004	客运拖牵索道安装监督检验与定期检验规则
29	TSGS7002-2005	客运缆车安装监督检验与定期检验规则
30	国质检锅〔2002〕124号	游乐设施监督检验规程（试行）
31	国质检锅〔2003〕34号	游乐设施安全技术监察规程（试行）
32	国质检锅〔2002〕16号	厂内机动车辆监督检验规程

第四节　机电类特种设备主要技术标准

（1）电梯主要标准（见表1-3）。

表1-3　电梯主要标准

序号	标准编号	标准名称
1	GB7588-2003	电梯制造与安装安全规范
2	GB8903-2005	电梯用钢丝绳
3	GB10060-93	电梯安装验收规范
4	GB16899-2011	自动扶梯和自动人行道的制造与安装安全规范
5	GB21240-2007	液压电梯制造与安装安全规范
6	GB24803.1-2009	电梯安全要求 第1部分：电梯基本安全要求
7	GB24804-2009	提高在用电梯安全性的规范
8	GB25194-2010	杂物电梯制造与安装安全规范
9	GB/T7024-2008	电梯、自行扶梯、自动人行道术语
10	GB/T10058-2009	电梯技术条件
11	GB/T10059-2009	电梯试验方法
12	GB/T18755-2009	电梯、自动扶梯和自动人行道维修规范
13	GB/T22562-2008	电梯T型导轨
14	GB/T24474-2009	电梯承运质量测量
15	GB/T24475-2009	电梯远程报警系统
16	GB/T24476-2009	电梯、自动扶梯和自动人行道数据监视和记录规范
17	GB/T24477-2009	适用于残障人员的电梯附加要求
18	GB/T24478-2009	电梯曳引机
19	GB/T24479-2009	火灾情况下电梯的特性
20	GB/T24480-2009	电梯层门耐火试验

（2）起重机械标准（见表1-4）。

表1-4　起重机械标准

序号	标准编号	标准名称
1	GB5144-2006	塔式起重机安全规程
2	GB6067.1-2010	起重机械安全规程 第1部分：总则
3	GB10055-2007	施工升降机安全规程
4	GB12602-2009	起重机械超载保护装置
5	GB17907-2010	机械式停车设备通用安全要求

续表

序号	标准编号	标准名称
6	GB26469-2011	架桥机安全规程
7	GB50278-2010	起重设备安装工程施工及验收规范
8	GB/T1955-2008	建筑卷扬机
9	GB/T3811-2008	起重机设计规范
10	GB/T5031-2008	塔式起重机
11	GB/T6068-2008	汽车起重机和轮胎起重机试验规范
12	GB/T6068.1-2005	汽车起重机和轮胎起重机试验规范 第1部分：一般要求
13	GB/T6068.2-2005	汽车起重机和轮胎起重机试验规范 第2部分：合格试验
14	GB/T6068.3-2005	汽车起重机和轮胎起重机试验规范 第3部分：结构试验
15	GB/T6974.1-2008	起重机术语 第1部分：通用术语
16	GB/T6974.2-2010	起重机术语 第2部分：流动式起重机
17	GB/T6974.3-2008	起重机术语 第3部分：塔式起重机
18	GB/T6974.5-2008	起重机术语 第5部分：桥式和门式起重机
19	GB/T10054-2005	施工升降机
20	GB/T13330-91	150t以下履带起重机性能试验方法
21	GB/T14405-2011	通用桥式起重机
22	GB/T14406-2011	通用门式起重机
23	GB/T14560-93	150t以下履带起重机技术条件
24	GB/T14734-2008	港口浮式起重机安全规程
25	GB/T14743-93	港口轮胎起重机技术条件
26	GB/T14744-93	港口轮胎起重机试验方法
27	GB/T14783-2009	轮胎式集装箱门式起重机
28	GB/T15360-94	岸边集装箱起重机试验方法
29	GB/T15361-94	岸边集装箱起重机技术条件
30	GB/T15362-94	轮胎式集装箱门式起重机试验方法
31	GB/T17495-2009	港口门座起重机

（3）游乐设施标准（见表1-5）。

表1-5 游乐设施标准

序号	标准编号	标准名称
1	GB8408-2008	游乐设施安全规范
2	GB18160-2000	陀螺类游艺机通用技术条件
3	GB18161-2000	飞行塔类游艺机通用技术条件
4	GB18164-2000	观览车类游艺机通用技术条件

续表

序号	标准编号	标准名称
5	GB18167-2000	光电打靶类游艺机通用技术条件
6	GB18168-2000	水上游乐设施通用技术条件
7	GB18169-2000	碰碰车类游艺机通用技术条件
8	GB/T16767-1997	游乐园（场）安全和服务质量
9	GB/T18158-2008	转马类游艺机通用技术条件
10	GB/T18159-2008	滑行类游艺机通用技术条件
11	GB/T18162-2008	赛车类游艺机通用技术条件
12	GB/T18163-2009	自控飞机类游艺机通用技术条件
13	GB/T18165-2008	小火车类游艺机通用技术条件
14	GB/T18166-2008	架空游览车类游艺机通用技术条件
15	GB/T18170-2008	电池车类游艺机通用技术条件
16	GB/T18878-2006	滑道设计规范
17	GB/T20049-2006	游乐设施代号
18	GB/T20050-2006	游乐设施检验验收
19	GB/T20051-2006	无动力类游乐设施技术条件
20	GB/T20306-2006	游乐设施术语

（4）客运索道标准（见表1-6）。

表1-6　客运索道标准

序号	标准编号	标准名称
1	GB12352-2007	客运架空索道安全规范
2	GB/T13588.1-94	双线循环式货运架空索道设计规范
3	GB/T13588.2-94	单线循环式货运架空索道设计规范
4	GB50127-2007	架空索道工程技术规范
5	GB/T13678-92	单线脱挂抱索器客运架空索道设计规范
6	GB/T19401-2003	客运拖牵索道技术规范
7	GB/T19402-2003	客运地面缆车技术规范
8	GB/T24729-2009	客运索道固定抱索器通用技术条件
9	GB/T24730-2009	客运索道脱挂抱索器通用技术条件
10	GB/T24731-2009	客运索道驱动装置通用技术条件
11	GB/T24732-2009	客运索道托（压）索轮通用技术条件

（5）场（厂）内专用机动车辆标准（见表1-7）。

表 1-7 场（厂）内专用机动车辆标准

序号	标准编号	标准名称
1	GB4387-94	工业企业厂内铁路、道路运输安全规程
2	GB7258-2004	机动车运行安全技术条件
3	GB10827-1999	机动工业车辆安全规范
4	GB/T5140-2005	叉车 挂钩型货叉 术语
5	GB/T5141-2005	平衡重式叉车 稳定性试验
6	GB/T5182-2008	叉车 货叉 技术要求和试验方法
7	GB/T5183-2005	叉车 货叉 尺寸
8	GB/T5184-2008	叉车 挂钩型货叉和货叉架 安装尺寸
9	GB/T5143-2008	工业车辆 护顶架 技术要求和试验方法
10	GB/T6104-2005	机动工业车辆 术语
11	GB/T16178-1996	厂内机动车辆安全检验技术要求
12	GB/T18332.1-2009	电动道路车辆用铅酸电池
13	GB/T21268-2007	非公路用旅游观光车通用技术条件
14	GB/T21467-2008	工业车辆在门架前倾的特定条件下堆垛作业 附加稳定性试验
15	JB/T2391-2007	500kg~10000kg平衡重式叉车技术条件

（6）相关无损检测标准（见表1-8）。

表 1-8 相关无损检测标准

序号	标准编号	标准名称
1	GB/T3323-2005	金属熔化焊焊接接头射线照相
2	JB/T10559-2006	起重机械无损检测 钢焊缝超声检测
3	JB/T6061-2007	无损检测 焊缝磁粉检测
4	JB/T6062-2007	无损检测 焊缝渗透检测
5	JB4730-2005	承压设备无损检测
6	GB/T4162-2008	锻轧钢棒超声检测方法
7	GB/T5972-2009	起重机 钢丝绳 保养、维护、安装、检验和报废
8	GB/T9075-2008	索道用钢丝绳检验和报废规范
9	GB/T21837-2008	铁磁性钢丝绳电磁检测方法
10	GB/T18182-2000	金属压力容器声发射检测及结果评价方法

第二章 常见特种机电结构特点及其检测要求

第一节 电 梯

一、电梯的组成和结构特点

电梯是机械、电气、电子技术一体化的产品。机械部分如同人的身体，是执行机构；各种电气线路如同人的神经，是信号传感系统；控制系统则好比人的大脑，分析外来信号和自身状态，并发出指令让机械部分执行。各部分密切协同，使电梯能可靠运行。

（一）载人（货）电梯的组成和结构特点

载人（货）电梯中最为典型的曳引驱动电梯由八大系统组成（见图2-1）。

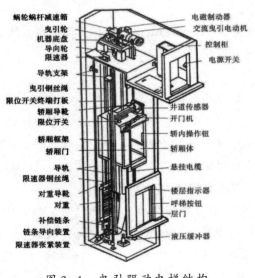

图 2-1 曳引驱动电梯结构

1.曳引驱动系统

功能：输出与传递动力，驱动电梯运行。

组成：曳引机（电动机、制动器、减速箱、曳引轮等）、曳引钢丝绳、导向轮、反绳轮等。工作原理：电动机通过联轴器（制动轮）传递给减速箱蜗杆轴，蜗杆轴通过齿啮合带动蜗轮旋转，与蜗轮同轴装配的曳引轮亦旋转。由于轿厢与对重装置的重力使曳引钢丝绳与曳引轮绳槽间产生了摩擦力，该摩擦力就带动了钢丝绳使轿厢和对重作相对运动，使轿厢在井道中沿导轨上下运行。

2.导向系统

功能：限制轿厢和对重的活动自由度，使其能沿着导轨作升降运动。

组成：导轨、导靴和导轨架。

3.轿厢

功能：运送乘客和（或）货物，是电梯的工作部分。

组成：轿厢架（固定轿厢体的承重结构）和轿厢（轿厢底、轿厢壁、轿厢顶）。

4.门系统

功能：封住层站入口和轿厢入口。运行时层门、轿厢门必须封闭，到站时才能打开。

组成：轿厢门、层门、开门机、门锁等。

工作原理：开门机安装在轿厢顶门口处，由电动机通过减速机构，再通过传动机构带动轿厢门开启或关闭。电梯到站时，安装在轿厢门上的门刀卡入层门上门锁从而锁往滚轮，轿厢门开启或关闭时通过门刀与门锁带动层门开启或关闭。开门时门刀拨动门锁滚轮使锁钩打开（解锁），关门时则通过弹簧等使锁钩啮合，以防止门在运行中打开。

5.重量平衡装置

功能：相对平衡轿厢重量以及补偿高层电梯中曳引绳长度的影响。

组成：对重和重量补偿装置。

6.电力拖动系统

功能：提供动力，对电梯实行速度控制。

组成：曳引电动机、供电系统、速度反馈装置、电动机调速装置等。

工作原理：电梯运行时，经历了加速起动、稳速运行、减速停靠等几个阶段。电力拖动系统除给电梯运行提供动力外，还对电梯的上述几个运行阶段起控制作用，以保证电梯的乘坐舒适、准确平层和可靠制动。

目前使用最多的是交流变压变频调速系统，即VVVF（Variable Voltage Variable Frequency）系统。通过变频装置，对电源频率和电动机定子电压同时进行调节，即可使电梯平稳地加速和减速。采用这种调速方法，电梯运行平稳，舒适感好，能耗低，故障少。目前VVVF系统已成为电梯的主流调速系统。

7.电气控制系统

功能：对电梯的运行实行操纵和控制。

组成：操纵装置、位置显示装置、控制屏（柜）、平层装置等。

工作原理：将操纵装置、平层装置、各种限位开关、光电开关、行程开关等发出的信号送入控制系统，由控制系统按照预先编制好的程序，对各种输入信号进行采集、分析，判断电梯的状态和服务需求，经过运算后，发出相应指令，使电梯按照自身状态（是否在运行，门是开还是关，是否已平层，目前在哪个楼层等）和服务需求（上召唤，下召唤，选层等）来作出相应反应。

8.安全保护系统

功能：保证电梯安全使用，防止一切危及人身安全的事故发生。

组成：限速器-安全钳联动超速保护装置，缓冲器，超越上下极限位置时的保护装置，层门与轿厢门的电气联锁装置（包括：正常运行时不可能打开层门、门开着不能起动或继续运行，验证层门锁紧的电气安全装置，紧急开锁与层门自动关闭装置，自动门防夹装置），紧急操作和停止保护装置，轿厢顶检修装置，断、错相保护装置等。

超速保护装置的工作原理：限速器安装在机房，通过限速器钢丝绳与安装在轿厢两侧的安全钳拉杆相连，电梯的运行速度通过钢丝绳反映到限速器的转速上。电梯运行时，钢丝绳将电梯的垂直运动转化为限速器的旋转运动。当旋转速度超过极限值时，限速器就会使超速开关动作，切断控制电路，使电梯停止运行；如未能使电梯停止，电梯继续加速下行（例如制动器失效时），限速器进而卡住钢丝绳，使钢丝绳无法运动，由于电梯继续下行，钢丝绳将拉动安全钳拉杆使安全钳楔块向上运动，将轿厢卡在导轨上，同时安全钳联动开关动作，切断控制电路。这样就可防止电梯继续超速下行。

（二）自动扶梯的组成和结构特点

自动扶梯由梯级、牵引链条、梯路导轨系统、驱动装置、张紧装置、扶手装置和金属结构等若干部件组成（见图2-2）。

自动扶梯是连续工作的，输送能力高，所以在人流集中的公共场所，如商店、车站、机场、码头、地铁站等处广泛使用。自动扶梯比间歇工作的电梯具有如下优点：①输送能力大；②人流均匀，能连续运送人员；③停止运行时，可作普通楼梯使用。

（三）自动人行道的组成和结构特点

踏板式自动人行道的结构与自动扶梯基本相同，由踏板、牵引链条（或输送带）、梯路导轨系统、驱动装置、张紧装置、扶手装置和金属结构组成（见图2-3）。

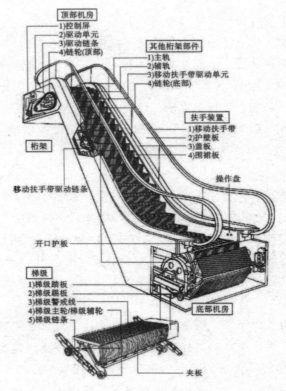

图 2-2　自动扶梯结构

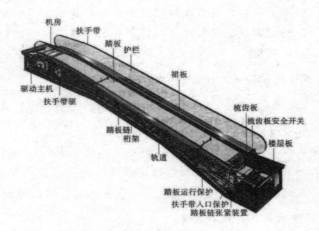

图 2-3　自动人行道结构

　　自动人行道也是一种运载人员的连续输送机械，它与自动扶梯的不同之处在于：运动路面不是梯级，而是平坦的踏板或胶带。因此，自动人行道主要用于水平和微倾斜（≤12°）输送，且平坦的踏板或胶带适合于有行李或购物小车伴随的人员输送。

二、电梯无损检测要求

（一）电梯金属结构制作和安装施工的无损检测要求

1.悬挂钢丝绳的特性应符合 GB8903《电梯钢丝绳的有关规定》。

2.钢丝绳的公称直径不应小于 8 mm。曳引轮或滑轮的节圆直径与钢丝绳公称直径之比不应小于 40。

（二）电梯监督检验和定期检验的无损检测要求

检验要求符合 TSGT7001-2009《电梯监督检验和定期检验规则——曳引与强制驱动电梯》、TSGT7002-2011《电梯监督检验和定期检验规则——消防员电梯》、TSGT7003-2011《电梯监督检验和定期检验规则——防爆电梯》、TSGT7004-2012《电梯监督检验和定期检验规则——液压电梯》、TSGT7006-2012《电梯监督检验和定期检验规则——杂物电梯》的规定，见表 2-1

表 2-1　检验要求

项目	检验内容与要求	检验方法
悬挂装置、补偿装置的磨损、断丝、变形等情况	出现下列情况之一时，悬挂钢丝绳和补偿钢丝绳应当报废： ①出现笼状畸变、绳芯挤出、扭结、部分压扁、弯折 ②断丝分散出现在整条钢丝绳，任何一个捻距内单股的断丝数大于 4 根或者断丝集中在钢丝绳某一部位或一股，一个捻距内断丝总数大于 12 根（对于股数为 6 的钢丝绳）或者大于 16 根（对于股数为 8 的钢丝绳） ③磨损后的钢丝绳直径小于钢丝绳公称直径的 90%。采用其他类型悬挂装置的，悬挂装置的磨损、变形等应当不超过制造单位设定的报废指标	①用钢丝绳探伤仪或者放大镜全长检测或者分段抽测，测量并判断钢丝绳直径变化情况。测量时，以相距至少 1m 的两点进行，在每点相互垂直方向上测量两次，四次测量值平均，即为钢丝绳的实测直径 ②采用其他类型悬挂装置的，按照制造单位提供的方法进行检验

第二节　起重机械

一、起重机械的组成和结构特点

（一）轻小型起重设备

1.电动葫芦

电动葫芦是将电动机、减速机构、卷筒等紧凑集合为一体的起重机械，可以单独使用，也可方便地作为电动单轨起重机、电动单梁或双梁起重机，以及塔式、龙门式起重机的起重小车之用。

电动葫芦一般制成钢丝绳式，特殊情况下也有采用环链式（焊接链）与板链式（片式关节链）的。

2.输变电施工用抱杆

抱杆及顶杆是一种人工立杆的专用工具，一般起立4m以下的木质单电杆用顶杆。人工起立水泥电杆，一般用抱杆。

（二）起重机

1.典型起重机的组成及特点

（1）桥式起重机

桥式起重机是取物装置悬挂在可沿桥架运行的起重小车或运行式葫芦上的起重机，属于桥架型起重机（见图2-4）。

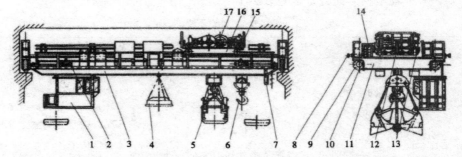

1—司机室；2—大车运行机构；3—桥架；4—电磁盘；5—抓斗；6—吊钩；7—大车导电架；8—缓冲器；9—大车车轮；10—角形轴承箱；11—端梁；12—小车运行机构；

13—小车行程限位器；14—小车滑线；15—小车车轮；16—小车；17—卷筒

图2-4　桥式起重机结构

桥式起重机是使用广泛、拥有量最大的一种轨道运行式起重机，其额定起重量从几吨到几百吨。最基本的形式是通用吊钩桥式起重机，其他形式的桥式起重机基本上是在通用吊钩桥式起重机的基础上派生发展出来的。

桥架是桥式起重机的金属支承结构。典型的双梁桥式起重机桥架由两根主梁、两根端梁及走台和护栏等部件组成。桥架上安装小车导轨，并安置起升机构及小车行走机构，桥架下面安装大车车轮及其行走机构，这样便构成一台基本完整的双梁桥式起重机。单梁桥式起重机则是只有一根桥架，常用于电动葫芦式单梁起重机。主梁通常有箱形梁和桁架梁两种。现在生产的通用桥式起重机，多采用箱形梁结构，尤其是大吨位的桥式起重机。箱形梁结构又有许多种不同形式。如箱形单主梁、箱形双主梁、单主梁空腹、双主梁空腹结构。箱形梁的缺点是自重较大，动刚性比桁架梁差。

桥架的主梁是承受桥架及小车自重和起吊动、静载荷的构件，因此必须有足够的强度、静刚度和动刚度。此外，主梁应具有一定的上拱度，以此来抵消工作中主梁所产生的弹性变形，减轻小车的爬坡、下滑，并保障大车运行机构的传动性能。端梁一般采用箱形结构并与主梁成刚性连接，以保证桥架的刚度和稳定性。

（2）门式起重机

门式起重机是桥架通过两侧支腿支承在地面轨道或地基上的桥架型起重机，又称龙门起重机（见图2-5）。桥架一侧直接支承在高架建筑物的轨道上，另一侧通过支腿支承在地面轨道或地基上的桥架型起重机为半门起重机。

门式起重机的门架，是指金属结构部分，主要包括主梁、支腿、下横梁、梯子平台、走台栏杆、小车轨道、小车导电支架、操纵室等，如图2-5所示。门架可分为单主梁门架和双主梁门架两种。

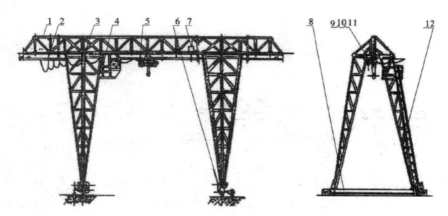

1-主梁；2-电器安装；3-支腿；4-操纵室；5-电动葫芦；6-大车运行机构；
7-铭牌；8-横梁；9-螺栓；10-螺母；11-垫圈；12-梯子

图2-5　门式起重机结构

（3）塔式起重机

塔式起重机是臂架安置在垂直塔身顶部的可回转臂架型起重机（见图2-6），具有适用范围广、回转半径大、起升高度大、效率高、操作简便等特点，在建筑安装工程中得到广泛的使用，成为一种主要的施工机械，特别是对高层建筑来说，是一种不可缺少的重要施工机械。

它的特点是：起重臂安装在塔身上部，因而起升有效高度和工作范围就比较大。这是各种不同类型塔式起重机的共同特点。

最近十几年来，我国根据建筑施工的特点自行设计和制造了一些不同类型的塔式起重机，以提高建筑施工机械化程度。

塔架是塔式起重机的塔身，其作用是提高起重机工作高度。自升塔式起重机的塔架还装设有液压油缸及其控制系统，组成顶升机构，可以自行顶升安装标准节来增加塔架高度。

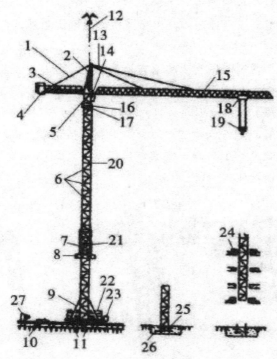

1-平衡臂拉杆；2-塔顶；3-平衡臂；4-配重；5-司机室塔身节；6-塔身节；7-顶升横梁；8-液压装置；9-底架；10-行走限位器；11-行走平台；12-回转中心线；13-吊臂拉杆；14-回转平台；15-吊臂；16-回转支承；17-固定支座；18-变幅小车；19-吊钩组；20-塔身；21-顶升套架；22-压重；23-电缆卷筒；24-内爬框架；25-固定支脚；26-基础；27-轨道止挡

图 2-6　塔式起重机结构

（4）流动式起重机

流动式起重机是指能在带载或空载情况下，沿无轨路面运动，依靠自重保持稳定的臂架型起重机。流动式起重机主要包括轮式起重机（如轮胎式、汽车式）和履带式起重机。这类起重机大多数由运行底盘与转盘式臂架起重机组成。它们的特点是机动性能好、负荷变化范围大、稳定性好、操纵简单方便、适应性能好，其起重量与工作幅度紧密相关。其中，轮式起重机使用普遍，履带式起重机一般用于工程施工场合，或适用于路面条件差、调动距离较短的情况。

起重臂架是流动式起重机最主要的承载构件。由于变幅方式和起重机类型的不同，流动式起重机的起重臂可分为桁架臂和伸缩臂两种。

桁架臂由只受轴向力的弦杆和腹杆组成，自重较轻。由于采用挠性的钢丝绳变幅机构，变幅拉力作用于起重臂前端，因此臂架主要受轴向压力，自重引起的弯矩很小。若桁架臂很长，又要转移作业场地，则须将吊臂拆成数节另行运输，到达新作业场地后又要再组装，需要较长的准备时间，不能立即投入使用。因此，这种起重臂多用于不经常转移作业场地的起重机，如轮胎起重机、履带起重机。

伸缩臂由多节箱形焊接板结构套装在一起而成。各节臂的横截面多为矩形、五边形或多边形。通过装在臂架内部的伸缩液压缸或由液压缸牵引的钢丝绳，使伸缩臂伸缩，从而改变起重臂长度。这种形式的起重臂既可以满足流动式起重机运行时臂长较小，保证起重机有很好的机动性的要求，又可尽量缩短起重机从运行状态进入作业状态的准备时间。伸缩臂的变幅机构采用变幅液压缸，从而使伸缩臂呈悬臂受力状态，这就要求这种臂架有很大的抗弯强度。

（5）门座起重机

门座起重机是具有沿地面轨道运行、下方可通过铁路车辆或其他地面车辆的门形座架的可回转臂架型起重机，是臂架类回转起重机的一种典型机型。这类起重机由固定部分和回转部分构成，固定部分通过台车架支承在运行轨道上（固定式门座起重机则安装在基础上），回转部分通过回转支承装置安装在门架上。门座起重机的使用也很广泛，大量用于港口码头、车站、造船厂、电力建设工程工地、大型机电设备安装场所。按不同的作业对象，门座起重机取物装置，如吊钩、抓斗、电磁吸盘，集装箱吊具、吊梁等，来完成物料装卸和搬运。

20世纪90年代初，港口门座起重机仍以吊钩、抓斗两用的通用门座起重机机型为主。随着国际集装箱运输业的发展和国内专业化码头的兴建，多用途门座起重机和集装箱门座起重机得到进一步发展。造船用门座起重机也向大型、重型化方向发展。

各类门座起重机的额定起重能力范围很宽，额定起重量范围以50~100t较为多见。造船用门座起重机的额定起重量则更大，目前已达到150~300t。

组成臂架（四连杆）多用途门座起重机的臂架结构较为复杂，一般要在象鼻梁下加装四连杆，用以保证变幅作业过程中吊具作水平位移，但这种结构臂架前端自重有所增加。

门座起重机的站架是其下方的门架。门座起重机的门架可以分为箱形结构、桁架结构、混合式结构。

（6）铁路起重机

铁路起重机（俗称轨道吊）是指能够在铁路线上行走，从事装卸作业及铁路事故救援的臂架型起重机。由于它结构紧凑、耐用、故障少、经济实惠、适合现场作业，因此被广泛地应用于铁路、冶金、化工、机械、水电及矿山等部门。

在铁路起重机中，目前以内燃铁路起重机数量最多，电力铁路起重机其次，蒸汽铁路起重机基本被淘汰。

铁路起重机回送时，需要编挂于列车中或单独由机车牵引，在铁路线上运行。因此，铁路起重机走行部必须达到铁道部关于车辆走行部的标准。如铁路起重机的走行部，主要包括车钩缓冲装置转向架及走行挂齿安全装置等。又如在回送状态时，伸腿油缸和支承油缸设置的机械式支腿回缩锁定装置；上车对中装置，上下车之间回送止摆装置。

（7）桅杆起重机

桅杆又称扒杆或抱杆，它与滑车组、卷扬机相配合构成桅杆式起重机。桅杆自重和起重能力的比例一般为1：4~1：6。它具有制作简便、安装和拆除方便、起重量较大、对现场适应性较好的特点，因此得到广泛应用。

桅杆按材料分类有圆木桅杆和金属桅杆。

桅杆起重机由起重系统和稳定系统两个部分组成，其结构形式有独脚式桅杆、人字桅杆、系缆式桅杆和龙门桅杆等几种，它们均需配备相应的滑车组。

1）独脚式桅杆起重机

独脚式桅杆起重机由一根桅杆加滑车组、缆风绳及导向滑车等组成，当起重量不大，起重高度不高时，可采用木制桅杆，否则应采用管式桅杆或格构式桅杆。

独脚式桅杆有时需倾斜使用，此时可根据三角函数关系，求出一定长度桅杆在一定倾角时桅杆的垂直高度与水平距离。

2）系缆式桅杆起重机

系缆式桅杆起重机由主桅杆、回转桅杆、缆风绳、起伏滑车组、起重滑车组及底座等组成。

系缆式桅杆起重机的主桅杆上部用缆风绳固定在垂直位置，起重桅杆底部与主桅杆底部用铰链相连，不能移动，但可倾斜任意角度。大部分系缆式起重机的起重桅杆可与主桅杆一起旋转360°，在桅杆臂长的有效范围内，能将重物在空间任意搬运。

系缆式桅杆起重机有管式动臂桅杆、回转动臂桅杆、半腰动臂桅杆等3种。

（8）旋臂起重机

旋臂起重机作业范围很窄，通常装设在某工艺装置的一旁，例如一台机床的旁边，以备装置工件之用。这种起重机的起升机构采用电动葫芦，小车运行及旋转机构用手动。

（9）缆索起重机

缆索起重机又称起重滑车，它由两个直立桅杆或两个其他形式的固定支架，系结在两个桅杆（或支架）间的承重缆索，能沿承重缆索移动的起重跑车，悬挂在起重跑车上的滑车组以及起重走绳，牵引索和卷扬机构等组成，一般在立柱外侧还要设置缆风绳，以平衡承重缆索等对立柱的拉力。

2.起重机的主要组成部件及吊索具

（1）制动器

制动器是保证起重机正常工作的重要安全部件。该部件已被列入国家质检总局颁布的特种设备制造许可目录中。在吊运作业中，制动器用以防止悬吊的物品或吊臂下落。制动器也用来使运转着的机构降低速度，最后停止运转。制动器也能防止起重机在风力或坡道分力作用下滑动。起重机的各个工作机构均应装设制动器。制动器分为常闭式和常开式两种形式。起重机上多数采用常闭式制动器。常闭式制动器在机构不工作期间是闭合的，只有通过松闸装置将制动器的摩擦副分开，机构才可运转。制动器按其构造形式分为块式制动器、带式制动器、盘式制动器和圆锥式制动器等。起重机上较多采用块式制动器，其构造简单，制造、安装、调整都较方便，其制动鼓轮与联轴器制作成一体。

（2）卷筒

卷筒的作用是在起升机构或牵引机构中用来卷绕钢丝绳，传递动力，并把旋转运动变为直线运动。卷筒按照缠绕钢丝绳层数，分单层绕和多层绕两种。桥式起重机多用单层绕卷筒，多层绕卷筒多用于起升高度很大或结构尺寸受限制的地方，如汽车起重机。钢丝绳层在卷筒上可以用压板固定或楔块固定。压板螺栓的防松装置可用防松弹簧垫圈或双螺母。采用楔块固定时，楔块与楔套的锥度应一致，使钢丝绳受力均匀。

卷筒上的钢丝绳工作时不能放尽，卷筒上的余留部分除固定绳尾的圈数外，至少还应缠绕2~3圈，以避免绳尾压板或楔套、楔块受力。

（3）滑轮

滑轮用来改变钢丝绳的方向，可作为导向滑轮，更多地是用来组成滑轮组。它是起重机起升机构的重要组成部分。滑轮组由若干动滑轮与定滑轮组成。根据滑轮组的功用分为省力滑轮组和增速滑轮组。省力滑轮组是最常用的滑轮组。电动与手动起重机的起升机构都采用省力滑轮组，通过它可以用较小的绳索拉力吊起较重的货物。增速滑轮组的构造与省力滑轮组完全不一样，正好是它的反过来应用。

（4）吊具

起重机必须通过吊具将起吊物品与起升机构联系起来，从而进行这些物品的装卸、吊运和安装等作业。吊具的种类繁多，如吊钩、吊环、扎具、夹钳、托爪、承梁。

吊钩是起重机中应用最广泛的吊具，通常与动滑轮组合成吊钩组，与起升机构挠性构件系在一起。吊钩断裂可能导致重大的人身及设备事故。中小起重量起重机的吊钩是锻造的，大起重量起重机的吊钩采用钢板柳合，称为片式吊钩。片式吊钩一般不会因突然断裂而破坏。目前不允许使用铸造方法制造吊钩，也不允许使用焊接方法制造和修复吊钩。锻造吊钩尾部的螺纹因应力集中容易产生裂纹，应予以注意。此外，为了防止系物绳脱钩，有的吊钩装有闭锁装置。轮船装卸用的吊钩常制成一定形状，突出的鼻状部分是为了防止吊钩在起升时挂住舱口。

（5）钢丝绳

钢丝绳是起重机的重要零件之一。钢丝绳具有强度高、挠性好、自重轻、运行平稳、极少突然断裂等优点，因而广泛用于起重机的起升机构、变幅机构、牵引机构，也可用于旋转机构。钢丝绳还用做捆绑物体的索绳、桅杆起重机的张紧绳、缆索起重机和架空索道的承载索等。

钢丝绳由一定数量的钢丝和绳芯经过捻制而成。首先将钢丝捻成股，然后将若干绳股围绕着绳芯制成绳。绳芯是被绳股所缠绕的挠性芯棒，起到支承和固定绳股的作用，并可以储存润滑油，增加钢丝绳的挠性。

按钢丝绳中股的数目分，有4股、6股、8股和18股钢丝绳等，目前起重机上多采用6股的钢丝绳；按钢丝绳的钢丝和绳股之间捻挠的方向分为顺绕绳、交绕绳、混绕绳；按股的接触状态分为点接触钢丝绳、线接触钢丝绳、面接触钢丝绳；按钢丝绳的绕向分为右绕绳、左绕绳。

钢丝绳使用时应注意如下事项：

钢丝绳的损坏主要是在长期使用中，钢丝绳的钢丝或绳芯由于磨损与疲劳，逐步折断。

钢丝绳的报废标准，应依据 GB/T5972-2009《起重机钢丝绳保养、维护、安装、检验和报废》进行判定。有关项目包括断丝的性质和数量、绳股的折断情况、绳芯损坏而引起的绳径减小、弹性降低的程度、外部及内部磨损情况、外部及内部腐蚀情况、变形情况、由于热或电弧造成的损坏情况。钢丝绳应该由称职的技术人员判定是否报废。钢丝绳直径应用游标卡尺测量，使用正确的测量方法。

（6）索具

吊索是由一根链条或绳索通过端部配件把物品系在起重机械吊钩上的组合件。

吊索出厂时，在单根吊索上都标定一个额定起重量，也称最大工作载荷或极限工作载荷。垂直使用的吊索能起吊额定起重量，如果索肢与起吊方向形成一个角度，它的张力可能增大。因此，一般索肢与铅垂线的夹角不得超过60°，确定吊索的工作载荷时，还要根据载荷是否对称，依不同情况进行计算。

还有用链条作为吊索等挠性构件的。起重机械中应用的链条有焊接链与片式关节链两种。

3.起重机的机构

（1）起升机构

起升机构如图2-7所示，由电动机、联轴器、制动器、减速器、卷筒、钢丝绳、滑轮和吊具组成。常见的电动葫芦实际上是把上述起升机构和控制装置一体化；而常说的卷扬机由电动机、联轴器、制动器、减速器和卷筒组成（见图2-8）。起升机构是起重机中最重要和最基本的部分，也是起重机不可缺少的部分。如果把起升机构架空，就成为一台简单的固定式起重机。

如果将起升机构安装在小车上，配上桥架和行走机构，就构成桥式起重机。

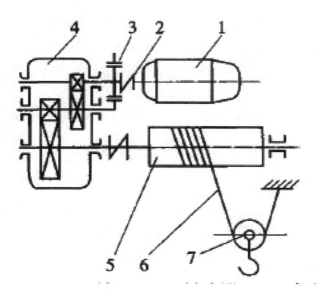

1-电动机；2-联轴器；3-制动器；4-减速器；5-卷筒；6-钢丝绳；7-滑轮和吊具

图 2-7　起升机构

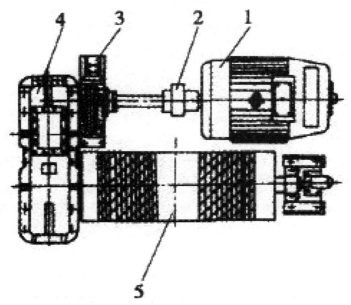

1-电动机；2-联轴器；3-制动器；4-减速器；5-卷筒

图 2-8　卷扬机

（2）运行机构

运行机构主要由行走支承装置和行走驱动装置两大部分组成，有轨的行走机构支承装置由车轮和轨道组成，无轨的行走机构支承装置则是轮胎或履带装置。

桥式起重机运行机构承担着重物的横向运动，起升机构所在的小车可以沿着主梁左右行走，主梁下面装有轮子（也称大车），主梁也可以在导轨上来回行走，使起升机构可以到达工作面的任何位置上，并实现起重载荷的水平移动。

桥式起重机运行机构的驱动方案主要为电动机–联轴器–制动器–减速器，如图2–9所示为集中驱动，如图2–10所示为分别驱动。

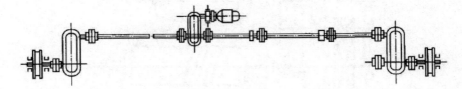

图 2-9　桥式起重机集中驱动运行机构

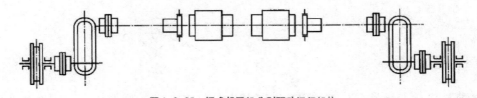

图 2-10　桥式起重机分别驱动运行机构

（3）回转机构

使起重机吊具沿一立轴旋转的机构称回转机构。起重机通过回转机构和变幅机构的配合，可使服务范围扩大到起重臂伸展到的环形面积中任一位置。相对于行走机构来说，回转机构完成水平运动不需要庞大的轨道和支承机构，运动阻力较小，但回转机构构造比较复杂，移动范围有限。所有移动起重机几乎都是使用回转机构的旋转式起重机，如汽车式、轮胎式、履带式、铁路式、浮式、门座式和塔式起重机。

回转机构主要由两部分组成：旋转支承装置与旋转驱动装置。旋转支承装置的作用是支承起重臂的载荷。旋转驱动装置多为电动机，也有液压马达、内燃机、复式液压油缸、绳索牵引式旋转驱动装置等。

回转机构的驱动方案形式较多，如图2–11所示为卧式电动机–极限力矩联轴器–制动器–圆柱齿轮减速器（或部分采用开式圆柱齿轮传动）–最后一级大齿轮（或针轮）传动驱动方案。

（4）变幅机构

根据工作性质的不同，变幅机构分为调整性的（或非工作性的）与工作性的两种。调整性变幅机构只在空载条件下变幅。工作性变幅机构可使起吊物品沿起重机的径向作水平移动，以扩大起重机的服务面积和提高工作机动性，这种变幅机构在构造上较为复杂，例如采用吊重水平位移及臂架自重平稳系统。

变幅机构还可分为运行小车式和摆动臂架式。运行小车式变幅机构中，幅度的改变是靠小车沿着水平的臂架运行来实现的。这类变幅机构主要用做工作性变幅机构，它常用于固定式旋转起重机和塔式起重机。在摆动臂架式变幅机构中，幅度的改变是靠动臂在垂直平面内绕其铰轴摆动来实现的。它被广泛用于各种类型的旋转起重机，如门座起重机、流动式起重机及部分塔式起重机等。液压驱动的起重机常用油缸改变臂架的倾角。为了增大幅度变化范围，近代汽车起重机的臂架制成可伸缩的，它用油缸驱动伸缩运动，这种变幅系统具有使用简便灵活的特点。

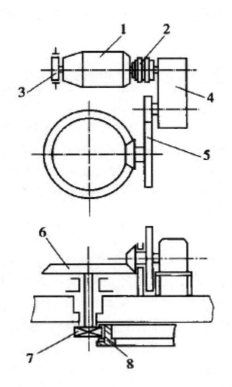

1-卧式电动机；2-极限力矩联轴器；3-制动器；4-圆柱齿轮减速器；
5-开式圆柱齿轮；6-圆锥齿轮；7-行星小齿轮；8-大齿轮（或针轮）

图 2-11 采用圆柱圆锥传动的回转机构传动简图

4.起重机安全装置

（1）位置限制与调整装置

1）起升高度位置限制器

当起升机构作上升运行，吊具超越工作高度范围仍不停止时，就会使吊具碰到上方支承结构，从而造成拉断钢丝绳并使吊具坠落事故。采用起升高度位置限制器并保持其有效，可防止这种常见的过卷扬事故。《起重机械安全规程 第1部分：总则》规定，凡是动力驱动的起重机，其起升机构（包括主、副起升机构）均应装设起升高度位置限制器，其常见的形式有重锤式和螺杆（或蜗轮蜗杆）式两种。重锤式起升高度位置限制器悬挂在吊具上方，当吊具超越工作高度碰到位置限制器后，触发一个电气开关，使系统停止工作。螺杆式起升高度位置限制器是由卷筒轴端连接，通过螺杆带动与螺母一起的撞头，去触发开关触点来断开电路。起升高度位置限制器已被国家质检总局列入颁布的特种设备制造许可目录中。

2）运行极限位置限制器

起重机小车或大车运行到行程终点时，应停止运行，否则车体将与轨端止挡和缓冲器碰撞，损坏起重机或轨道的支承系统，并可能造成设备和人身事故。所以，凡是动力驱动的起重机，其运行极限位置都装设运行极限位置限制器。运行极限位置限制器一般由一个行程开关和触发开关的安全尺构成。

3）缓冲器

起重机运行至行程终点附近时，有时因速度较大，越过行程开关后不立刻停止；或者当行程开关失灵而操作又失误时，起重机将会以原有的运行速度冲向行程终点；此外，如在同一跨厂房内装设两台或更多的桥式起重机，在工作中有很多相撞的机会。为了防止起重机碰撞中造成本身或支承结构损坏，必须装设缓冲装置。《起重机械安全规程 第1部分：总则》也要求，桥式起重机、门式起重机、装卸桥、门座起重机或升降机等都要装设缓冲器。起重机常用的缓冲器有实体式缓冲器、弹簧缓冲器和液压缓冲器。

（2）防风防爬装置

露天轨道上运行的起重机，一般均受自然风力影响，设计时考虑了所能承受的风力，当风力大于规定值时，起重机应停止工作。处于非工作状态的起重机受到更强的风力吹袭时，可能克服大车运行机构制动器的制停力而发生滑行。这种失控的滑车，使起重机在轨道端部造成强烈的冲击甚至整体倾翻，我国每年因此造成的损失是很大的。《起重机械安全规程 第1部分：总则》规定，在露天轨道上运行的起重机，如门式起重机、装卸桥、塔式起重机和门座起重机，均应装设防风防爬装置。露天工作的桥式起重机也宜装设防风防爬装置。

起重机防风防爬装置主要有三类，即夹轨器、锚定装置和铁鞋。按照防风装置的作用方式方法不同，可分为自动作用与非自动作用两类。自动作用防风装置，是指在起重机停止运行或忽然断电的情况下，防风装置能自动工作。非自动作用防风装置多采用手动方式，结构比较简单、重量轻、紧凑，维修方便，但操作麻烦，不能应付突然来的风暴，因手动夹轨器的夹持力较小，多用于中小型起重机。对于大型起重机，为了使防风装置安全可靠，会同时采用几种防风装置。

（3）安全钩、防后倾装置和回转锁定装置

1）安全钩

单主梁起重机，由于起吊重物是在主梁的一侧进行，重物等对小车产生一个倾翻力矩，由垂直反轨轮或水平反轨轮产生的抗倾翻力矩使小车保持平衡，不至于倾翻。但是，只靠这种方式不能保证在风灾、意外冲击、车轮破碎、检修等情况时的安全。因此，这种类型的起重机应安装安全钩。安全钩根据小车和导轨形式的不同，设计为不同的结构。

2）防后倾装置

用柔性钢丝绳牵引吊臂进行变幅的起重机，当遇到突然卸载等情况时，会产生使吊臂后倾的力，从而造成吊臂超过最小幅度，发生吊臂后倾的事故。《起重机械安全规程 第1部分：总则》明确规定，流动式起重机和动臂塔式起重机上应安装防后倾装置（液压变幅除外）。

防后倾装置先通过变幅限位开关限制变幅位置，再通过一个机械装置对吊臂进行止挡。保险绳和保险杆是两种常用的防后倾装置。保险绳是固定长度的钢丝绳，限定吊臂的倾角。保险杆的工作原理是将保险杆连接在吊臂和转台上，保险杆是一个套禽伸缩机构，套筒中安装有缓冲弹簧，对吊臂有缓冲、减振和限位作用。

3）回转锁定装置

回转锁定装置是指臂架起重机处于运输、行驶或非工作状态时，锁住回转部分，使之不能转动的装置。

回转锁定器常见类型有机械锁定器和液压锁定器两种。机械锁定器结构比较简单，通常是用锁销插入方法、压板顶压方法或螺栓固定方法等。液压锁定器通常用双作用活塞式油缸对转台进行锁定。

（4）超载保护装置

超载作业是造成起重事故的主要原因之一，轻者损坏起重机零部件，使得电动机过载或结构变形；重者造成断梁、倒塔、折臂、整机倾覆等重大事故。使用灵敏可靠的超载保护装置是提高起重机安全性能、防止超载事故的有效措施。超载保护装置包括起重量限制器和起重力矩限制器。该装置已被列入国家质检总局颁布的特种设备制造许可目录中。

超载保护装置按其功能的不同，可分为自动停止型和综合型两种，按结构类型分，有电气型和机械型两种。

自动停止型是指当起升重量超过额定起重量时，能阻止起重机向不安全方向（起升、伸臂、降臂等）继续动作。综合型是指当起升重量达到额定起重量的90%左右时，能发出声响或灯光预警信号；起升重量超过额定起重量时，能阻止起重机向不安全方向继续动作，并发出声光报警信号。

电气型是把检测到的载荷等机械量转换成相应的电信号，再进行放大、比较、运算和处理。机械型是指通过杠杆、偏心轮、弹簧或液压系统检测载荷，由行程开关（控制阀）动作。

1）起重量限制器

起重量限制器主要用于桥架型起重机，其主导产品是电气型。电气型起重量限制器产品一般由载荷传感器和二次仪表两部分组成。载荷传感器使用电阻应变式或压磁式传感器，并根据安装位置配制专用安装附件。传感器的结构形式主要有压式、拉式和剪切梁式三种。

2）力矩限制器

力矩限制器分为动臂变幅力矩限制器和小车变幅力矩限制器。

动臂变幅的塔式起重机，一般是用起重量限制器和力矩限制器来共同实施超载保护。力矩限制器实际上是一个机械变形放大器。

近来由于计算机、传感器元件技术水平的提高，分别测取起重量和幅度信号进行运算与控制，具有较高寿命，抗干扰性强的电子式超载保护装置得到越来越广泛的应用。

先进的流动式起重机一般有一套完整的力矩限制器，包括主机、载荷检测器、角度检测器、长度检测器和起重机工况检测系统五个部分。检测信号送入主机，通过放大、运算、处理后，与预先存储的起重特性曲线进行比较，由控制单元对起重机实施相应控制。同时，主机可按需要显示相应的参数。

（5）防碰撞装置

随着科学技术的发展，起重机械进一步趋向高速化、大型化、复杂化，且使用密度加大。在很多企业里，同层多台吊车作业比较普遍，也有上下两层甚至三层吊车作业的场所。在这种情况下，单凭安全尺、行程开关，或者单凭司机目测等传统方式来防止碰撞，已经不能保证安全。从20世纪60年代开始，一些工业发达国家研制出光线、超声波、微波等无触点式起重机防碰撞装置，这种全新的防碰撞装置具有探测距离远、可同时设定多个报警距离、精度高、功能全、环境适应性好的特点，很快形成了产品系列，在各类企业中得到广泛使用。

（三）升降机

1.施工升降机

施工升降机是一种可分层输送各种建筑材料和施工人员的起重机械。因其导轨架附着于建筑结构的外侧，它能随着建筑物的施工高度相应接高而不用缆风绳拉结，因而成为高层建筑中比较理想的垂直运输机械，它常与塔式起重机配套使用。

施工升降机主要由基础平台、围栏、导轨架、附墙架、吊笼及传动机构、对重装置、电缆导向装置、安装吊杆、电气设备等九大部分以及安全保护装置等组成。

（1）基础平台

基础平台由预埋底架、地脚螺栓和钢筋混凝土等组成，承受升降机的全部自重和载荷，并对导轨架起定位及固定作用。

（2）围栏

围栏主要由底门、门框、接长墙板、侧墙板、后墙板、缓冲弹簧、围栏门等组成。各墙板由钢板网拼装而成，依附在底架上。围栏门采用机械和电气联锁，使门锁住后不能打开，只有吊笼降至地面后才能开启；但门开启时会切断电源，使吊笼立即停止，只有在门关上时，吊笼才能走动。底架安置在基础平台上，用预埋地脚螺栓固定。

（3）导轨架

导轨架由若干标准节组装在底架标准节上，它既是升降机的主体构架，又是吊笼上下运行的轨道。一般采用无缝钢管为主立柱。对于超高层的导轨架，断面尺寸不变，只是主立柱管壁厚有4mm，6mm，8mm之分，以适用于不同高度。

（4）附墙架

附墙架由一组支承杆组成，其一端用U形螺栓和标准节的框架相固结，另一端和建筑物结构中的预埋作用螺栓固定，每隔1~2个楼层设置一组，使升降机附着于建筑物的一侧，以增加其纵向稳定性。

（5）吊笼及传动机构

吊笼分为有驾驶室和无驾驶室两种。吊笼四壁用钢板网围成，四周装有安全护栏。吊笼立柱上装有12只导向滑轮，经调节后全部和导轨架上的立柱管相贴合，使吊笼沿导轨架运行时减少晃动。吊笼内侧上部装有作为传动机构的传动底板，底板上装有两套包括电动机、联轴器、蜗轮蜗杆减速器、制动器等的传动机构，当一套传动机构失效时，另一套仍有效，以保证升降机的安全可靠。当电动机驱动时，通过减速器输出轴上的齿轮沿与其啮合的齿条转动，从而带动吊笼作上、下运行。传动底板下侧还装有与导轨架齿条啮合的摩擦式限速器，当吊笼超出正常运行速度下坠时，限速器依靠离心力动作而使吊笼实现柔性制动，并切断控制电路。

（6）对重装置

对重装置用以平衡吊笼的自重，从而提高电动机功率利用率和吊笼的起重量，并可改善结构的受力情况。对重由钢丝绳通过导轨架顶部的天轮和吊笼对称悬挂。当吊笼运行时，对重装置沿吊笼对面的导轨架的主柱管反向运行。

（7）电缆导向装置

吊笼上、下运行时，其进线架和地面电缆筒之间拖挂随行电缆，依靠安装在导轨架上或外侧过道竖杆上的电缆导向和保护。有的也可用电缆滑车形式导向。

（8）安装吊杆

安装吊杆装配在吊笼顶上的插座中，在安装或拆卸导轨架时，用它起吊标准节或附墙架等部件。吊杆上的手摇卷扬机具有自锁功能，起吊重物时按顺时针方向转动摇把，停止转动后卷扬机即可制动。下放重物时按相反方向转动。升降机投入正常使用时，可将吊杆卸下，以减少吊笼荷重。

（9）电气设备

升降机的电气设备由电动机、电气控制箱、操纵箱或操作开关箱等组成。

1）电动机。升降机一般采用带直流圆盘式制动器的交流笼形异步电动机，它的特点是：自重较轻，起动电流较小，自身配有圆盘式制动器。为了增加动力，提高吊笼的载重能力，升降机普遍采用双电动机驱动，以提高传动安全系数。

2）电气控制箱。电气控制箱安装在吊笼内，其中装有接触器、继电器等各种电器元件。通过这些元件控制升降机的起动、制动和上、下运行等动作。

3）操纵箱或操作开关箱。有驾驶室的升降机，操纵箱装在驾驶室内，其中装有操作开关、紧急电锁开关、电压表指示灯等电器，用来操纵升降机的起动、制动、上下运行及信号显示等。没有驾驶室的升降机，在吊笼内装有操作开关箱，其作用和操纵箱相似。

（10）安全保护装置

升降机属高空载人机械，除从结构设计上提高安全系数来保障机械安全运行外，还要设置多种安全保护装置。

1）防坠安全器。它是齿轮齿条式升降机最重要的安全装置。当吊笼发生超速下滑时，安全器内的离心块克服弹簧拉力向外甩出，带动制动锥鼓旋转，与其相连的螺杆同时旋进，接触外壳，逐渐增加摩擦力，通过和齿条啮合的齿轮，使吊笼平缓制动。同时安全器内的微动开关动作，切断驱动装置的控制电路，从而防止吊笼下坠事故。防坠安全器已被列入国家质检总局颁布的特种设备制造许可目录中。

2）安全钩。它是装在吊笼立柱上的钢制钩形组件。吊笼正常工作时，其弧面和导架立柱管保持一定间隙，当出现"冒顶"事故时，能防止吊笼脱离导架，避免吊笼倾翻。

3）缓冲弹簧。它设在围栏内，在吊笼和对重底部相对应的位置上，当下限开关失灵，吊笼下行撞底时起缓冲作用。

4）保护开关。吊笼的单、双门及顶部活板门都设有安全开关，任何门未关闭，吊笼部不能运行；各种限位开关能限制吊笼超越安全距离；断绳保护开关能在钢丝绳断裂时切断控制电路，刹住吊笼，使其不再下坠。

2.简易升降机

简易升降机多用于民用述筑，常见的形式有三种，包括井字架（井架、竖井架）、门式架（门架、龙门架）和自立架。

井字架的提升导轨架截面为方形，由钢管、型钢焊接成的标准节组装而成。也有一些采用塔接（扣件式、螺栓连接）整体架设方式组装而成。特点是稳定性好，运输量大，可以架设较大高度，并随建筑物和升高而接高。近年来，井字架有了新的发展，除了设置内吊盘，井架两侧还增设一个或两个外吊盘，分别用两台或三台卷扬机驱动，同时运行。这样，运输量大大增加了，提高了使用效率。

门式架的提升导轨架，主要由两组组合式结构架或两根钢管立杆通过上横梁（天梁）和下横梁连接组合而成。组合式结构架由钢管、型钢或圆钢等相互焊接而成，组合式结构架的截面形式分为方形、三角形两种。特点是结构简单、制作容易、装拆方便，适用于中小型民用建筑工程，但刚度稳定性较差，一般为一次达到架设高度（整体架设），用缆风绳固定。

3.机械式停车设备

在现代化的大城市中，汽车数量几乎每年增长，这样必然会产生一个停车空间增加的问题，为了不至于更多地占用道路，需要设置机械式停车设备。主要停车设备介绍如下。

（1）垂直循环机械式停车设备

该形式停车设备用一个垂直循环运动的车位系统存取停放车辆。一般用两根很长的索链间隔地悬吊约20组托板。工作时，在路面上把车辆送进托板，当下一辆车来到时，托板升降装车，否则托板就停在该位置上待命。一般每套装置有20个托板，当停的车辆很多时，可以并列设置三套这种装置。一般在路面3.5m上设置主链轮，电动机经过减速箱带动主链轮旋转，由于机房的底面比路面高出2m以上，所以车辆可以自由进出。

如果操纵方式是全自动的，则在路面存入口（或取出口）侧壁设置托板号码钥匙开关盘、空托板召唤按钮和托板满载指示灯。

存车时，若空托板正好在存入口处，则装入车辆，把该托板的钥匙交给存车人。若空托板不在存入口，可按空托板召唤按钮，机器根据空托板位置决定正反转，将空托板自动停到存入口。车辆进入以后，位置计数装置记忆下该托板。

取车时，存车人插入托板号码，这时，控制装置自动地决定正反转，托板经最短路程自动停到出入口。

（2）垂直升降机械式停车设备

该形式停车设备用提升机将车辆升降到指定层，并用存取机构存取车辆。这种形式的停车设备有纵入式和横入式之分。纵入式指汽车进入车位的方向与进入搬运器的方向一致，横入式指汽车进入搬运器的方向与进入车位的方向垂直，后者还须通过专用的搬动台车使汽车横行，因此搬运器结构比较复杂。

处于圆筒形停车设备中心的搬运器在井道内可旋转，实际上是一个水平回转台，停车设备呈圆形，这实际上是纵入式的一种特殊形式。

（3）巷道堆垛类机械式停车设备

该形式停车设备用巷道堆垛起重机械桥式起重机将进到搬运器上的车辆水平且垂直移动到存车位，并用存取机构存取车辆。

这种形式的装置主要用于大型的专用停车大楼。

一般搬运器内设有搬运台车，有司机操作时，司机只要操作搬运器内按钮就能将汽车搬入或搬出搬运器。搬运台车可以行走，平稳地运行在搬运器和停车空位之间。当采用全自动操纵时，管理人员只要在出入口处的操纵箱上按下停车空位的号码或者取车位置的号码，搬运器就会自动移位到指定位置，完成存取手续后自动返回到出入口。

（4）升降横移类机械式停车设备

该形式停车设备利用停车板的升降或（和）横向平移存取停放车辆。该类设备一般为无人方式，即人离开设备后移动汽车的方式。如果按载车板的运动方式可分为设有升降载车板和横移载车板及升降载车板兼作横移载车板。

升降横移类机械式停车设备一般由机构、液压系统、电气设备、出入口及本体构造、安装装置等组成。机构的特点是，升降牵引部件采用链条、链轮或钢丝绳。载车用的载车板应采用非燃烧材料制造，并应具有足够的强度和刚度；载车板上应设阻车装置。液压系统应设安全保护装置，防止因液压系统失压，致使载车板坠落。电气设备的特点是，应当设置由操作人员快速断开动力机构的主开关。紧急停止设置在明显位置，紧急时操作者能及时处理。出入口及本体构造的特点是，停车设备的出入口高度一般应不小于1800mm。停车空间：车位上限制汽车进出的最小空间宽度不小于存放汽车的全宽加150mm；高度不小于存放汽车的车高加50mm，且不小于1600mm；若有微升微降动作，也予以考虑。

安全装置的特点是，应当设紧急停止开关，防止超限运行装置，汽车长、宽、高限制装置，阻车装置，人车误入检出装置，载车板上汽车位置的检测装置，防止载车板坠落装置以及警示装置等。

（5）简易升降类机械式停车设备

简易升降类机械式停车设备按其具体构造或配置关系划分，有垂直升降地上两层、垂直升降半地下两层、垂直升降半地下三层、俯仰升降地上两层等。

该类设备按其驱动方式分，有机电驱动、液压驱动等。机电驱动又可分为链条传动、钢丝绳传动、滚珠丝杠传动等。该类设备的组成构造及有关安全装置与升降横移类机械式停车设备类同。

二、起重机械无损检测要求

（一）起重机械金属结构制作和安装施工的无损检测要求

各项检测应符合GB6067.1-2010《起重机械安全规程 第1部分：总则》的要求。

1. 焊缝等级

全焊透溶化焊焊接接头的焊缝等级应符合JB/T10559-2006《起重机械无损检测钢焊缝超声检测》中焊缝等级1、2、3级的分级规定（见表2-2）。

2. 焊缝内部缺陷的检验

焊缝内部缺陷的检验应符合下列要求：

（1）1级焊缝应进行100%检验。采用超声波检验时其评定合格等级应达到JB/T10559中1级焊缝的验收准则要求。采用射线检验时应达到GB/T3323的规定，其评定合格等级不应低于II级。

（2）2级焊缝可根据具体情况进行抽检，采用超声波检验时其评定合格等级应达到JB/T10559中2级焊缝的验收准则要求。采用射线检验时应达到GB/T3323的规定，其评定合格等级不应低于III级。

（3）3级焊缝可根据具体情况进行抽检，采用超声波检验时其评定等级应达到JB/

T10559中3级焊缝的验收准则要求。射线探伤不作规定。

3.表面探伤

有下列情况之一时应进行表面探伤：

（1）外观检查怀疑有裂纹。

（2）设计文件规定。

（3）检验员认为有必要时。

磁粉探伤应符合JB/T6061的规定；渗透探伤应符合JB/T6062的规定。

表2-2 焊缝等级要求

母材厚度T（mm）	焊缝等级	缺陷类型	最大缺陷回波所在的DAC曲线区域	缺陷所在的母材厚度区域	单个缺陷指示长度L（mm）	评定结论
6≤T≤20	1、2、3	裂纹类	任何区域	任何区域	–	不合格
		非裂纹类	III	任何区域	–	不合格
			II_A、II_B	任何区域	>20	不合格
					≤20	合格
			I或以下	任何区域	–	合格
20<T≤100	1、2、3	裂纹类	任何区域	任何区域	–	不合格
		非裂纹类	III	任何区域	–	不合格
			II_A	任何区域	>20	不合格
					≤20	合格
		非裂纹类	II_B	顶部和底部	>20	不合格
					≤20	合格
				中部	>50	不合格
					≤50	合格
		非裂纹类	I或以下	任何区域	–	合格

4.起重机无损检测

借助电磁技术的无损检验可作为外观检验的辅助检验，用以确定钢丝绳损坏的区域和程度。拟采用电磁方法以NDT（无损检测）对外观检验效果进行复验时，应在钢丝绳安装之后尽快地进行初始的电磁NDT（无损检测）。

5.起重机钢丝绳报废标准

按GB/T5972-2009《起重机 钢丝绳 保养、维护、安装、检验和报废》中有关规定，钢丝绳的安全使用由下列各项标准来判定：

（1）断丝的性质和数量。

（2）绳端断丝。

（3）断丝的局部聚集。

（4）断丝的增加率。

（5）绳股断裂。

（6）绳径减小，包括由绳芯损坏所致的情况。

（7）弹性降低。

（8）外部和内部磨损。

（9）外部和内部锈蚀。

（10）变形。

（11）由于受热或电弧的作用引起的损坏。

（12）永久伸长率。

6.用于特殊场合的钢丝绳的报废

用于特殊场合的钢丝绳，使用中产生以下情况时，应当予以报废：

（1）吊运炽热金属、熔融金属或者危险品的起重机械用钢丝绳的报废断丝数达到GB/T5972-2009《起重机 钢丝绳 保养、维护、安装、检验和报废》所规定钢丝绳断丝数的一半（包括钢丝绳表面腐蚀引起的折减）。

（2）防爆型起重机钢丝绳有断丝。

（二）起重机械监督检验和定期检验的无损检测要求

1.制造监督检验的无损检测要求

TSGQ7001-2006《起重机械制造监督检验规则》规定：

（1）制造厂所选用的无损检测方法、比例和合格等级应当符合设计文件和相关规范、标准。

（2）出具的无损检测报告或射线底片应当合法有效，并且符合相关标准。监检人员抽查底片数量的比例不小于该台产品射线检测数量的20%。

2.安装、改造、维修监督检验的无损检测要求

TSGQ7016-2008《起重机械安装改造重大维修监督检验规则》规定：

主要受力构件分段制造现场组装，应当进行无损检测，检查记录应当包括无损检测报告。

3.定期检验的无损检测要求

TSGQ7015-2008《起重机械定期检验规则》规定，用于特殊场合的钢丝绳，应当予以报废的情况同前。

第三节　客运索道

一、客运索道的组成和结构特点

（一）客运架空索道的组成

1.组成

客运架空索道一般由钢索（索道用钢丝绳总称）、站房、线路构筑物、运载工具、通信设备、安全电路和信号系统等组成。

2.特点

（1）单线循环固定抱索器吊具索道特点

1）索道结构简单，投资少，维修方便。

2）连续输送，不受长度的限制，单向小时运量可达900人。

3）乘客上下车不停机，运行速度慢，一般不超过1.5m/s，运行平稳，整个运行时间长，适合观光旅游。

4）离地距离不能太大，一般不超过15m，爬坡角不超过45°，跨距一般不超过200m。在复杂地形情况下，限制使用。

5）吊箱较多，维护工作量大，救护时间长；不适合大运量、大高差以及长度为2500m以上的索道线路。

（2）单线脉动循环固定抱索器索道特点

1）跨度可达400m以上，能够适应比较复杂的地形，如地势起伏比较大的山川，可跨越江河。

2）站内低速运行，可以方便乘客上下车；吊厢数目比连续循环式索道的少，救护时间短。

3）设备少，结构简单，维护方便，投资省。

4）运输能力与路线的长度有关，一般单向小时运量300~500人，较脱挂式索道和连续循环式索道的运输能力低。

（3）单线连续循环脱挂抱索器索道特点

1）线路上高速运行（最高达到6m/s），站内低速运行（一般0.3m/s），运行时间短，乘客上下车方便。

2）吊厢少，负荷轻，可以满足大运量、长距离、大跨度要求。新型的脱挂索道如FUNI-TOR系统，单向小时运量可达3000人。

3）设备较为复杂，安全控制装置齐全，维护工作要求较高。

4）技术水平高，目前国内还不能生产，进口设备投资较大。

（4）双线往复式索道特点

1）可以满足大跨度（最大可达2000m）、大爬坡角（60°）要求，距地面距离可以在100m以上，适合在地形最复杂的条件下使用。

2）运行速度高（最大12m/s），运行时间短；客车大，可以运载大型的物品。

3）设备非常复杂，土建工程量庞大，投资大，维护难度大。

4）运输能力与长度成反比，运量一般不大，长度不宜过长。

（5）双线往复车组式索道特点

1）一般采用单承载单牵引，不用客车制动器，采用卧式驱动机，结构较一般往复式索道简单。

2）单个车厢乘人较少，游览性较好。

3）站口要采用偏斜鞍座，支架较一般往复式索道多。

（二）客运缆车的组成和结构特点

1.组成

类似双线往复式索道，不同的是，承载物采用地面轨道（一般为钢轨）。带有车轮的客车在地面轨道上由牵引索带动运行。

2.特点

（1）适应性好，隐蔽性好，抗风能力强。

（2）运量大，站内结构简单，维护方便。

（3）乘坐舒适，安全性能高，可以转弯。

（4）线路对地形条件要求较高，线路基础工程量大，投资大。

（三）客运拖牵索道的组成和结构特点

1.组成

一条闭合的钢丝绳（运载索）套在索道两端的驱动轮及迂回轮上，线路中间设有支架，支架上装有托索轮或压索轮组，随地形变化将钢丝绳托起或压下，按一定间距将拖牵器用抱索器固结在钢丝绳上，乘客骑乘在拖牵器T形、盘形杆上，驱动轮驱动钢丝绳，带动乘客在冰、雪、水面上滑行。乘客在终端轮前必须下车。

2.特点

（1）乘客不离开地面，安全性较高。

（2）设备结构简单，安装方便，有的滑雪场每年移装设备。

（3）对乘客要求较高，线路上一般要有工作人员监护。

二、客运索道无损检测要求

（一）客运索道金属结构制作或安装施工的无损检测要求

1.固定抱索器、内外抱卡

GB/T24729-2009《客运索道固定抱索器通用技术条件》规定：

应进行无损探伤检查，探伤方法应符合 JB/T4730 的规定，检测质量等级应不低于 II 级。

2.脱挂抱索器

GB/T24730-2009《客运索道脱挂抱索器通用技术条件》规定：

（1）抱索最终热处理后应进行探伤检查，探伤方法应符合 JB/T4730 的规定，检验质量等级应不低于 II 级。

（2）主轴应按 JB/T4730 的 II 级标准进行内部和表面探伤检测。

3.托（压）索轮

GB/T24732-2009《客运索道托（压）索轮通用技术条件》规定：

（1）制造轮体应进行无损探伤，探伤应符合 JB/T4730 的规定，检验质量等级应不低于 II 级。

（2）轴应进行无损探伤，探伤应符合 JB/T4730 的规定，检验等级应不低于 II 级。

4.驱动装置主轴、从动轴

GB/T24731-2009《客运索道驱动装置通用技术条件》规定：

调质对现后应进行无损探伤，探伤方法应符合 JB/T4730 的规定，检验质量等级应不低于 II 级。

5.客运架空索道钢丝绳

GB12352-2007《客运架空索道安全规范》规定：

（1）客运索道用钢丝绳应进行无损探伤检查。第一次检查应在钢丝绳安装后的 18 个月内进行，将检查结果作为以后检查的基础。第二次及以后检查周期由安全监督检验机构决定。检查结果应做记录并归档。

（2）客运索道承载索窜绳后应进行无损探伤。

（3）无客车制动器的往复式索道牵引索的检测要求如下：

①应每年用探伤仪对牵引索进行全面检查。

②停止运行 3 个月以上，在重新投入运行前用探伤仪检查牵引索。

③牵引索被雷击或受到机械损伤后应及时用探伤仪进行检查。

④对牵引索的夹持段进行探伤检查时，如发现牵引索的损伤达到规定指标的一半，对夹索器的移位和探伤检查的间隔时间还应缩短。

6.客运架空索道钢丝绳

客运架空索道钢丝绳的报废或局部更换由下列项目判定：

1）断面的缩小值。

2）断丝的局部聚集。

3）绳股断裂。

4）断线的增加率。

（1）金属断面的缩小

1）在相关长度（d的倍数）内，钢丝绳金属断面缩小值（钢丝绳金属断面缩小量与新钢丝绳金属断面的比值，以百分比计）不得超过表2-3中的数值。

表2-3　钢丝绳金属断面缩小值

钢丝绳结构	最大允许的金属断面缩小值	相关长度
密封钢丝绳	10%	200d
	8%	30d
	5%	6d
股捻钢丝绳	20%	200d
	10%	30d
	6%	6d

2）在确定金属断面缩小值时应考虑：

①断丝数；

②内部及外部的磨损；

③由于其他原因造成的损坏。

3）钢丝绳张紧后，测量编接处钢丝绳直径，若小于钢丝绳公称直径的90%，应予以报废。

（2）断丝数

1）在钢丝绳无任何其他缺陷时所允许的外部断丝数，应根据金属断面所允许的缩小值及外部钢丝断面确定。

2）在相关长度内由于局部的硬化（马氏体构成）钢丝中出现细的发状裂纹，也应视为断丝。

3）如果在表2-3相关长度3d范围内由于断丝造成的断面缩小值超过最大允许断面缩小值的2/3，就应采用无损探伤仪协助评定钢丝绳的状况。

4）如果由于特殊原因，钢丝绳的钢丝状态恶化，断丝数不得超过表2-4规定的值。

表2-4　断丝数规定值

钢丝绳结构	相关长度			
	交互捻		同向捻	
	6d	30d	30d	6d
6×7	2	4	2	3
6×19	3	6	3	4
6×36	7	14	4	7
8×19	5	10	3	5
8×36	12	24	—	—

5）对张紧索的报废应按以下规定：

由于可见的外部断丝造成的最大金属断面缩小值不得超过表2-3中数值的50%；在6年或18000工作小时后不考虑钢丝绳好坏都应予以报废。

（3）磨损

磨损导致钢丝绳的断面缩小、强度降低，其断面缩小值不得超过表2-3规定的值。

（4）其他原因造成的损坏

钢丝绳由于其他原因造成钢丝和绳股松散、结构变更而使钢丝绳性能减弱，其断面缩小值不得超过表2-3及表2-4的数值。

（5）断丝的局部聚焦

1）密封钢丝绳（承载索为相邻异形钢丝）在18d长度内如有两处断裂，其断面缩小值虽未超出表2-3的数值也应报废。

2）运动索（牵引索、平衡索、运载索）在一绳股中如在6d长度内有大于35%断面的断丝，应予以报废。

3）若钢丝绳整根绳股断裂，必须报废。

（6）断丝的增加率

为了判定断丝的增加率，应仔细检查并记录断丝增加情况，找出其中规律，并确定钢丝绳报废或局部更换的日期。

（7）固定末端处的钢丝绳

1）在接近合金或树脂浇铸套钢丝绳断面处有任何断丝或明显的腐蚀情况都应报废。

2）对于缠绕在锚固筒上的钢丝绳，断丝数造成的最大允许金属断面缩小值不得超过表2-3所规定值的2倍。

（二）客运索道安装监督检验、定期检验的无损检测要求

1.客运架空索道安装监督检验、定期检验的无损检测要求

客运架空索道监督检验规程（试行）规定：

（1）必备检测仪器表包括测厚仪、磁粉、探伤仪、钢丝绳探伤仪。

（2）相关检测项目包括运载索、钢丝绳状态、支架结构及驱动迂回轮焊缝检测等。

2.客运缆车安装监督检验与定期检验的无损检测要求

TSGS7002-2005《客运缆车安装监督检验与定期检验规则》中的相关规定见表2-5。

表2-5　客运缆车安装监督检验与定期检验的无损检测要求

检验项目		检验内容与要求	检验方法
牵引索、平衡索	钢丝绳状态	钢丝绳状态符合使用要求，钢丝绳的损伤不应达到《架空索道用钢丝绳检验和报废规范》所规定的报废标准	以低于0.5m/s的速度运行，宏观检查钢丝绳一周，发现异常，停机检验，必要时，可对钢丝绳进行无损探伤
站房及驱动迂回设备	驱动迂回轮	驱动轮与迂回轮水平布置（驱动轴垂直布置）时，有防止钢丝绳滑出轮槽的措施，其焊缝无裂纹，螺栓无松动，闸盘无变形，运转无异常噪声，轮衬应完整，磨损不超限	①宏观检查轮衬、焊缝、螺栓；②在不同速度下听运转噪声；③必要时可对焊缝进行磁粉检测，用水准仪测闸盘变形情况

3.客运拖牵索道安装监督检验与定期检验的无损检测要求

TSGS7001–2004《客运拖牵索道安装监督检验与定期检验规则》中的相关规定见表2-6。

表2-6　客运拖牵索道安装监督检验与定期检验的无损检测要求

项目	检验内容与要求	检验方法
站房及驱动迂回设备	驱动轮和迂回轮上的焊缝无裂纹，螺栓无松动，运转无异常噪声，轮衬完整，磨损不超限	检查焊缝、螺栓，在不同速度下听运转噪声，必要时可对焊缝探伤
支架和托压索轮	支架结构：支架宜采用钢结构，不宜采用钢筋混凝土结构，不允许采用木结构；支架采用型钢时，其壁厚不得小于5mm，采用闭口型钢时，其壁厚不得小于2.5mm；支架材料及焊缝不应当有裂纹等缺陷	查材质证明及设计图纸，检查支架表面及焊缝，必要时用金属测厚仪测量
	支架应当有防锈措施，不应当有严重锈蚀；型钢锈蚀允许值应当小于原厚度的20%，钢管锈蚀允许值应当小于原钢管壁厚度的15%，有积水现象的结构应当有排水孔	目测检查，必要时用金属测厚仪测量
运载索	钢丝绳状态：钢丝绳损伤不应达到《架空索道用钢丝绳检验和报废规范》所规定的报废标准	以低于0.5m/s的速度目测，必要时可进行无损探伤

第四节　大型游乐设施

一、大型游乐设施的组成和结构特点

（一）大型游乐设施的组成

游乐设施种类繁多，一般主要由机械、结构、电气、液压和气动等部分组成。其中机械的作用是实现运动，结构是解决承载能力，电气起控制与拖动作用，液压和气动则是实现传动的一种方式。

游乐设施虽然结构和运动方式各异，规格大小不一，外观各式各样，但常见的游乐设施由以下部分组成：

基础部分，由地基、支脚、地脚等组成。

支承部分，由支柱、梁组成。

驱动部分，由电力、内燃机、人力等组成。

传动部分，由机械传动、液压传动、气动传动等组成。

运行部分，由座舱、轮系、转臂等组成。

操作部分，由操作室、操作台、操作手柄等组成。

控制部分，由控制装置、控制程序等组成。

装饰部分，由外观装饰、灯饰等组成。

转台部分，由乘客站台、乘客阶梯等组成。

隔离部分，由安全栅栏、过渡栅栏等组成。

（二）特点

各种游乐设施由于结构和运动形式不同，分别具有不同的特点。

1.转马类游艺机特点

（1）乘人部分绕垂直轴或倾斜轴回转的游乐设施，如转马、旋风、浪卷珍珠、荷花杯、登月火箭、咖啡杯、滚摆舱、浑天球、小飞机（座舱不升降）、小飞象（座舱不升降）及儿童游玩的各种小型旋转游乐设施等。

（2）乘人部分绕垂直轴转动同时有小幅摆动的游乐设施，如宇航车、大青虫、大苹果等。

2.滑行车类游艺机特点

沿轨道运行，有惯性滑行特征。如过山车、疯狂老鼠、滑行龙、激流勇进、弯月飞车、矿山车等。

3.陀螺类游艺机特点

座舱绕可变倾角的轴作回转运动，主轴大都安装在可升降的大臂上。如陀螺、双人飞天、勇敢者转盘、飞身靠壁、橄榄球等。

4.飞行塔类游艺机特点

乘人部分用挠性件吊挂，边升降边绕垂直轴回转。如飞行塔、空中转椅、观览塔、青蛙跳、探空飞梭等。

5.赛车类游艺机特点

沿地面指定线路运行。如赛车、小跑车、高速赛车。

6.自控飞机类游艺机特点

乘人部分绕中心垂直轴回转并升降。如自控飞机、自控飞碟、金鱼戏水、章鱼、海陆空、波浪秋千。在这类游乐设施中，有的存在升降和摆动等多维运动，如时空穿梭机、动感电影平台。

7.观览车类游艺机特点

乘人部分绕水平轴回转。如观览车、大风车、太空船、海盗船、飞毯、流星锤、遨游太空等。

8.小火车类游艺机特点

沿地面轨道运行，适用于电力、内燃机驱动。如小火车、龙车、猴抬轿等。

9.架空游览车类游艺机特点

沿架空轨道运行，适用于人力、内燃机和电力等驱动。如架空脚踏车、空中列车。

10.水上游乐设施特点

借助于水域、水流或其他载体，达到娱乐的目的。如游乐池、水滑梯、造浪机、水上自行车、游船、水上漫游、峡谷漂流、碰碰船、水上滑索等。

11.碰碰车类游艺机特点

在固定的车场内运行，用电力、内燃机及人力动力驱动，车体可相互碰撞。如电力碰碰车、电池碰碰车等。

12.电池车类游艺机特点

在规定的车场或车道内运行，以蓄电池为电源，电动机驱动。如电池车、马拉车等。

13.无动力类游乐设施特点

游乐设施本身无动力，由乘客自行在其上操作和游乐。如各种摇摆机、人力驱动的转盘、翻斗乐、蹦床、充气弹跳、蹦极、滑索、观光气球等。

二、大型游乐设施无损检测要求

（一）大型游乐设施金属结构制造与安装的无损检测要求

1.游乐设施制造安装无损检测要求（GB8408-2008《游乐设施安全规范》）

涉及人身安全的重要的轴、销轴，应进行100%的超声波与磁粉或渗透探伤。涉及人身安全的重要焊缝，应进行100%的磁粉或渗透探伤。超声波探伤按GB/T4162有关规定执行，检验质量等级不低于A级。对于厚度大于250mm的零件，超声波检验方法及质量评定按GB/T6402有关规定执行，检验质量等级不低于II级。磁粉探伤方法及质量评定按JB/T4730有关规定执行，检验质量等级不低于III级。渗透探伤方法及质量评定按JB/T4730有关规定执行，检验质量等级不低于III级。有必要进行焊缝射线探伤的，其探伤方法及质量评定按JB/T4730有关规定执行，检验质量等级不低于II级。

2. 转马类游艺机无损检验要求（GB/T18158-2008《转马类游艺机通用技术条件》）

（1）转马中心支承轴、旋转座舱立轴和曲柄必须进行100%的超声波与磁粉或渗透探伤。

（2）重要焊缝必须进行100%的磁粉或渗透探伤。

（3）超声波探伤方法及质量评定按照GB/T4162规定执行，检验质量等级不低于III级。

（4）渗透探伤方法及质量评定按照JB4730中有关规定执行，检验质量等级不低于III级。

3. 滑行类游艺机无损检测要求（GB/T18159-2008《滑行类游艺机通用技术条件》）

（1）滑行车的车轮轴、立轴、水平轴、车辆连接器和销轴等必须进行100%的超声波与磁粉（或渗透）探伤。

（2）当滑行车的车速不小于50km/h时，轨道对接焊缝应进行100%的磁粉及不低于70%的射线探伤。

（3）当滑行车的车速小于50km/h时，轨道对接焊缝应进行100%的磁粉或渗透探伤。

（4）超声波探伤方法及质量评定应按照GB/T4162中有关规定执行，检验质量等级不低于A级。

（5）磁粉探伤方法及质量评定应按照JB4730中有关规定执行，检验质量等级不低于III级。

（6）渗透探伤方法及质量评定应按照JB4730中有关规定执行，检验质量等级不低于III级。

（7）射线探伤方法及质量评定应按照JB4730中有关规定执行，检验质量等级不低于II级。

4. 陀螺类游艺机无损检测要求（GB18160-2000《陀螺类游艺机通用技术条件》）

（1）滑行车的车轮轴、立轴、水平轴、车辆连接器和销轴等必须进行100%的超声波与磁粉（或渗透）探伤。

（2）当滑行车的车速不小于50km/h时，轨道对接焊缝应进行100%的磁粉及不低于70%的射线探伤。

（3）当滑行车的车速小于50km/h时，轨道对接焊缝应进行100%的磁粉或渗透探伤。

（4）超声波探伤方法及质量评定应按照GB/T4162中有关规定执行，检验质量等级不低于A级。

（5）磁粉探伤方法及质量评定应按照JB4730中有关规定执行，检验质量等级不低于III级。

（6）渗透探伤方法及质量评定应按照JB4730中有关规定执行，检验质量等级不低于III级。

（7）射线探伤方法及质量评定应按照JB4730中有关规定执行，检验质量等级不低于II级。

5.飞行塔类游艺机无损检验要求（GB18161-2000《飞行塔类游艺机通用技术条件》）

（1）飞行塔主轴和吊舱吊挂轴必须进行100%的超声波与磁粉（或渗透）探伤。

（2）吊舱挂耳的焊缝必须进行100%的磁粉探伤或渗透探伤。

（3）超声波探伤方法及质量评定应按照GB/T4162中有关规定执行，检验质量等级不低于A级。

（4）磁粉探伤方法及质量评定应按照JB4730中有关规定执行，检验质量等级不低于III级。

（5）渗透探伤方法及质量评定应按照JB4730中有关规定执行，检验质量等级不低于III级。

6.赛车类游艺机无损检测要求（GB/T18162-2008《赛车类游艺机通用技术条件》）

（1）赛车车轮轴必须进行100%的超声波与磁粉（或渗透）探伤。

（2）重要焊缝必须进行100%的磁粉或渗透探伤。

（3）超声波探伤方法及质量评定应按照GB/T4162中有关规定执行，检验质量等级不低于A级。

（4）磁粉探伤方法及质量评定应按照JB4730中有关规定执行，检验质量等级不低于III级。

（5）渗透探伤方法及质量评定应按照JB4730中有关规定执行，检验质量等级不低于III级。

7.自控飞机类游艺机无损检测要求（GB/T18163-2008《自控飞机类游艺机通用技术条件》）

（1）自控飞机重要锁轴必须进行100%的超声波与磁粉（或渗透）探伤。

（2）支承臂与座舱相互连接的支承板等重要焊缝，必须进行100%的磁粉（或渗透）探伤检验。

（3）超声波探伤方法及质量评定应按照GB/T4162中有关规定执行，检验质量等级不低于A级。

（4）磁粉探伤方法及质量评定应按照JB4730中有关规定执行，检验质量等级不低于III级。

（5）渗透探伤方法及质量评定应按照JB4730中有关规定执行，检验质量等级不低于III级。

8.车类游艺机无损检测要求（GB18164-2000《观览车类游艺机通用技术条件》）

（1）观览车主轴和吊厢挂轴必须进行100%的超声波与磁粉（或渗透）探伤。

（2）主轴及吊厢挂耳的焊缝必须进行100%的磁粉或渗透探伤。

（3）超声波探伤方法及质量评定应按照GB/T4162中有关规定执行，检验质量等级不低于A级。

（4）磁粉探伤方法及质量评定应按照JB4730中有关规定执行，检验质量等级不低于III级。

（5）渗透探伤方法及质量评定应按照JB4730中有关规定执行，检验质量等级不低于III级。

9.车类游艺机无损检测要求（GB/T18165-2008《小火车类游艺机通用技术条件》）

（1）轨距不小于600mm的小火车的车轴连接器销轴必须进行100%的超声波与磁粉（或渗透）探伤。

（2）轨距不小于600mm的小火车的重要焊缝必须进行100%的磁粉探伤或渗透探伤。

（3）超声波探伤方法及质量评定应按照GB/T4162中有关规定执行，检验质量等级不低于A级。

（4）磁粉探伤方法及质量评定应按照JB4730中有关规定执行，检验质量等级不低于III级。

（5）渗透探伤方法及质量评定应按照JB4730中有关规定执行，检验质量等级不低于III级。

10.游览车类游艺机无损检测要求（GB/T18166-2008《架空游览车类游艺机通用技术条件》）

（1）架空车的车轮轴、连接器必须进行100%的超声波与磁粉（或渗透）探伤。

（2）重要焊缝必须进行100%的磁粉或渗透探伤。

（3）超声波探伤方法及质量评定应按照GB/T4162中有关规定执行，检验质量等级不低于A级。

（4）磁粉探伤方法及质量评定应按照JB4730中有关规定执行，检验质量等级不低于III级。

（5）渗透探伤方法及质量评定应按照JB4730中有关规定执行，检验质量等级不低于III级。

11.乐设施无损检验要求（GB18168-2000《水上游乐设施通用技术条件》）

（1）水上游乐设施的重要零部件必须进行100%的超声波与磁粉（或渗透）探伤。

（2）重要焊缝应进行100%的磁粉（或渗透）探伤。

（3）超声波探伤方法及质量评定应按照GB/T4162中有关规定执行，检验质量等级不低于A级。

（4）磁粉探伤方法及质量评定应按照JB4730中有关规定执行，检验质量等级不低于III级。

（5）渗透探伤方法及质量评定应按照JB4730中有关规定执行，检验质量等级不低于III级。

（二）大型游乐设施监督检验与定期检测的无损检测要求

《游乐设施监督检验规程（试行）》中的相关规定见表2-7。

表2-7　大型游乐设施监督检验与定期检测的无损检测要求

项目	检验内容与要求	检验方法
关键零部件和焊缝探伤报告	受检单位应提供符合标准要求的关键零部件及关键焊缝探伤报告	查阅关键零部件及关键焊缝的探伤报告
重要焊缝磁粉（或渗透）探伤	重要焊缝应进行不低于20%的磁粉（或渗透）探伤	磁粉（或渗透）探伤方法按照JB4730标准相关规定进行，检验质量等级不低于III级
重要轴、销轴超声波和磁粉（或渗透）探伤	滑行车的车轮轴、立轴、水平轴、车辆连接器的销轴、陀螺转盘油缸、吊厢等处的销轴、飞行塔吊舱吊挂轴、赛车车轮轴、自控飞机大臂、油缸、座舱处的销轴、观览车吊舱吊挂轴、单轨列车连接器销轴等每年应进行不低于20%的超声波与磁粉（或渗透）探伤。转马中心支承轴、旋转座舱立轴和曲柄轴、陀螺转盘主轴及大臂、飞行塔主轴、自控飞机主轴、轨距不小于600mm的小火车车轮、连接器销轴、架空游览车的车轴、连接器等重要轴、销轴及水上游乐设施的重要零部件至少在大修时应探伤	超声波探伤方法按照GB/T4162标准相关规定进行，缺陷等级评定不低于A级。磁粉（或渗透）探伤方法按照JB4730标准相关规定进行，缺陷等级评定不低于III级（验收检验、定期检验）

第五节 厂内专用机动车辆

一、厂内专用机动车辆的组成和结构特点

厂内专用机动车辆构造一般由五部分组成：动力装置、底盘、工作装置、液压系统和电气设备。

（一）动力装置

动力装置的功用是供给车辆工作所需的能量，驱动车辆运行，驱动工作装置和动力转向系统的液压油泵，以及满足其他装置对能量的要求。目前场（厂）车用动力装置主要有内燃机和电动机两类。

1.内燃机

按燃料的不同，内燃机分为汽油机和柴油机。按冷却方式可分为水冷式发动机和风冷式发动机。按工作循环可分为二冲程发动机和四冲程发动机。

内燃机是由许多机构和系统组成的复杂机器。尽管结构形式多样，但任何内燃机在工作时必须完成进气、压缩、做功、排气四个过程。因此，要保证内燃机工作可靠，除曲柄连杆机构外，还应有配气机构、燃料供给系、点火系（柴油机无）、润滑系、冷却系等协调工作。

2.电动机

目前电动车辆得到了越来越广泛的应用，其原因是：第一，电动车辆在行驶中无废气排出，不会污染环境；第二，与内燃车辆相比，电动车辆能源利用效率较高；第三，电动车辆振动及噪声较小。

电动车辆的动力部分主要由充电机、蓄电池、调节器及电动机等组成。通过充电机将电能存储在蓄电池中，然后蓄电池经调节器向电动机供电。来自驾驶员操纵的加速踏板的信号输入调节器，通过调节器控制电动机输出的转速和转矩。电动机输出经车辆传动系统驱动车轮。

（二）底盘

车辆底盘的功用是将动力装置的动力进行适当的转换和传递，使之适应车辆行驶和作业的要求，并保证车辆能在驾驶员的操纵下正常行驶。它是整机的基础，所有部件都安装在底盘上。底盘由传动系、行驶系、转向系和制动系等组成。

1.传动系

车辆的动力装置和驱动轮之间的所有传动部件总称为传动系，它将动力按需要传给驱动轮和其他机构。主要有机械传动、液力机械传动、液压机械传动、液压传动、电传动五类。

2.行驶系

行驶系的主要功用是：支承整车的重量和载荷并保证车辆行驶和进行各种作业。

场（厂）车普遍采用轮式行驶系，它由车架、车桥、车轮和悬架等组成。

3.转向系

转向系的功用是：当左右转动方向盘时，通过转向联动机构带动转向轮，使车辆改变行驶方向。按照转向系能源的不同，转向系可分为机械转向系（人力转向系）、助力转向系和全液压转向系三种。转向系主要由转向操纵机构、转向器和转向传动机构组成。

由于场（厂）车工作时转向频繁，有时需要原地转向，为减轻驾驶员的劳动强度，吨位较大的车辆多采用动力转向——助力转向和全液压转向。采用动力转向时，驾驶员只需极小的操纵力来操纵控制元件，而快速克服转向阻力矩的能量则由动力装置来提供。

4.制动系

制动系的功用是：使车辆迅速地减速以至停车；防止车辆在下长坡时超过一定的速度；使车辆稳定停放而不致溜滑。

整个制动系包括两个部分：制动器和制动驱动机构。车辆上一般要设置两套制动装置。一套为行车制动或称脚制动装置，它在驾驶员踩下制动踏板时起作用，放开踏板以后，制动作用即消失。还有一套停车制动装置，用它来保证车辆停驶后，即使驾驶员离开，车辆仍能保持原地，特别是能在坡道上停住。这套装置常用制动手柄操纵，并可锁止在制动位置，故也称手制动装置。

按照制动操纵能源分，制动系可分为人力制动系、伺服制动系和动力制动系三种；按制动能量的传递方式分，制动系可分为机械式、液压式、气压式和电磁式等。

（三）工作装置

工作装置是场（厂）车进行各种作业的直接工作机构，货物的叉取、升降、堆垛等，都靠工作装置完成。

装载机是合理地改变叉车的工作装置，在其前端装备有动臂、铲斗和连杆，通过前后移动、动臂的提升和铲斗的翻转，进行装载、挖掘、运料和卸料作业的自行式机械。其工作装置主要由铲斗、动臂和用来转动铲斗、升降动臂的液压油缸、连杆机构、液压系统、阀操纵系统等部件组成。

此外，凿岩车、打桩车等都有为满足使用功能要求而设置的专用工作装置，如凿岩车的工作装置主要由液压锤和臂架组成，打桩车的工作装置主要由叉车的原工作装置（门架、滑轮、货叉）、抓脱机构、导架、伸缩油缸、重块、托架等组成。

（四）液压系统

液压系统是利用工作液体传递能量的传动机构，各种车辆的液压传动是利用液压执行元件（工作缸和液压马达）产生的机械能，完成对货物的提升、装卸和搬运过程。液压传动的基本原理是帕斯卡原理。液压系统可以概括为四个基本组成部分。

动力机构：利用油泵把机械能传给液体，形成密闭在容器内的液压的压力能。

执行机构：包括油缸或液压马达，它们的功用是把工作液体的压力能转换为机械能。

控制元件：包括各种操纵阀，如方向控制阀、节流阀、溢流阀等。通过它们来控制和调节液体的压力、流量及方向，以满足机构工作性能的要求。

辅助元件：包括油箱、管接头、滤油器等。

（五）电气设备

场（厂）车的类型复杂、品种繁多，但是总体来看，电气系统主要与车辆的驱动方式有关。对于内燃式，电气系统主要是用于车辆的起动和照明，因此这类电气装置所用的电气元件较少，构造相对简单；对于使用蓄电池－电动机驱动的车辆，如电瓶搬运车等，电气系统是车辆作业的控制中心和动力源，因此涉及的电气元件多，构造较复杂。

二、厂内专用机动车辆无损检测要求

（一）厂内专用机动车辆金属结构制造的无损检测要求

叉车货叉无损检测（GB5182-1996《叉车货叉技术要求与试验》）要求：

货叉制造厂应对批量生产（或疲劳试验后）的货叉进行全面的裂纹目测检查，特别是对叉根、所有焊缝、上下挂钩的焊接热影响区及上下挂钩与垂直段的连接部位进行无损裂纹检测。如发现裂纹，则货叉不得使用（建议裂纹的无损检测采用磁粉探伤法）。

（二）场（厂）内专用机动车辆监督检验与定期检验的无损检测要求

根据《厂内机动车辆监督检验规程》中的相关规定，无损检测要求见表2-8。

表2-8　场（厂）内专用机动车辆监督检验与定期检验的无损检测要求

项目	检验内容	检验方法
工作装置	货叉不得有裂纹，如发现货叉表面有裂纹，应停止使用	目测检查，必要时使用仪器探伤
专用机械	各类自行专用机械的专用机具（叉、铲、斗、吊钩、滚、轮、链、轴、销）及结构件（门架、扩顶架、臂架、支承台架）应完整，无裂纹，无变形，磨损不超限，连接配合良好，工作灵敏可靠	目测检查，必要时使用仪器探伤

第三章 伺服电动机、步进电动机与直流电动机

第一节 伺服电动机

伺服电动机有交流伺服电动机和直流伺服电动机。伺服电动机的原理也与直流电动机和交流电动机的原理基本相同。英文的伺服即希腊语"奴隶"的意思，是遵照主人的指令提供服务。伺服电动机主要用于快速而高精度的定位控制（伺服电动机可以承受较高的过载转矩），为了实现这些目的，对伺服电动机的结构做了一些特殊设计，为了获得高的起动转矩，用非永磁材料做成的交流伺服电动机的转子阻抗较大。为了获得快速性电动机多为低惯量的细长结构，为了得到精确的位置信号，一般它的转子上自带一个测量角度位置的编码器或旋转变压器，也有的伺服电动机需要外加编码器。编码器的位置信号反馈回伺服驱动器，以实现指令要求运动的角度位置。控制伺服电动机的驱动器可以接收位置信号（如脉冲和旋转方向）和速度控制信号（多为正、负电压信号）。

目前，随着交流变频技术的快速发展，有些变频器已经具有伺服功能，控制精度与传统的交流伺服也没明显的差距，所以变频器和交流伺服两者有逐渐融合的趋势。

由于电力电子技术和控制技术的快速发展，目前交流伺服电动机已经逐渐取代直流伺服电动机成为伺服电动机中的主流。

交流伺服电动机又分交流永磁同步伺服电动机和交流异步伺服电动机。交流永磁同步伺服电动机的转子由永久磁铁构成，定子绕组形成旋转磁场，只要负载的大小不超出同步转矩，永久磁铁转子就跟随旋转磁场做同步旋转，它与交流永磁同步电动机基本类似。对于转子为空心杯或笼型结构的交流异步伺服电动机，其原理同单相分相电动机的原理相似。它的定子绕组由两相在空间相差90°放置的励磁绕组和控制绕组组成，接入励磁绕组和控制绕组的交流电相位相差一定角度，这样定子上就产生了椭圆旋转磁场，转子切割磁力线，在电磁力的牵引下旋转起来，改变励磁绕组和控制绕

组的电源频率，可以改变伺服电动机的速度。负载一定时，改变控制绕组的电源电压，也可以改变伺服电动机的输出转速，控制绕组的电压反相时，伺服电动机将反向旋转。

永磁式交流伺服电动机如图3-1所示。

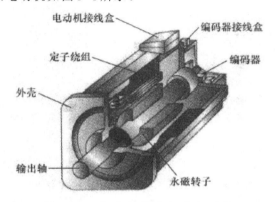

电动机接线盒　　　编码器接线盒
定子绕组　　　　　编码器
外壳
输出轴　　　　　　永磁转子

图3-1　永磁式交流伺服电动机

伺服电动机的价格较高，功率不太大，目前主要用于大调速范围、定位精确、快速跟踪、低速大转矩等场合，比如精密机床、包装机、印刷机械、机械手等。在精密数控系统中，交流永磁同步伺服电动机应用又较为普遍。

第二节　交流伺服电动机驱动器的接线及外形

交流伺服电动机驱动器上有一个电动机编码器的反馈输入口，有一对用于伺服驱动器之间互相连接的编码器脉冲输入口和编码器脉冲输出口，这可以方便地实现伺服驱动器之间速度的精确比例同步。伺服驱动器可以实现电子凸轮功能，一项用于输入被跟踪轴的脉冲数，一项用于输入本伺服电动机相对应的跟踪脉冲数。伺服驱动器可以通过通信方式或正、负电压信号来控制转速或位置，可以用输入脉冲和方向的方式来进行定位控制或速度控制。伺服电动机在第一次使用时，一般需要通过自动识别方式确定系统的特性、刚性和位置环、速度环的PI参数。

伺服驱动器的主要接线如图3-2所示。

在图3-2中，R、S、T接三相交流电源（也有的接单相电源AC220V），U、V、W接交流伺服电动机，使能输入端用于控制伺服电动机的运行与否，速度控制输入端（0~±10V）用于控制伺服电动机的速度，脉冲指令输入端接要跟踪的前一级电动机或驱动轴的编码器，也可以接其他控制器的编码器指令输出，脉冲指令输出用于将本伺服电动机的位置送到下一级伺服驱动器作为跟踪指令，编码器反馈接伺服电动机上的编码器，通信口用于同其他控制器（如PLC）进行数据传输与控制。伺服驱动器主要根据输出转矩、最高速度、编码器分辨率、供电电源、安装方式等选择。伺服驱动器需设定的主要参数有：运行控制方式是速度模式、位置模式还是转矩模式；控制途径、最大转矩、最高转速等。

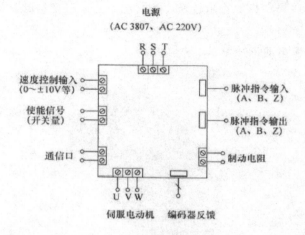

图 3-2　伺服驱动器的主要接线

常见型号：SGDM、MSMA 等。

生产厂家：日本三菱公司、日本松下公司和美国 AB 公司等。

第三节　步进电动机的原理

步进电动机是一步一步旋转的，每次输入一个脉冲信号，步进电动机就前进一步，所以有时也叫脉冲电动机。步进电动机没有累计误差，按照一定的顺序给步进电动机的几个绕组通直流电，就可以在步进电动机定子上形成旋转磁场，转子在电磁力的作用下发生旋转，顺序供电的频率越快，步进电动机磁场的旋转速度就越快。步进电动机驱动器的作用是将输入的电脉冲信号转换成响应的步进电动机绕组通电顺序，从而改变步进电动机的旋转角度。

步进电动机按励磁方式分永磁式、反应式和混合式。反应式和混合式步进电动机按定子绕组的相数分有 3 相、4 相、5 相、6 相、8 相等。

以永磁式步进电动机为例，它的定子由 2 相或多相绕组组成，每相绕组通入直流电后在圆周方向形成 K 个磁极，转子为由多个磁极组成的星形永久磁铁，沿圆周方向为 NSNS…相间排列，转子的极数也等于 K。以 2 相永磁式步进电动机为例，2 相永磁式步进电动机如图 3-3 所示。

图 3-3 中，A 相定子绕组有 4 个磁极 1、3、5、7，4 个磁极绕组线圈的绕向（或接线方向）不同形成 NS 交替排布的 4 个磁极；B 相定子绕组有 4 个磁极 2、4、6、8，磁极绕组线圈的绕向（或接线方向）不同也可以形成 NS 交替排布的 4 个磁极；转子有 4 个固定的磁极 11、12、13、14，且 NS 磁极交替排布。

转子的运动分 4 步，然后就重复运行：

第一步：A 相的 A1 接直流电源的+，A2 接直流电源的−，A 相的 4 个磁极的极性和转子的极性和位置如图3-3a所示，由于磁极的吸引和排斥作用，转子保持在该位置不动；

　　第二步：A相断电，B相的B1接直流电源的+，B2接直流电源的-，B相的4个磁极的极性和转子的极性和位置如图3-3b所示，由于磁极的吸引和排斥作用，转子顺时针旋转45°保持在该位置；

　　第三步：B相断电，A相的A1接直流电源的-，A2接直流电源的+，A相的4个磁极的极性和转子的极性和位置如图3-3c所示，由于磁极的吸引和排斥作用，转子顺时针旋转45°保持在该位置；

　　第四步：A相负电源断电，B相的B1接直流电源的-，B2接直流电源的+，B相的4个磁极的极性和转子的极性和位置如图3-3d所示，由于磁极的吸引和排斥作用，转子顺时针旋转45°保持在该位置；

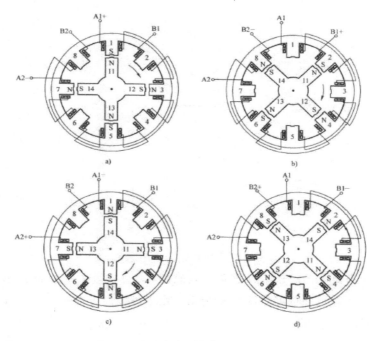

图3-3　2相永磁式步进电动机

　　第五步：重复第一步，B相负电源断电，A相的A1接直流电源的+，A2接直流电源的-，转子顺时针旋转45°保持在该位置。

　　这样步进电动机就旋转起来，由于4个通电顺序后又开始重复原来的通电顺序，所以称为4拍运行方式；由于每次只有一相绕组通电，所以也叫单相运行模式。该步进电动机的步距角（每一步旋转的角度）为45°。

　　A相和B相电源的通电时序为A、B、（-A）、（-B）、A…，每相的电压波形同交流电相似。A和B相的电压波形如图3-4所示。

　　其实对于该2相步进电动机，也可以采用单相和双相混合的通电模式，即8拍运行方式，A、AB、B、B（-A）、（-A）、（-A）（-B）、（-B）、（-B）A。这种通电方式的步距角是原来的一半，为22.5°。

以A、AB、B三步通电顺序为例，说明步进电动机的旋转角度与方向，步进电动机的旋转如图3-5所示。

第一步，A相的A1接直流电源的+，A2接直流电源的-，A相的4个磁极的极性和转子的极性和位置如图3-5a所示，由于磁极的吸引和排斥作用，转子保持在该位置不动；

第二步，A相的A1接直流电源的+，A2接直流电源的-，B相的B1接直流电源的+，B2接直流电源的-，A相和B相的8个磁极的极性和转子的极性和位置如图3-5b所示，由于磁极的吸引和排斥作用，转子顺时针旋转22.5°并保持在该位置；

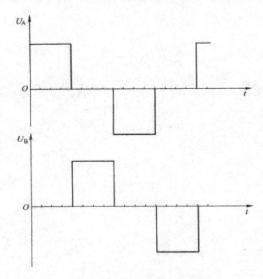

图3-4　A和B相的电压波形

第三步：A相断电，B相的B1接直流电源的+，B2接直流电源的-，B相的4个磁极的极性和转子的极性和位置如图3-5c所示，由于磁极的吸引和排斥作用，转子顺时针旋转22.5°保持在该位置。

每拍转子顺时针旋转22.5°，所以，同一台步进电动机通电方式不同，其步距角也不同，很多步进电动机的步距角表示为y°/0.5y°形式就是因为这个原因。

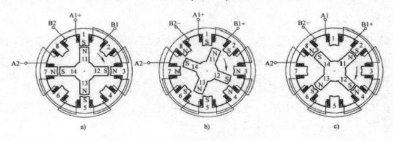

图3-5　步进电动机的旋转

单三拍反应式（或叫磁阻式）步进电动机的原理如图3-6所示，转子为硅钢片，定子绕组通电转子反映出磁性，A6~A2绕组通电时，转子转到磁阻最小的位置，转子1~3与A6~A2绕组对齐；B6~B2绕组通电时，转子转到磁阻最小的位置，转子转过30°，转子的2~4与B6~B2绕组对齐；C6~C2绕组通电时，转子转到磁阻最小的位置，转子转过30°，转子的1~3与C6~C2绕组对齐，如此往复，转子旋转起来。

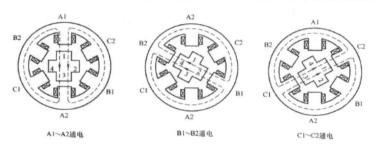

图3-6　单三拍反应式步进电动机的原理

步进电动机可以实现开环定位控制，不需要编码器反馈，无累计误差，结构简单，堵转不会烧毁电动机，但高速时转矩小。步进电动机在数控机床、阀门控制、自动绕线机、医疗器械、银行终端设备、计算机外设、相机和石英钟等领域有广泛应用。

第四节　步进电动机的参数和接线

步进电动机与步进电动机驱动器在普通数控领域应用非常广泛，它的优点是可以直接实现同步控制和定位控制，不需要编码器、测速发电机、旋转变压器等速度反馈信号，控制方便简单，通电后在停止状态有自锁功能，其主要缺点是随着速度的增加，输出转矩会降低，不像伺服电动机那样可以保持输出转矩不变。

步进电动机的主要参数有步距角、工作转矩、保持转矩、定位转矩、空载起动频率、最高运行速度、控制方式、电源电压等。步进电动机的最小步距角决定了步进电动机的开环控制精度，因此步距角是步进电动机最重要的参数之一。

步进电动机的使用比较简单，步进电动机的驱动器一般不配置显示屏和参数输入按键，接好电源、电动机、脉冲输入和方向控制线，通过拨动驱动器上的开关，选择细分设置、最大电流、零速保持电流等，即可使用。

步进电动机的接线如图3-7所示。

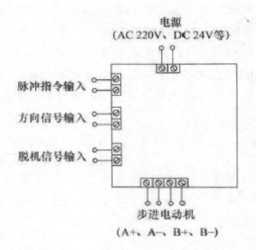

图 3-7 步进电动机的接线

在图 3-7 中，步进电动机驱动器的电源输入有的是交流电源（AC60V、AC100V、AC220V 等），也有的是直流电源（DC24V、DC12V、DC36V 等）。步进电动机的接线可以是图中的 A+、A-、B+、B-方式，也可以是 U、V、W 或是 A、B、C、D、E 等其他接线方式。脉冲指令输入用于控制步进电动机运行的步数，方向控制输入用于控制步进电动机的旋转方向（正、反转），脱机信号输入使步进电动机处于自由状态。

常见型号：SH、BYG、XMTD、WD 等。

生产厂家：日本安川公司、德国百格拉公司和北京和利时电机公司等。

第五节　直线电动机

当工件运动需要较大的加速度（2~10g）及无机械间隙的精度运动时，需要使用小巧的直线电动机及伺服驱动器。

直线电动机的原理相当于将交流或直流电动机的转子和定子切开，转子和定子在一个平面上展开，转子沿着展开方向做直线运动；也可以认为直线电动机是直径为无穷大的交流或直流电动机，转子的外表面与定子的内表面变成了平面，转子沿着定子排布方向相同的方向做直线运动。

以直线步进电动机为例，它与旋转步进电动机的原理相同，如图 3-8 所示为 5 相直线步进电动机的原理。该直线电动机的动子由 5 个 n 形铁心组成，相邻的 n 形铁心与定子齿错开 1/5 齿距，每个 n 形铁心上的两个极上有两个相反连接的绕组，两个绕组形成的磁场使 n 形铁心的一个极为 N 一个极为 S，并且磁通不进入其他的 n 形铁心，当 A 相通电后，A 相绕组上的 n 形铁心与定子铁心上的齿对齐，然后 A 相失电 B 相通电，动子向左用到 1/5 齿距。同理，B 相失电 C 相通电，动子向左用到 1/5 齿距，这是 5 相 5 拍运行方式。如果通电方式为 A-AB-B-BC…，5 相 10 拍运行方式，则动子每步移动

1/10齿距。

其他原理的直线电动机的分析方法与上面的相同，也是将定子和转子切开，在绕组侧施加直线运动的磁场，使动子受力沿直线运动起来。定子和转子切开如图3-9所示。

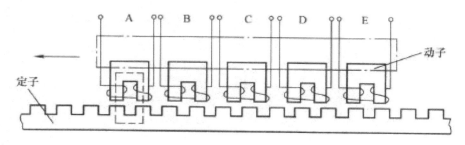

图 3-8　5相直线步进电动机的原理

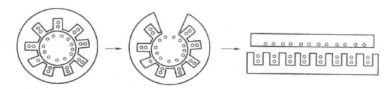

图 3-9　定子和转子切开

动子可以是永久磁铁也可以是绕组，定子可以是永久磁铁也可以是绕组。永久磁铁的直线电动机如图3-10所示，底座上安装有直线导轨和定子绕组，滑动工作台安装在直线导轨上，动子磁铁安装在滑动工作台的下方，动子磁铁与定子绕组相对，底座定子绕组通入电源，形成直线运动的磁场后，动子磁铁将产生直线运动。

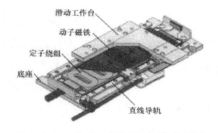

图 3-10　永久磁铁的直线电动机

当自动化设备需要做直线运动时，使用直线电动机可以省略丝杠等转换机构。直线伺服电动机的惯量小、运动速度快、加速度大、长度不受限，且定位精度很高。直线电动机在数控机床、电子器件制造、电子贴片设备、机械手、五金加工、太阳能电池制造、磁悬浮列车、飞机弹射、提升机等领域有较多的应用。

第六节　直流电动机

直流电动机在电动车辆、自动化生产线、印刷、轧钢、造纸、自动售货机、机床等领域大量应用。直流电动机有磁极、电枢、机械式换向器和电刷等部件，电枢上有机械式换向器和绕组，磁极可以是永久磁铁组成的磁极，这样的直流电动机叫永磁直流电动机；也可以使用励磁绕组形成磁极，电刷和机械式换向器之间滑动接触，通电后电枢旋转。直流电动机的旋转原理如图3-11所示。

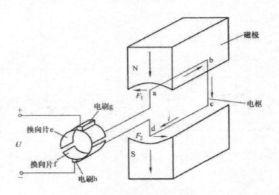

图 3-11　直流电动机的旋转原理

图3-11中，电刷g和电刷h接入直流电源U。电刷g和电刷h与换向片e和换向片f滑动连接，电枢上的导体ab和导体cd通电后，产生电流i，根据左手定则，N极下的导体ab将产生向左的力F_1，S极下的导体cd将产生向右的力F_2，电枢将产生逆时针旋转。当导体ab和对应的换向片e转到与电刷h接触时，导体ab和对应的换向片f转到与电刷g接触，导体ab和导体cd的电流方向反向，与电刷g接触的导体cd的电流方向向内，与电刷h接触的导体ab的电流方向向外，根据左手定则，N极下的导体ab产生向左的力，S极下的导体cd产生向右的力，电枢依然是逆时针旋转，电动机就连续转动了起来。

直流电动机中机械式换向器的作用是使磁极下电枢绕组中的电流方向保持不变，即保持电枢绕组受力的方向不变，这样就可以产生持续的旋转运动。

一种起动车辆发动机用的直流电动机结构如图3-12所示。

利用励磁绕组形成磁极的直流电动机，根据励磁绕组与电枢绕组的关系有他励、并励、串励和复励直流电动机，如图3-13所示。

他励直流电动机的励磁绕组是由独立的电源供电；并励直流电动机的励磁绕组与电枢绕组并联使用相同的一个直流电源供电；串励直流电动机的励磁绕组与电枢绕组串联后由一个直流电源供电；复（合）励直流电动机的一个励磁绕组与电枢绕组串联，一个励磁绕组与电枢绕组并联，由一个直流电源供电。

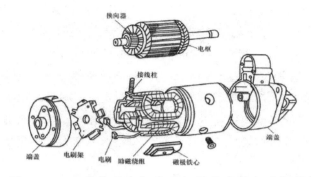

图 3-12　一种起动车辆发动机用的直流电动机结构

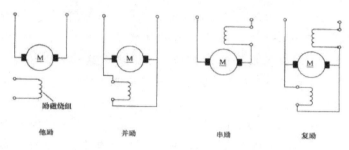

图 3-13　他励、并励、串励和复励直流电动机

第七节　直流无刷电动机

直流无刷电动机在电动自行车、仪器仪表、家用电器、计算机外围设备、小型旋转机械、散热风机、小型水泵等领域应用较多。它的原理同上面讲的直流电动机原理基本相同，只是原来的电刷和机械式换向器没有了，利用位置传感器和功率电子器件进行换向，所以也叫无换向器电动机、无换向器直流电动机。由于其没有滑动摩擦的电刷等易损部件，因此维护方便且没有火花。

直流无刷电动机用位置传感器检测转子位置，用电力电子切换电路改变定子绕组的电流方向，同样可以实现固定磁极下绕组的电流方向不变，从而形成旋转运动。直流无刷电动机的结构如图 3-14 所示。

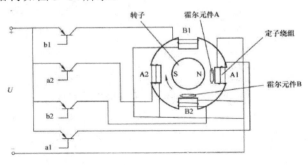

图 3-14　直流无刷电动机的结构

转子上有一个N极一个S极，霍尔元件A检测到N极在定子绕组A1下面时，控制b2给定子绕组B2通电，定子绕组B2通电后在靠近转子侧表现为S极，对转子上的N极产生吸引，转子顺时针旋转90°；当霍尔元件B检测到N极在定子绕组B2下面时，控制a2给定子绕组A2通电，定子绕组A2通电后在靠近转子侧表现为S极，对转子上的N极产生吸引，转子又顺时针旋转90°，如此继续，无刷直流电动机就顺时针旋转起来。改变定子绕组通电的顺序，可以改变无刷直流电动机的旋转方向，由于是利用传感器检测到转子旋转的位置后才改变定子绕组的通电与否，所以它不会出现失步现象，为同步工作模式。

为了提高定子绕组的利用率，当3个定子绕组采用三相对称星形联结时，与交流电动机的接法相类似。在这样的直流无刷电动机中，可以利用定子绕组的正向和反向导通，形成NS变化的磁场，利用霍尔元件检测转子位置，同样可以获得永磁转子的旋转运动。直流变频电路的连接如图3-15所示，由于这种工作方式同变频器的工作方式很近似，所以有时也称为直流变频，但是它的频率变化不是主动的，是由位置传感器控制的。

常见的直流无刷电动机为永磁直流无刷电动机，可以采用内部为永磁转子的结构，也可以采用外部为永久转子的结构。采用内部永磁转子的无刷直流电动机结构如图3-16所示，转子为永磁转子，定子绕组可以改变电流方向，即可以改变磁场方向，传感器检测永磁转子的位置，通过电力电子切换电路变换定子绕组的磁场方向，对转子形成持续的旋转牵引作用。

永磁直流无刷电动机的永磁材料多为稀土永磁材料，永磁转子的结构有表面磁极、嵌入磁极和环形磁极等形式，如图3-17所示。表面磁极为在转子表面粘贴沿径向充磁的瓦片磁铁（图中最左边），嵌入磁极为在转子上嵌入矩形磁条，环形磁极为在转子表面套上一个圆形磁环（图中最右边）。

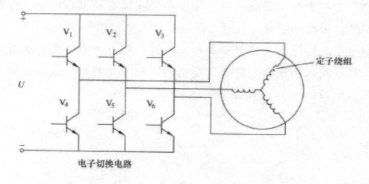

图3-15　直流变频电路的连接

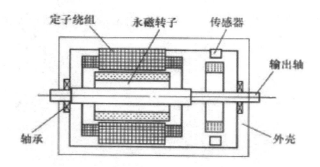

图 3-16 采用内部永磁转子的无刷直流电动机结构

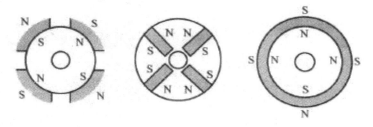

图 3-17 表面磁极、嵌入磁极和环形磁极的转子形式

位置传感器可以是检测磁场的霍尔元件，也可以是测量转子上金属凸台的接近开关，还可以是检测缺口的光电开关、旋转编码器或旋转变压器等。位置传感器检测出转子的位置，然后控制定子绕组中的电流方向，使定子的磁场总是对转子形成旋转作用力。

采用外部永磁转子的直流无刷电动机是把定子绕组固定在内部，外部永磁转子旋转，传感器检测外部转子的位置，相应地改变内部定子绕组上的电流方向，即磁场方向，同样可以对永磁转子形成持续的旋转牵引力矩，外部永磁转子的直流无刷电动机结构如图 3-18 所示。

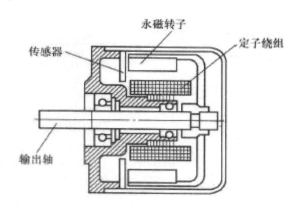

图 3-18 外部永磁转子的直流无刷电动机结构

直流无刷电动机还可以做成薄型盘式结构，圆形的定子绕组和圆形的永磁转子相对放置，传感器检测永磁转子的位置，相应地改变定子绕组上的磁场方向，同样可以

对永磁转子形成持续的旋转牵引转矩。盘式直流无刷电动机结构如图3-19所示。

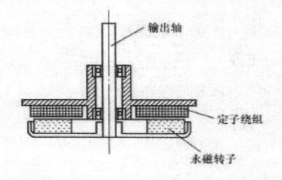

输出轴

定子绕组

永磁转子

图3-19　盘式直流无刷电动机结构

第四章　PLC和运动控制器

第一节　PLC

PLC有一体式和模块式两种外在形式，一体式是把PLC的电源、CPU、存储器、一定数量的I/O做在一起，形成一个整体，这种PLC成本较低，如西门子的S7-200、OMRON的CPM1A等；模块式的PLC是由不同功能的模块拼装组合而成，模块种类有电源模块、CPU模块、数字输入模块、数字输出模块、模拟输入模块、模拟输出模块、通信模块、定位模块、计数模块等，根据工程需要，把一定数量的模块组合到一个底板上（或机架）构成一个灵活拼装的PLC，这种PLC相对于一体式PLC成本要高，但是功能和控制规模也更强大。

PLC最早是为了把继电器控制的硬件逻辑变为可以灵活编程的软件逻辑。以一个电动机的正、反转逻辑控制为例，假设该电动机的正向运行由以下几个条件逻辑构成：①停止按钮SB_1没有动作，处于常闭状态；②常开按钮SB_2按下，SB_2闭合或KM_1已经吸合；③阀门开限位开关XW_1没有动作，XW_{1-1}闭合；④无过载信号，FR_1闭合。这些条件就构成了电动机正向运行（KM_1吸合）的逻辑关系："SB_1闭合"，"SB_2闭合或KM_1吸合"，"FR_1闭合"，"XW_{1-1}闭合"，这4个条件都满足时，则KM_1吸合，电动机运行，继电器逻辑如图4-1a所示，PLC就是为了模仿类似这些逻辑关系和动作而发明的。PLC不需要用电路来实现这些逻辑关系，而是用软件的方式来实现。上述逻辑关系在PLC中用梯形图表示，如图4-1b所示。

在图4-1中，SB_1、XW_{1-1}、FR_{1-1}的符号为常闭触点，SB_2的符号为常开触点，由于PLC不再用实际的连线来实现这些逻辑，所以各种逻辑关系的修改十分简单，在PLC的编程器上修改一下程序，下载到PLC内就行了。

PLC常用编程方法有梯形图、语句表等，结果是一样的，只是表达方式不同。梯形图与电气图的表达方式较接近，大多数PLC的梯形图编程方法遵循国际电工标准的规定。

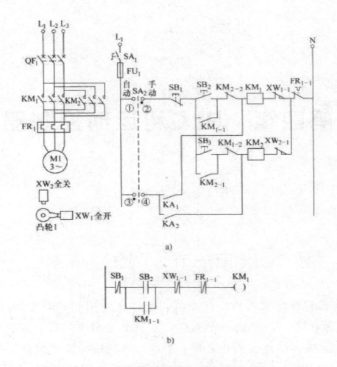

图 4-1　继电器逻辑和梯形图示例

第二节　PLC中的PID闭环控制

　　PLC中可以进行PID闭环控制，PLC闭环控制如图4-2所示。图4-2中，M0.0闭合时，PID控制开始。PID的数量依据PLC的不同而有所不同。在PLC中应用PID时，定义好输入地址、输出地址、设定值存放地址，再定义好P、I、D参数对应存放的数据块地址，以备人机界面或上位机上操作人员可以根据现场实际情况进行修改，然后把PID控制的正反作用（比如加热和制冷控制）、采样周期、最大输出、最小输出等参数设定好（不同的PLC会有所不同），这时PID就可以使用了。

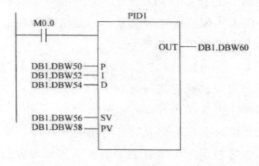

图 4-2　PID闭环控制

第三节　PLC的编程工具

PLC的编程工具有两种，一种是小型手持式的编程器，主要用于小型PLC的编程。将手持式编程器插到PLC上的编程口就可以直接编程（不同型号的PLC使用方法会有所不同，不过大同小异）。

一般手持编程器是PLC生产厂家配套的设备，其连接简单明了，不需要过多的设置，但是程序查找和修改都较麻烦。

另一种是用普通的PC装上编程软件进行编程。这种编程方式目前采用最多，为了现场调试方便，多使用笔记本电脑作为编程器，编程软件为各PLC厂家的配套软件。

目前使用较多的是用PC构成的编程器，因为这样编程较灵活和方便。使用PC编程器时，首先应设置通信口、通信协议、通信转换器及所用PLC的类型等，只有通信连接正常后才可以进行下面的工作。

第四节　S7-200系列小型PLC

一、中央处理单元（主模块）各部分的功能

S7-200系列PLC中央处理单元（主模块）各部分的功能如图4-3所示。

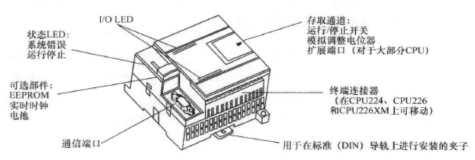

图4-3　S7-200系列PLC中央处理单元（主模块）各部分的功能

二、扩展模块的外形

S7-200系列PLC部分扩展模块的外形如图4-4所示。

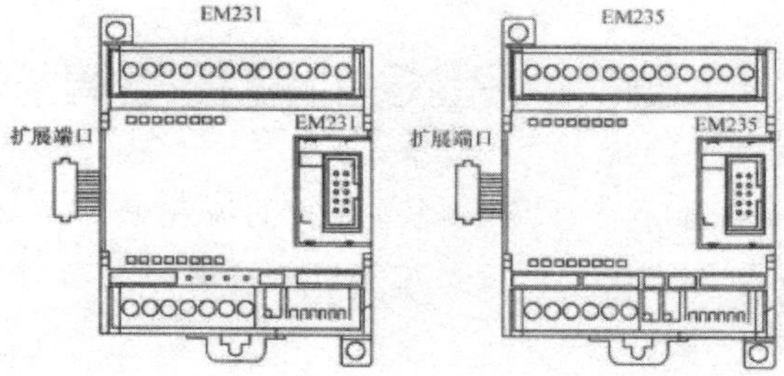

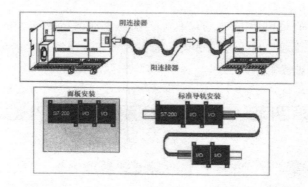

图 4-4　S7-200 系列 PLC 部分扩展模块的外形

三、扩展模块的连接方法

S7-200 系列 PLC 扩展模块的连接方法如图 4-5 所示。

图 4-5　S7-200 系列 PLC 扩展模块的连接方法

四、中央处理单元的接线方法及 I/O 地址

S7-200 系列 PLC 中央处理单元有 CPU221、CPU222、CPU224 和 CPU226 等。CPU221 为 4 个数字输入、6 个继电器（或 DC）输出，CPU221 无 I/O 扩展能力；CPU222 为 8 个数字输入、6 个继电器（或 DC）输出，CPU222 可以扩展 2 个 I/O 模块；CPU224 为 14 个数字输入、10 个继电器（或 DC）输出，CPU224 可以扩展 7 个 I/O 模块；CPU224XP 为 14 个数字输入、10 个继电器（或 DC）输出、两个模拟量输入和 1 个模拟量输出，CPU224XP 可以扩展 7 个 I/O 模块；CPU226 为 24 个数字输入、16 个继电器（或 DC）输出，CPU226 可以扩展 7 个 I/O 模块。其中，CPU226 继电器输出方式的接线如图 4-6 所示。

在图 4-6 中，数字输入端子侧的 0.0~1.7 代表数字量输入地址 I0.0~I1.7，数字输出端子侧的 0.0~1.7 代表数字量输出地址 Q0.0~Q1.7。数字量输入侧的 1M 和 2M 为输入公共端，输入端相并联的两个发光二极管一个正接一个反接，所以 1M 和 2M 既可以接 0V 也可以接 DC24V。在图 4-6 中，1M 接 DC24V，则输入端 I0.0~I1.4 与 0V 闭合连接为输入接通；2M 接 0V，则输入端 I1.5~I2.7 与 DC24V 闭合连接为输入接通。数字量输出侧的 1L、2L 和 3L 为无电压触点的输出公共端，1L、2L 和 3L 既可以接直流电路也可以

接交流电路，PLC有输出，表明输出公共端与输出端接通。

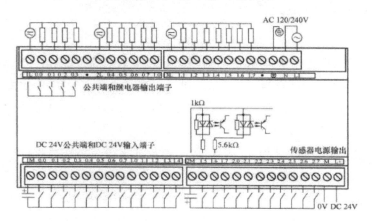

图4-6　CPU226继电器输出方式的接线

五、数字输入/输出扩展模块接线方法及地址分配

S7-200系列PLC数字量（开关量）输入/输出扩展模块有很多种，有EM221-8路DC24V数字输入模块，EM222-8路继电器（或DC24V）输出模块，EM223-8路DC24V数字输入和8路继电器（或DC24V）输出模块，EM223-16路数字输入和16路继电器（或DC24V）输出模块。其中，EM223-16路数字输入和16路继电器输出的接线如图4-7所示。

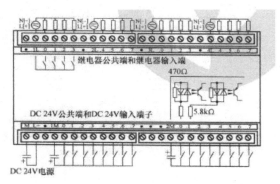

图4-7　EM223-16路数字输入和16路继电器输出的接线

在图4-7中，M和L+接DC24V电源，数字输入端子侧的.0~.7对应的数字量输入地址与该模块在系统中的位置有关，如果与中央处理单元之间无其他数字输入/输出扩展模块，则对应数字输入地址为12.0-12.7；数字输出端的.0~.7对应的数字量输出地址与该模块在系统中的位置有关，如果与中央处理单元之间无其他数字输入/输出扩展模块，则对应数字输出地址为Q2.0~Q2.7。其他位置时，地址按数字输入/输出扩展同类模块的先后顺序依次排列。

六、模拟输入/输出扩展模块接线方法及地址分配

2、4、6、8等，对于输入为AIW0、AIW2、

S7-200系列PLC模拟输入/输出扩展模块有很多种，其中EM231为4路模拟输入（电压、电流）模块，EM232为2路模拟输出（电压、电流）模块，EM235为4路模拟输入（电压、电流）和1路模拟输出（电压、电流）模块，EM231、EM232和EM235的接线如图4-8所示。模拟输入/输出扩展模块的地址与中央处理单元的类型和该模块在系统中的位置有关。对于CPU224XP，因为中央处理单元本身带有两个模拟输入、1个模拟输出，第一个模拟输入扩展模块的地址从AIW4开始，第一个模拟输出扩展模块的地址从AQW2开始；对于CPU222、CPU224和CPU226，第一个模拟扩展模块的模拟输入地址从AIW0开始，模拟输出地址从AQW0开始；其他位置时，地址按模拟扩展模块的先后顺序依次排列。需要注意的是，模拟地址的排列没有单数，只有0、2、4、6、8等，对于输入为AIW0、AIW2、AIW4等，对于输出为AQW0、AQW2、AQW4等。

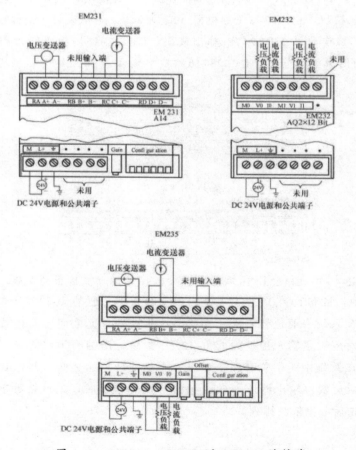

图4-8　EM231、EM232和EM235的接线

七、编程设备的连接方式

S7-200系列PLC编程设备的连接如图4-9所示。

在图4-9中，编程电缆中拨码开关的位置决定了通信速率，一定要保证计算机、编程电缆和PLC的通信速率一致。

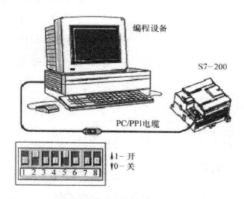

图 4-9　S7-200 系列 PLC 编程设备的连接

八、PLC 的硬件配置

根据实际被控对象需要控制的开关量输入点数、开关量输出点数、模拟量输入点数和模拟量输出点数配置相应的中央处理单元和扩展模块。开关量输入主要用于接收设备的控制输入、运行状态信号和报警信号，如设备起动、设备预热、设备待机、电动机过载报警、滑板越位报警、设备之间的联动、过电流报警、压力报警、温度报警等；开关量输出主要用于控制变频器、直流调速器、伺服控制器、电动机等设备的起停、待机、运行顺序指示、工艺参数超范围报警输出、多机联锁运行不正常报警输出等；模拟量输入主要用于压力、流量、温度、成分、转速、照度等信号的采集；模拟量输出主要用于控制阀门的开度、变频器的频率输出、伺服控制器的速度等。

S7-200系列PLC有存储器M和数据区V可以使用，按位使用如M0.0、M0.1、M62.0、V0.0、V0.1、V62.0等，按字节使用如MB0、MB1、MB64、VB0、VB1、VB63等，按字使用如MW0、MW2、MW64、VW0、VW2、VW64等，按双字使用如MD0、MD4、MD8、VD0、VD4、VD8等。MD0由MW0和MW2组成，MW0由MB0和MB1组成，MB0由M0.0、M0.1、M0.2、M0.3、M0.4、M0.5、M0.6和M0.7组成。VD0由VW0和VW2组成，VW0由VB0和VB1组成，VB0由V0.0、V0.1、V0.2、V0.3、V0.4、V0.5、V0.6和V0.7组成，依次类推。需要注意的是，在使用过程中不要出现重复，例如使用了M0.0~M0.7，就不要把MB0、MB1、MW0和MD0再用作其他用途了。常用的特殊功能触点有SM0.0、SM0.1等，SM0.0为常闭触点，SM0.1为上电时只吸合一次的触点。

需要注意的是：①M、MB、MD断电后不保存，V、VB、VD断电保存，所以掉电后仍需要保存的参数标志位不能用 M、MB、MD 进行记忆；②PLC 编程时，即使不需要任何条件的输出指令，也必须有一个输入触点，可以使用 SM0.0 常闭触点作为条件。

第五节　S7-300系列中型PLC

S7-300PLC 系统由电源模块（PS）、中央处理单元（CHJ）、接口模块（IM）、信号模块（SM）、通信处理器（CP）、功能模块（FM）、前连接器和导轨组成。S7-300PLC 模块布局如图 4-10 所示。

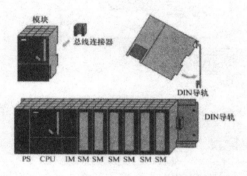

图 4-10　S7-300PLC 模块布局

如果不需要外接扩展机架，接口模块（IM）不用，信号模块（SM）直接与中央处理单元（CPU）用底部总线连接器（块）连接。中央处理单元（CPU）有 CPU312、CPU312IFM（随机自带 10 个数字输入、6 个数字输出）、CPU314、CPU314IFM（随机自带 20 个数字输入、16 个数字输出、4 个模拟量输入、1 个模拟量输出）、CPU315 等；信号模块（SM）有数字输入 SM321（8 路、16 路、32 路）、数字量输出 SM322（8 路、16 路、32 路）、模拟量输入 SM331（2 路、4 路、8 路）和模拟量输出 SM332（2 路、4 路、8 路）等；电源模块（PS）有 PS307（2A、5A、10A）。S7-300PLC 的主机架最多只能安装 8 个模块，当系统测控点数较多时，需要外接扩展机架，以增加输入/输出模块的数量。IM360/361 可以扩展 3 个机架，IM365 可以扩展 1 个机架，用接口模块（IM）连接扩展机架，后面的有关章节会讲解这个问题。

一、S7-300PLC 的组网

当测控点多或车间分散又需要在控制室实施总体控制时，这时要利用 PROFIBUS-DP 或 MPI 网络把系统整体连接起来，其中 MPI（多点接口）是 S7-300PLC 自带的标准接口，成本较低。用 PROFIBUS-DP 网络时需要选用带 DP 口的 CPU 或另外增加接口卡，成本相对较高。上位 PG/PC 中安装 MPI 通信卡，MPI 通信卡与 S7-300 通过屏蔽双绞线连接。S7-300PLC 的网络构成如图 4-11 所示。

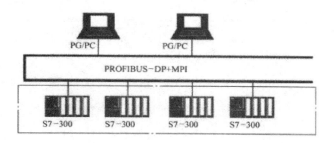

图 4-11　S7-300PLC 的网络构成

二、输入/输出扩展卡的接线布局

S7-300PLC 部分输入/输出扩展卡的接线布局如下，图 4-12 所示为 16 路数字量（开关量）输入卡 SM321，图 4-13 所示为 16 路继电器输出卡 SM322，图 4-14 所示为 8 路模拟信号输入卡 SM331，图 4-15 所示为 4 路模拟信号输出卡 SM332。

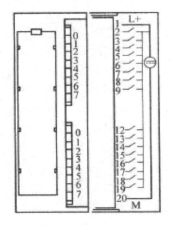

图 4-12　16 路数字量（开关量）输入卡 SM321

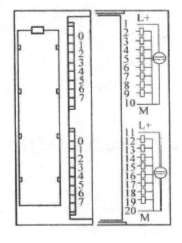

图 4-13　16 路继电器输出卡 SM322

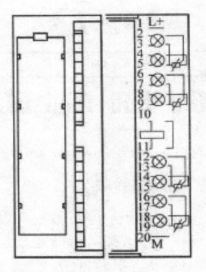

图 4-14　8 路模拟信号输入卡 SM331

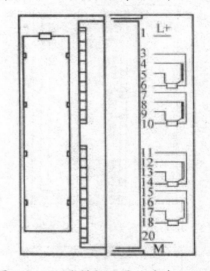

图 4-15　4 路模拟信号输出卡 SM332

对于模拟信号输入模块,有模拟电压输入、2 线制模拟电流输入、4 线制电流输入、热电阻信号和热电偶毫伏信号可以选择。对于不同的输入,需要把模块侧面的信号选择块撬起并旋转到所需的位置。

三、S7-300PLC 的编程器连接及地址排列规律

S7-300 系统从编程设备到现场控制的总体构成如图 4-16 所示。编程设备通过编程设备电缆(对于笔记本电脑,多数为 PC/MPI 电缆,对于台式机也可以是 PG5611 卡等)对 PLC 进行编程和监控。目前,多数编程转换器及板卡都支持"即插即用"功能,所以编程设备在使用过程中不需费心去配置。

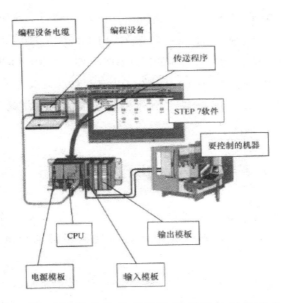

图 4-16　S7-300 系统从编程设备到现场控制的总体构成

以带有四块输入/输出模块的 S7-300PLC 系统为例，输入/输出模块的地址分配如图 4-17 所示。第一块的地址：模拟输入为 PIW256、PIW258、PIW260~PIW270，模拟输出为 PQW256、PQW258、PQW260~PQW270，数字输入为 I0.0、I0.1、I0.2~I3.7，数字输出为 Q0.0、Q0.1、Q0.2~Q3.7；第二块的地址：模拟输入为 PIW272、PIW274、PIW276~PIW286，模拟输出为 PQW272、PQW274、PQW276~PQW286，数字输入为 I5.0、I5.1、I5.2-I7.7；数字输出为 Q5.0、Q5.1、Q5.2~Q7.7；第三块和第四块的地址依次类推。

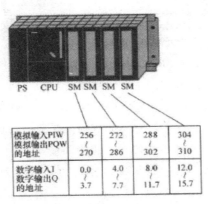

	PS	CPU	SM	SM	SM	SM
模拟输入PIW 模拟输出PQW 的地址			256 ≀ 270	272 ≀ 286	288 ≀ 302	304 ≀ 310
数字输入I 数字输出Q 的地址			0.0 ≀ 3.7	4.0 ≀ 7.7	8.0 ≀ 11.7	12.0 ≀ 15.7

图 4-17　输入/输出模块的地址分配

S7-300PLC 常用存储器（M）和数据块（DB），按位使用时如 M0.0、M0.1、M127.7、DB1.DBX0.0、DB1.DBX0.1、DB10.DBX240.0 等，DB1 代表数据块 1；按字节使用时如 MB0、MB1、MB64、DB1.DBB0、DB1.DBB1、DB15.DBB7 等；按字使用时如 MW0、MB2、MW64、DB1.DBW0、DB1.DBW2、DB3.DBW64 等；按双字使用时如

MD0、MD4、MD64、DB1.DBD0、DB1.DBD4、DB3.DBD88 等。MD0 由 MW0 和 MW2 组成，MW0 由 MB0 和 MB1 组成，MB0 由 M0.0、M0.1、M0.2、M0.3、M0.4、M0.5、M0.6 和 M0.7 组成。DB1.DBD0 由 DB1.DBW0 和 DB1.DBW2 组成，DB1.DBW0 由 DB1.DBB0 和 DB1.DBB1 组成，DB1.DBK〉由 DB1.DBX0.0~DB1.DBX0.7 组成，依次类推。需要注意的是，在使用过程中不要出现重复，例如使用了 M0.0~M0.7 就不要把 MB0、MB1、MW0 和 MD0 再用作其他用途了。

第六节 运动控制器

当几个运动工位或旋转轴需要做精密的同步控制时，如多色印刷机、多工位模切机、数控机床或 CNC 加工中心等，这时可以采用同步运动控制装置（或模块）来完成。

Trio 公司的 MC206 为四轴同步控制器，可以控制 4 个伺服电动机的同步运行。MC206 的外形及端子的功能如图 4-18 所示。

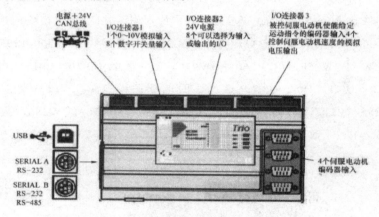

图 4-18　MC206 的外形及端子的功能

电源和 CAN 总线插头的布局如图 4-19 所示。这个 24V 总电源与 I/O 连接器上的 24V 和去伺服驱动器控制速度的 ±10V 是互相隔离的，中间的屏蔽层用于连接信号线的屏蔽线。为了增强系统的抗干扰能力，屏蔽层需要良好连接。

I/O 连接器 1 的各个端子的排列及代表的意义如图 4-20 所示。

"I/O0V"为该端口的 0V 电压；"Analog input 0-10V"为模拟输入+端，"I/O 0V"为模拟输入的一端，模拟电压输入范围为 0-10V；"In-tput0/Registration Axis 0""In-tput1/Registration Axis 1""Intput2/Registration Axis 2""Intput3/Registration Axis 3"、"Intput4/Registration Axis 4"、"Intput5"、"Intput6"、"Intput7"为 8 个带光电隔离的开关量输入端，工作电压为 24V，其中"Intput0~4"可以作为印刷等套准控制时的色标触发输入，高电平有效；为了实现模拟电压的转换，此口必须提供+24V 电源。"In-tput0~7"的内部结构如图 4-21 所示。

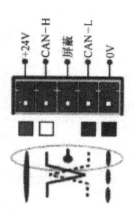

图4-19 电源和CAN总线插头的布局

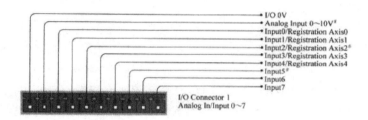

图4-20 I/O连接器1的各个端子的排列及代表的意义

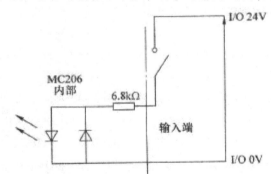

图4-21 "Intput0-7"的内部结构

I/O连接器2的各个端子的排列及代表的意义如图4-22所示。

"I/O 0V"为该端口的0V电压,该端子与I/O连接器1上的"I/O 0V"内部连接; "I/O 24V"为该端口和I/O连接器1的24V电压;"Intput/Output8~15"为8个带光电隔离且可以通过程序改变输入/输出功能转换的开关量输入/输出端,工作电压为24V,作为输入时,高电平有效,作为输出时,输出高电平;此口接入的+24V电源与同步控制器的供电电源相互隔离。"Intput/Output8~15"的内部结构如图4-23所示。

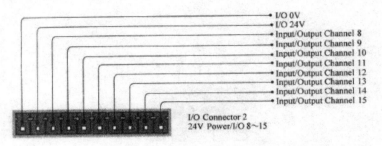

图 4-22　I/O 连接器 2 的各个端子的排列及代表的意义

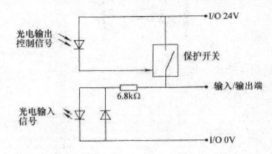

图 4-23　"Intput/Output8~15" 的内部结构

"Intput/Output8~15" 作为输入端时与 I/O 连接器 1 的功能一样，由光电信号输入MC206 内部；"Intput/Output8~15" 作为输出时，由光电控制信号控制光敏器件导通输出高电平，当输出电流大于 250mA 时，内部保护将"输出"功能关闭。

I/O 连接器 3 的各个端子的排列及代表的意义如图 4-24 所示。

Reference Encoder（Axis 4）A、Reference Encoder（Axis 4）/A、Reference Encoder（Axis 4）B、Reference Encoder（Axis 4）/B、Reference Encoder（Axis 4）Z、Reference Encoder（Axis 4）/Z、Reference Encoder（Axis 4）0V 为轴 4 作为参考编码器输入时的编码器输入端子；Amplifier Enable Relay（Watchdog）为固态继电器触点，用于当MC206 正常工作后，输出指令 WDOG=1，触点闭合，向伺服电动机驱动器发出使能信号，使伺服电动机驱动器开始运行；Analog Output 0V（Axis 0~3）、Analog Output–Axis 0、Analog Output–Axis 1、Analog Output–Axis 2、Analog Output–Axis 3 为 0~3 轴的 ±10V 模拟电压输出，用于控制伺服电动机的双向转速，Analog Output 0V（Axis 0~3）为 4 个模拟量输出的公共 0V。使能输出（WDOG）和模拟输出放大器的控制原理如图4-25 所示。图中 WDOG 闭合时，接通所有相连接的伺服驱动器使能信号，使伺服驱动器处于运行状态。伺服驱动器的速度控制电压信号 VIN+、VIN–由 MC206 的 AnalogOutput 信号控制。

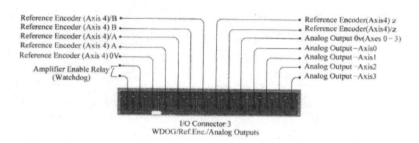

图4-24 I/O连接器3的各个端子的排列及代表的意义

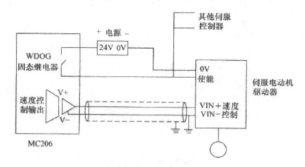

图4-25 使能输出（WDOG）和模拟输出放大器的控制原理

"SERIAL A"为默认的PC编程口，各针排列如图4-26所示。

"SERIAL A"各针的意义见表4-1，口0（PORT0）默认为编程PC的通信口。

图4-26 "SERIAL A"各针排列

表4-1 "SERIAL A"各针的意义

针	功能	备注
1	内部5V	
2	内部0V	
3	RS-232发送	
4	RS-232GND	PORT0
5	RS-232接收	
6	5V输出	
7	缓冲器外部输出	光纤适配器接门
8	缓冲器外部输入	

"SERIAL B" 各针排列与 "SERIAL A" 相同，各针的意义见表 4-2，口 1（PORT1）为 RS-232 口，口 2（PORT2）为 RS-485 口。

表 4-2　"SERIAL B" 各针的意义

针	功能	备注
1	RS-485 数据输入 A Rx+	PORT2
2	RS-485 数据输入 B Rx-	
3	RS-232 发送	PORT1
4	RS-232GND	
5	RS-232 接收	
6	内部 5V	PORT2
7	RS-485 数据输出 Z Tx-	
8	RS-485 数据输出 Y Tx+	

伺服电动机驱动器的编码器输入信号，是通过 9 针接口连接的。编码器接口如图4-27 所示。

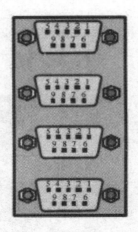

图 4-27　编码器接口

4 个 9 针口每个管脚的意义相同，当 MC206 为伺服控制方式时，用于输入 4 个伺服电动机驱动器的编码器输入（A、/A、B、/B、Z、/Z、5V、GND），同时提供 5V 编码器驱动电源。

用于步进控制方式时，4 个 9 针口为输出口，用于控制步进电动机的步数（Step+、Step-）和方向（Derection+、Derection-），Boost 电流提升控制。步进控制方式见表4-3。

运动控制器的应用案例

以 MC206 同步控制器实现 4 台伺服电动机（或步进电动机）精确同步控制为例，伺服电动机驱动器选用松下 A4 系列产品，用 MC206 的 4 路模拟输出信号控制伺服驱动器的速度给定，4 个编码器输入口用于接收伺服驱动器的旋转编码器信号输出，根据与目标值的误差，调节伺服驱动器的速度给定值，使伺服电动机按照给出的控制规律精确运行。该同步控制系统如图4-28所示。

表4-3　步进控制方式

引脚	伺服轴	步进轴
1	Enc.A	Step+
2	Enc./A	Step−
3	Enc.B	Direction+
4	Enc./B	Direction−
5	GND	GND
6	Enc.Z	Boost+
7	Enc./Z	Boost−
8	5V	5V
9	Not Connected	Not Connected
shell	Screen	Screen

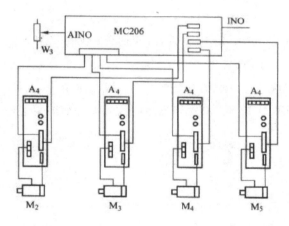

图4-28　MC206同步控制器组成的四轴同步控制系统

同步控制装置生产厂家：FUNAC公司、伦茨公司、三菱公司、翠欧公司等。

第五章　常用电气控制电路

第一节　控制柜内电路的一般排列和标注规律

为便于检查三相动力线布置的对错，三相电源 L_1、L_2、L_3 在柜内按上中下、左中右或后中前的规律布置。L_1、L_2、L_3 三相对应的色标分别为黄、绿、红，在制作电气控制柜时要尽量按规范布线。

二次控制电路的线号，一般的标注规律是：用电装置（如交流接触器）的右端接双数排序，左端接单数排序。二次控制电路的线号编排如图5-1所示。

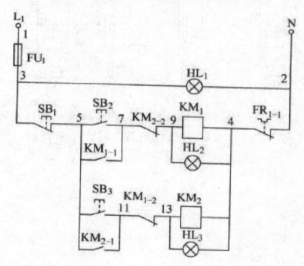

图5-1　二次控制电路的线号编排

动力线与弱电信号线要尽量远离，如传感器、PLC、DCS集散控制系统、PID控制器等设备的信号线，如果不能做到远离，要尽量垂直交叉。弱电线缆最好单独放入一个金属桥架内，所有弱电信号的接地端都在同一点接地，且与强电的接地分离。

第二节　电动机起停控制电路

该电路可以实现对电动机的起停控制，并对电动机的过载和短路故障进行保护，电动机起停控制电路如图5-2所示。

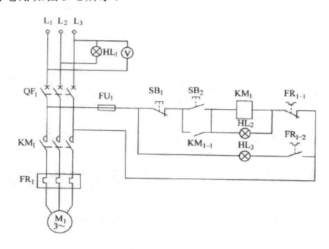

图5-2　电动机起停控制电路

在图5-2中，L_1、L_2、L_3是三相电源，信号灯HL_1用于指示L_2和L_3两相电源的有无，电压表V指示L_1和L_3相之间的线电压，熔断器FU_1用于保护控制电路（二次电路）避免电路短路时发生火灾或损失扩大。合上断路器QF_1，二次电路得电，按下起动按钮（绿色）SB_2，交流接触器KM_1的线圈通电，交流接触器的主触点KM_1的辅助触头KM_{1-1}闭合，电动机M_1通电运转。由于KM_{1-1}触头已闭合，即使起动按钮SB_2抬起，KM_1的线圈也将一直有电。KM_{1-1}的作用是自锁功能，即使SB_2抬起也不会导致电动机的停止，电动机起动运行。按下停止按钮SB_1，KM_1的线圈断电，KM_{1-1}和KM_1触头放开，电动机停止，由于KM_{1-1}已经断开，即使停止按钮SB_1抬起，KM_1的线圈也仍将处于断电状态，电动机M_1正常停止。当电动机内部或主电路发生短路故障时，由于出现瞬间几倍于额定电流的大电流而使断路器QF_1迅速跳闸，使电动机主电路和二次电路断电，电动机保护停止。当电动机发生过载时，电动机电流超出正常额定电流一定的百分比，热继电器FR_1发热，一定时间后，FR_1的常闭触头FR_{1-1}断开，KM_1线圈断电，KM_{1-1}和KM_1主触头断开，电动机保护停止。KM_1线圈得电时，HL_2指示灯亮说明电动机正在运行，KM_1的线圈断电后HL_2灯灭，说明电动机停止运行。当生过载动作，常开触头FR_{1-2}闭合，HL_3灯亮说明电动机发生了过载故障。假设上述的三相交流电动机M_1的功率为3.7kW，额定电流为7.9A，工作电压为AC380V，则3.7kW电动机起停控制电路元件清单见表5-1。

表5-1　3.7kW电动机起停控制电路元件清单

序号	电气符号	型号	数量	生产厂家	备注
1	HL₁、HL₂、HL₃	AD17-22	3	上海天逸	绿红黄 AC380V
2	FU₁	RT14	1	浙江人民	2A
3	QF₁	DZ47-D10	1	浙江人民	电动机保护型
4	KM₁	CJ20-10	1	浙江人民	380V线圈
5	FR₁	JR36-20	1	浙江人民	6.8~11A
6	SB₁、SB₂	LA42	2	上海天逸	一常开一常闭
7	V	6L2	1	浙江人民	AC500V
8	一次线	BV	10	保定海燕	1mm²
9	二次线	RV	25	保定海燕	1mm²

第三节　电动机正、反转控制电路

该电路能实现对电动机的正、反转控制，并有短路和过载保护措施。电动机正、反转控制电路如图5-3所示。

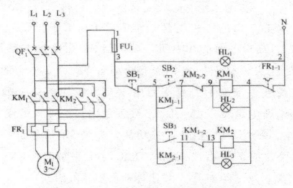

图5-3　电动机正、反转控制电路

在图5-3中，接触器KM₂线圈吸合后，因为将L₁和L₃两相电源线进行了对调，实现了电动机的反转运行。信号灯HL₁指示电源线L₃与零线N之间的相电压。按下正转起动按钮SB₂，交流接触器KM₁线圈得电吸合，主触头KM₁和常开辅助触头KM₁₋₁闭合，电动机正向运转。KM₁的常闭辅助触头KM₁₋₂断开，此时即使按下反转起动按钮SB₃，由于KM₁₋₂的隔离作用，交流接触器KM₂的线圈也不会吸合，KM₁₋₂起安全互锁作用。电动机正向起动后，反向控制交流接触器KM₂触头不会吸合，避免了由于KM₁和KM₂的触头同时吸合而出现电源线L₁和L₃直接短路的现象。按下停止按钮SB₁，交流接触器KM₁断电，主触头KM₁和辅助触头KM₁₋₁断开，KM₁₋₂闭合，电动机M₁停止运行。按下反向起动按钮SB₃，交流接触器KM₂的触头吸合，主触头KM₂和辅助触头KM₂₋₁闭合，由于KM₂将电源线L₁和L₃进行了对调，电动机M₁反向运转，KM₂的常闭辅

助触头 KM_{2-2} 断开，KM_1 的线圈电路断开，此时即使正向起动按钮 SB_2 按下，KM_1 也不会吸合，KM_{2-2} 起安全互锁作用。当电动机或主电路发生短路故障时，几倍于电动机额定电流的瞬间大电流使断路器 QF_1 立即跳闸断电。当电动机发生过载故障时，热继电器 FR_1 的常闭触头断开，使 KM_1 或 KM_2 断电，从而使电动机停止。图 5-3 中 1、2、3、4、5、7、9、11、13 为电路连接标记，称为线号，同一线号的电线连接在一起。线号的一般标注规律是：用电装置（如交流接触器线圈）的右端按双数排序，左端按单数排序。假设上述的电动机功率为 15kW，则 15kW 电动机正、反转控制电路元件清单见表 5-2。

表 5-2　15kW 电动机正、反转控制电路元件清单

序号	电气符号	型号	数量	生产厂家	备注
1	HL_1、HL_2、HL_3	AD17-22	3	江阴长江	AC220V 供电
2	FU_1	RT14	1	浙江德力西	3A
3	QF_1	DZ47-D40	1	浙江德力西	电动机保护型
4	KM_1、KM_2	CJ20-40	2	浙江德力西	AC220V 线圈电压
5	FR_1	JR36-63	1	浙江德力西	28~45A
6	SB_1、SB_2、SB_3	K22	3	江阴长江	两常开一常闭
7	一次线	BV	15	609厂	6mm²
8	二次线	RV	30	609厂	1mm²

第四节　电动机自耦减压起动控制电路

在有些场合，如果供电系统中的电力变压器容量裕度不大，或是要起动的电动机的功率在该电源系统中所占比重较大，一般要求电动机的起动要有减压起动措施，避免因电动机直接起动时电流太大造成电网跳闸，减压起动的目的就是为了减少电动机的起动电流。一般在电动机设备独立供电或用电设备较少的情况下，18kW 以上的三相交流电动机就需要减压起动；如果大量电气设备工作在同一电网中时，280kW 的三相交流电动机可能不需要减压起动。

常见的 75kW 以下三相交流电动机的自耦减压起动控制电路如图 5-4 所示。

在图 5-4 中，SA_1 为电源控制开关，按下起动按钮 SB_2，KM_2、KM_{2-1}、KM_3 触头吸合，接触器 KM_2 触头吸合给自耦减压变压器通电，随后接触器 KM_3 触头吸合，自耦减压变压器 65%（或 85%）的电压输出端接到电动机 M_1 上，电动机在低电压下开始起动运行，KM_{3-1}、触头吸合后延时继电器 KT_1 开始计时，延时一定时间后，KT_{1-1} 触头吸合，中间继电器 KA_1 的线圈得电，KA_{1-2} 触头闭合，KA_1 自保持，KA_{1-1} 断开，KM_2 和 KM_3 线圈断电断开，KM_{3-1}，断开，KT_1 断电断开，KA_{1-3} 触头闭合，KM_{3-2} 闭合，KM_1 吸合，交流电动机 M_1 全压运行，至此电动机进入正常运行状态。在图 5-4 中，电流表 A

通过电流互感器TA_1随时检测电动机上L_3相的电流值，在减压起动过程中，如果发现起动电流已接近额定电流时，也可由人工按下全压切换按钮SB_3，提前是把电动机切换到全压运行。延时继电器KT_1和KT_2的时间设定，以电动机从起动开始到起动电流接近额定电动机的时间为基础，一般不会超过30s。KT_2的作用是在KT_1出现故障时仍能断开KM_2和KM_3线圈，切换到KM_1运行，一般情况下，KT_2可以不要。HL_1为电源指示，HL_2为减压起动指示，HL_3为正常运行指示。以45kW三相交流电动机为例，45kW电动机自耦减压起动控制电路元件清单见表5-3。

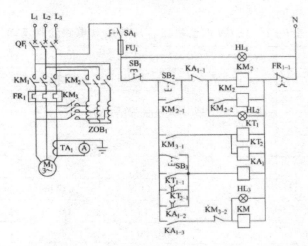

图5-4 常见的75kW以下三相交流电动机的自耦减压起动控制电路

表5-3 45kW电动机自耦减压起动控制电路元件清单

序号	电气符号	型号	数量	生产厂家	备注
1	HL_1、HL_2、HL_3	AD17-22	3	江阴长江	AC220V
2	FU_1	RT14	1	浙江正泰	3A
3	QF_1	DZ20Y-200	1	浙江正泰	125A
4	KM_1、KM_2、KM_3	CJ20-100	3	浙江正泰	AC220V线圈电压
5	FR_1	JR36-160	1	浙江正泰	75~120A
6	SB_1、SB_2、SB_3	K22	3	江阴长江	一常开一常闭
7	TA_1	LMZ1-0.5	1	浙江正泰	100/5
8	A	42L6	1	浙江正泰	5/100
9	KT_1、KT_2	JS7-2A	2	浙江正泰	1-60s
10	ZOB_1	QZB-45kW	1	浙江正泰	45kW
11	一次线	BV	20	天津津成	25mm²
12	二次线	RV	60	天津津成	1mm²

当电动机额定功率大于75W小于300kW时，其自耦减压起动电路如图5-5所示。

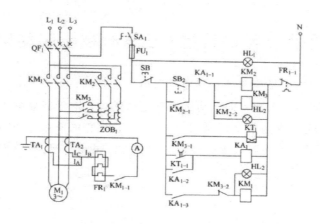

图5-5 电动机自耦减压起动电路

图5-5的原理与图5-4差不多，需要提醒的是当电动机电流大于160A时已经没有这么大的热继电器，这时要利用电流互感器TA_1、TA_2和0~5人小功率的热继电器FR_1组成电动机过载保护电路。电动机M_1的三相电流I_U、I_V和I_W相量之和为零，$I_A+I_B+I_C=0$，得$I_B=-（I_A+I_C）$，所以图5-5中两个电流互感器的电流之和等于中间相的电流。让该电流三次流过热继电器FR_1的主端子，产生与三相电流全接入时同样的发热效果，减压起动时KM_{1-1}不吸合，热继电器内不通过起动电流，正常运行后触头KM_{1-1}吸合，热继电器投入运行，电流表A指示中间相的电流值。注意电流互感器要和电流表配对使用，如电流互感器为100/5的，那么电流表就应选择5/100的，使电流表直接显示电动机的实际电流值。以132kW电动机为例，132kW电动机自耦减压起动控制电路元件清单见表5-4。

表5-4 132kW电动机自耦减压起动控制电路元件清单

序号	电气符号	型号	数量	生产厂家	备注
1	HL_1、HL_2、HL_3	AD17-22	3	上海天逸	AC220V
2	FU_1	RT14	1	浙江长城	3A
3	QF_1	DZ20Y-400	1	浙江长城	315A
4	KM_1、KM_2、KM_3	CJ20-250	2	浙江长城	AC220V线圈电压
5	FR_1	JR36-20	1	浙江长城	11.2-5.0A
6	SB_1、SB_2	LA42	2	上海天逸	一常开一常闭
7	TA_1、TA_2	LMZ1-0.5	2	浙江长城	300/5
8	A	42L6	1	浙江长城	5/300
9	KT_1	JS7-2A	1	浙江长城	1~60s
10	ZOB_1	QZB-135kW	1	浙江长城	135kW
11	一次线	铜排	20	天津津成	25×3mm²
12	二次线	RV	60	天津津成	1mm²

第五节　电动机星-三角形减压起动电路

三相交流电动机有星形联结和三角形联结两种接法，如图5-6所示。一般小功率的电动机为星形联结，大功率的电动机为三角形联结。对于需要减压起动的大功率电动机，把三角形联结改为星形联结时，由于绕组上的电压由原来的AC380V降低为AC220V，所以起动电流将有较大的降低，三相交流电动机星-三角形减压起动电路如图5-7所示。

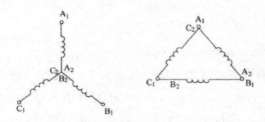

图 5-6　三相交流电动机的星形和三角形联结

在图5-7中，SA_1为电源控制开关，按下起动按钮SB_2，KM_3、KM_{3-1}触头吸合，KM_1吸合并自保持，延时继电器KT_1延时开始，电动机为星形联结通电，绕组上的电压为AC220V，电动机开始起动运行，电动机绕组的线电压为AC220V，绕组工作在低电压下，延时继电器KT_1延时一定时间后，KT_{1-1}触头断开，KM_3断电，KM_{3-2}闭合，继电器KM_2线圈通电，交流电动机变为三角形联结，绕组电压工作在AC380，KM_2自保持，KM_{2-1}断开，KM_{2-2}断开，KT_1断电断开，至此电动机进入正常运行状态。在图5-7中，过载时FR_1断开，KM_1和KM_2断电，电动机断电。电流表A通过电流互感器TA_1检测电动机L_3相的电流，HL_1为电源指示，HL_2为减压起动指示，HL_3为正常运行指示。以电动机功率等于75kW为例，75kW电动机星-三角形减压起动电路元件清单见表5-5。

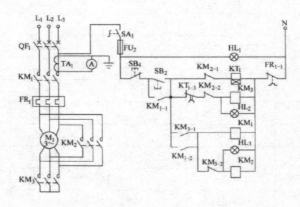

图 5-7　三相交流电动机星-三角形减压起动电路

表 5-5　75kW 电动机星-三角形减压起动电路元件清单

序号	电气符号	型号	数量	生产厂家	备注
1	HL$_1$、HL$_2$、HL$_3$	AD17-22	3	江阴长江	AC220V
2	FU$_1$	RT14	1	天水 213	3A
3	QF$_1$	DZ20Y-200	1	天水 213	200A
4	KM$_1$、KM$_2$、KM$_3$	CJ20-160	3	天水 213	AC220V 线圈电压
5	FR$_1$	JR36-160	1	天水 213	100-160A
6	SB$_1$、SB$_2$	K22	2	江阴长江	一常开一常闭
7	TA$_1$	LMZ1-0.5	1	天水 213	150/5
8	A	42L6	1	天水 213	5/150
9	KT$_1$	JS7-2A	1	天水 213	1~60s
10	一次线	BV	20	河北新乐	50mm^2
11	二次线	RV	60	河北新乐	1mm^2

第六节　水箱和压力容器自动上水电路

水箱水位低于某一位置时，水泵电动机起动向水箱送水；水箱水位高于某一水位时，电动机停机。水箱自动上水电路如图 5-8 所示。

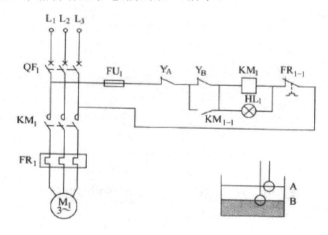

图 5-8　水箱自动上水电路

在图 5-8 中，三相电源用 L$_1$、L$_2$、L$_3$ 来表示，Y$_A$ 是高液位传感器（例如 UQK 型）的常闭触头，Y$_B$ 是低液位传感器的常闭触头。当水箱液位低于最低液位时，Y$_A$ 和 Y$_B$ 都闭合，KM$_1$ 吸合，电动机起动，水泵向水箱送水，KM$_{1-1}$ 吸合；当水箱液位高于最低液位时，Y$_B$ 触头断开，由于 KM$_{1-1}$ 的自保持作用，KM$_1$ 依然吸合，电动机继续运转；当液位高于最高液位时，Y$_A$ 触头断开，KM$_1$ 断电断开，Y$_B$ 和 KM$_{1-1}$ 都断开。随着水箱向外供水，液位下降，当低于最低水位时，又重复上述过程。

上述电路稍加变动即可用于储气压力容器的压力控制，例如要求压力容器的压力低于某一压力值 B 时，电动机带动气压机运转给压力容器充气，压力容器压力高于某一压力值 A 时，电动机停止。压力容器自动上水电路如图 5-9 所示。

在图 5-9 中，L_1、L_2、L_3 代表三相电源，Y_A 和 Y_B 是电接点压力表（例如 YX-150 型）的触头。Y_B 是低压触头，压力低于低压设定值时，触点吸合；高于低压设定值时，触点断开。Y_A 是高压触头，压力高于高压设定值时，触头吸合；低于高压设定值时，触头断开。低压动作值和高压动作值在电接点压力表上设定。合上断路器 QF_1，如果压力容器内的压力低于最低压力值，常闭触头 Y_B 闭合，交流接触器 KM_1 线圈通电，空压机的电动机 M_1 运行，KM_{1-1}、KM_{1-2} 触头吸合；当压力高于低压设定值时，Y_B 触头打开，由于 KM_{1-1} 的自保作用，KM_1 继续吸合；当压力高于高压设定值时，Y_A 触头吸合，KA_1 电器线圈通电，KA_{1-1} 断开，继电器 KM_1 线圈断电，电动机 M_1 停止运行，KM_{1-1} 和 KM_{1-2} 断开，继电器 KA_1 线圈断电。

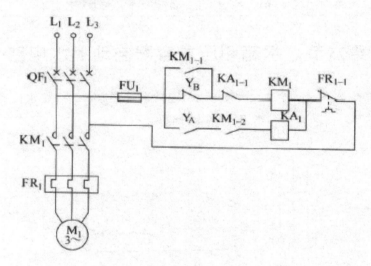

图 5-9　压力容器自动上水电路

第七节　污水自动排放电路

污水液位高于某一液位时，排污泵电动机自动运行；污水液位低于某一液位时，排污泵电动机自动停止运行。污水自动排放电路如图 5-10 所示。

在图 5-10 中，Y_A 是低液位传感器的常开触头，液位低于最低液位时 Y_A 打开，液位高于最低液位时 Y_A 闭合。Y_B 是高液位传感器的常开触头，当液位高于最高液位时，Y_B 闭合，KM_1 吸合，电动机 M_1 运行，排污泵将污水抽出，由于 KM_{1-1} 闭合，即使污水液位低于最高液位 Y_B 断开，KM_1 依然吸合，排污泵继续运行；当液位低于最低液位时，Y_A 触头断开，KM_1 断电，排污泵电动机 M_1 停止运行。

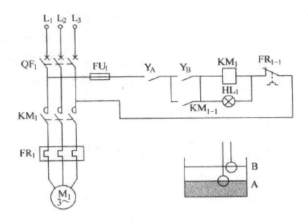

图 5-10 污水自动排放电路

第八节 电动机自动往复运行电路

在机床控制中，经常会要求电动机能带动工件，做往复运动，当工件到达一个方向的极限位置时，要求电动机反向运行，工件到另一个方向的极限位置时，要求电动机再做正向运动，以此往复不停运动，直到工件加工完毕。如用电气电路实现，电动机自动往复运行电路如图 5-11 所示。

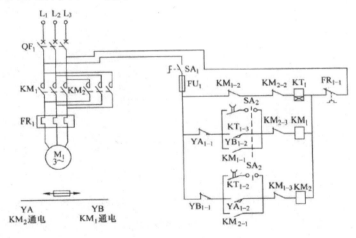

图 5-11 电动机自动往复运行电路

在图 5-11 中，YA_{1-1} 和 YA_{1-2} 是一端的限位开关（例如 YBLX-19）YA 的常闭触头和常开触头，YB_{1-1} 和 YB_{1-2} 是另一端限位开关 YB 的常闭触头和常开触头，延时继电器 KI_1 设定为 5s。合上断路器 QF_1，合上电源开关 SA_1，转换开关 SA_2（例如 LW6）转到 -45°，选择优先向左运动，假设工件开始处于中间某一位置，由于 YA_{1-2} 和 YB_{1-2} 常开触头处于断开状态，KM_1 和 KM_2 不吸合，电动机不动作，KM_{1-2} 和 KM_{2-2} 闭合，延时继电器 KT_1 通电，5s 时间后 KT_{1-1} 闭合，KM_1 吸合，电动机先向左运动，KM_{1-1} 闭合，KM_1 保持，KM_{1-2}断开，KT_1断电，KT_{1-1}断开。当电动机到达限位开关YA时，YA_{1-1}断开，KM_1断电，电动机停止，YA_{1-2}闭合，KM_2吸合，电动机向右运动；当工件到达限位开关YB时，YB_{1-1}断开，KM_2断电，电动机停止运动；YB_{1-2}闭合，KM_{2-3}闭合，KM_1吸合，电动机向左运动，以此往复运动。开关SA_1断开，电动机彻底停止运动，当SA_2旋转+45°，选择优先向右运动，过程基本相同。

第九节　电动阀门控制电路

在液体与气体输送场合，有时需要用电动阀对流体的流动进行控制，按下打开阀门按钮，阀门电动机朝打开方向运动，阀门全开后，电动机自动断电；按下关闭阀门按钮，阀门电动机朝阀门关闭方向运动，阀门全关后，电动机自动断电。任何时间只要按下停止按钮，电动机马上停止。电动阀门控制电路如图5-12所示。

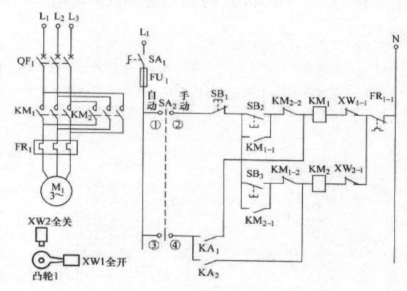

图5-12　电动阀门控制电路

在图5-12中，①、②、③和④为转换开关SA_2的端子，将SA_2转到"手动"位置时，①和②接通。按下阀门打开按钮SB_2，KM_1吸合，电动机M_1带动涡轮蜗杆运行，凸轮1顺时针运动，当凸轮1运动到"开"位置时，阀门全开，按下限位开关XW_1，XW_{1-1}断开，电动机自动停止；按下阀门关闸按钮SB_3时，KM_2吸合，L_1和L_3对调，电动机M_1反向运行，凸轮1逆时针运动，当凸轮1运动到"关"位置时，阀门全关，按下限位开关XW_2，XW_{2-1}断开，同时电动机停止运行。任何位置只要按下停止按钮SB_1，无论KM_1还是KM_2都将断电，电动机M_1停止运行。将功能切换开关SA_2转到"自动"位置时，①和②断开，③和④接通，上述的手动按钮SB_1、SB_2和SB_3不再起作用。PLC的KA_1和KA_2触头控制阀门的开、关和停。KA_1闭合，阀门打开；KA_2闭合，阀门关闭；KA_1 和 KA_2 均断开，阀门停止运动。

第十节　定时自动往返喷淋车电控电路

在农业领域，也有很多需要实现自动化的地方，如每隔几个小时给胚芽均匀喷淋一次，如果采用人工操作，劳动强度虽然不大，但是由于人体生物钟的作用，在凌晨以后的几次浇水，往往不能很好地完成，一是喷淋的均匀程度，二是准时性都不好保证。采用自动控制的方法，就十分简单。为了降低成本，我们可以选用一些家用电器上的常用的控制元件，控制电路如图5-13所示。

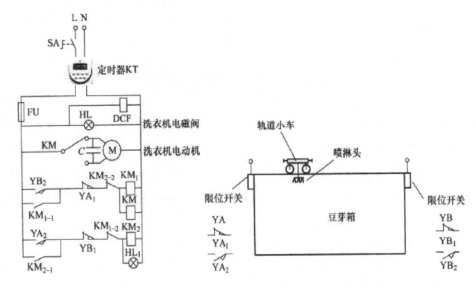

图5-13　控制电路

图5-13中，利用洗衣机进水电磁阀DCF控制进水，利用洗衣机电动机M正反线圈交替通电实现小车左右行走喷淋。图5-13中，YA_1 和 YA_2 是限位开关YA的常闭触头和常开触头，YB_1 和 YB_2 是限位开关YB的常闭触头和常开触头。工作过程：合上电源开关SA，定时器KT通电，用按键设定每天的开关机时间，4h给控制电路通电一次，每次开机的时间为30min，KT通电后，电源指示灯HL亮，假设工件开始处于中间某一位置，由于 YA_2 和 YB_2 常开触头处于断开状态，KM、KM_1 和 KM_2 不吸合，KM的常闭触点导通，小车电动机M向右动作；当小车到达右边限位开关YB时，YB_2 闭合，YB_1 断开，KM和 KM_1 吸合，KM的常开触点导通，小车电动机向左运动；当电动机到达左边限位开关YA时，YA_1 断开，KM和 KM_1 断电，KM的常闭触点导通，小车电动机M向右动作，YA_2 闭合，KM_2 吸合；当小车到达右边限位开关YB时，YB_2 闭合，YB_1 断开，KM和 KM_1 吸合，KM的常开触点导通，小车电动机向左运动；重复以上动作。控制电路元件清单见表5-6。

表 5-6　控制电路元件清单

序号	电气符号	型号	数量	生产厂家	备注
1	指示灯 HL$_1$、HL$_2$	AD17-22	3		
2	熔断器 FU	RT14	1		10A
3	开关 SA	K22	1		
4	中间继电器 KM$_1$、KM$_2$	5A	3		AC220V 线圈电压
5	继电器 KM	10-20A	1		AC220V 线圈电压
6	限位开关 YA、YB	一常开一常闭	2		
7	电子定时器 KT	CX-T02	1		20组时间设定
8	洗衣机电机 M	AC220V	1		
9	洗衣机进水电磁阀 DCF	AC220V	1		

第十一节　机柜照明

有一些电控柜要求在门打开时（或是夜间）能提供照明，如果采用荧光灯照明，日光灯照明电路如图 5-14 所示。

在图 5-14 中，照明电路由荧光灯管、辉光启动器、镇流器和开关组成。当我们需要从两个地方都能进行开关照明灯时，其电路如图 5-15 所示。

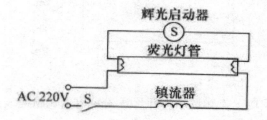

图 5-14　荧光灯照明电路

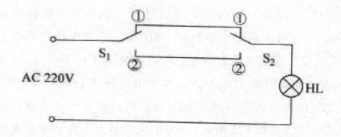

图 5-15　两个地方都能开关照明灯的电路

在图 5-15 中，S$_1$ 和 S$_2$ 分别是安装在两处的两个开关。当 S$_2$ 在①位置上时，在 S$_1$ 位置的人通过把 S$_1$ 开关扳到不同的位置就可以随意开关照明灯 HL。S$_1$ 扳到①位置上时，灯 HL 亮，S_1 在②位置上时，HL 灯灭，S_1 位置的人可以正常开关灯。如果 S_2 在②位置上，则 S_1 位置的人把 S_1 扳到②位置上时照明灯 HL 亮，S_1 扳到①位置时 HL 灯灭。

在 S_2 位置的人控制电灯的原理同 S_1 位置的原理一样。

第六章 自动化设备工程应用实践

第一节 变频恒压控制系统

在液体或气体输送场合，常常要求保持所送出的液体或气体为一个恒定的压力值，这就是恒压控制。以单台水泵供水系统为例，假设水泵以调速方式运行，则其恒压控制原理框图如图6-1所示。

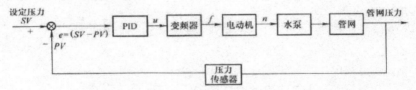

图 6-1 恒压控制原理框图

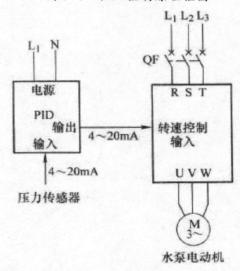

图 6-2 用调速方式实现恒压控制

在图 6-1 中，设定压力是工艺要求值，在 PID 上用按键输入此值，它是我们希望保持的管网压力值，管网上安装的压力传感器把实际压力 PV 输送到 PID 的检测量模拟输入端，PID 比较误差 e 的正负，如 e 为正说明实际压力值 PV 小于设定值 SV，PID 的输出 u 增大，变频器的输出增加，水泵转速 n 上升，实际压力值 PV 上升，当 PV 等于 SV 时，电动机转速停止上升，管网压力 PV 维持在设定值 SV；当误差 e 为负时，说明管网实际压力 PV 高于设定值 SV，则 PID 输出 u 减小，变频器的输出频率 f 减小，水泵转速 n 降低，管网实际压力 PV 降低，当等于 SV 时，电动机转速停止降低，管网压力 PV 维持在 SV。如果积分参数 I 不起作用（I=0），则 PID 不能实现无差调节，因为 PV=SV 时，e_i=0，则比例 P 和微分项 D 的输出为零，PID 输出也将变为零，不能维持一定的压力值，因此必须有误差 e 才能使输出保持为一定的值，即 u=P×e_i。所以 PID 控制器的 I 参数其主要作用是为了实现无差（e_i=0）控制，用调速方式实现恒压控制如图 6-2 所示。

当管网压力用阀门调节来实现恒压控制时，用阀门调节实现恒压控制的原理如图 6-3 所示。

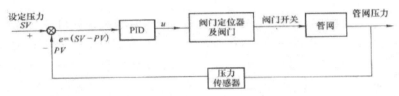

图 6-3　用阀门调节实现恒压控制的原理

在图 6-3 中，阀门定位器的作用是把 PID 输出的 4~20mA 信号转化为对应的阀门开度 0~90°（全关~全开），其控制过程同图 6-1。

对于多台水泵的供水系统，除了上述的控制过程外，还有一个增减泵的控制，一般情况下需要增加一个 PLC（或类似的控制装置）。其控制过程为：当管网压力 PV 低于设定压力 SV 时，PID 输出增加，变频器频率增加，电动机转速增加，随着水泵的加速，PV 增加，PID 的输出一直增加到最大（20mA）时，变频器的输出频率达到最高频率（50HZ），水泵转速达到额定转速；如果 PV 仍低于 SV，则 PID 输出压力低的报警（开关量）信号，PLC 接到该压力低报警信号，延时一定的时间（一般为 30s~15min）；如果 PV 一直小于 SV，则说明一台水泵已经不够用了，应使 PLC 控制第二台水泵投入运行，一直到开泵台数满足要求为止，PV 值基本稳定在 SV 值附近。当管网压力 PV 大于设定值 SV 时，如果 PID 的输出已经最小（4mA），调速水泵停止运行，如果此时 PV 仍大于 SV，则 PID 输出压力高的报警信号，PLC 接收到此输入信号，延时一定的时间（30s~15min），PLC 控制关掉一台水泵，直到关泵台数满足要求为止，PV 值基本稳定在 SV 值附近。

以 3 台泵为例，3 台泵的恒压变频控制系统电气控制图如图 6-4 所示。目前，很多变频器本身自带 PID 和 PLC，这样造价也低，所以在选型时可以选择这样的变频器，如富士公司的FREN-IC5000-P11变频器、西门子公司的M430变频器和爱默生公司的TD2100变频器等。

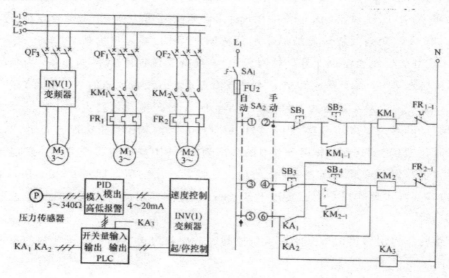

图6-4　3台泵的恒压变频控制系统电气控制图

在图6-4中，万能转换开关SA_2在右边"手动"位置时，①和②接通，③和④接通，⑤和⑥断开，按下起动按钮SB_2，交流接触器KM_1吸合，电动机M_1工频起动；按下停止按钮SB_1，交流接触器KM_1释放，电动机M_1停止运行；按下起动按钮SB_4，交流接触器KM_2吸合，电动机M_2工频起动；按下停止按钮SB_3，交流接触器KM_2释放，电动机M_2停止运行。

在图6-4中，万能转换开关SA_2在左边"自动"位置时，①和②断开，③和④断开，⑤和⑥接通，KA_3吸合，PLC控制变频器的起动，PID的压力高报警信号和压力低报警信号接PLC的输入端，PLC测量到压力高报警信号或压力低报警信号，如果一直存在该信号，延时一定时间，则PLC控制电动机M_1和电动机M_2起动或停止。PLC输出控制继电器KA_1吸合时，交流接触器KM_1吸合，电动机M_1工频起动；PLC输出控制继电器KA_1断开时，交流接触器KM_1失电释放，电动机M_1停止运行；PLC控制继电器KA_2吸合时，交流接触器KM_2吸合，电动机M_2工频起动；PLC控制继电器KA_2断开时，交流接触器KM_2失电释放，电动机M_2停止运行。压力传感器P测量管道中水的压力，根据压力的大小输出$3\sim340\Omega$的模拟信号到PID控制器，PID根据误差e（=SV-PV），运算后输出$4\sim20mA$的调节信号到变频器的速度控制输入端，改变水泵电动机的转速，从而实现压力的恒定控制。注意：万能转换开关SA_2的②和④触头不能合并为一个触头，否则"自动"时，继电器KA_1或KA_2线圈吸合会造成手动按钮也能起动水泵电动机。

在图6-3中，如果不用PID和阀门定位器，而是利用PLC对阀门电动机直接进行开阀、关阀和停止3个动作的控制也可实现恒压控制。用PLC实现恒压控制如图6-5

所示。

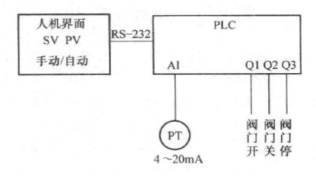

图6-5 用PLC实现恒压控制

管网压力PV低于SV时，PLC输出打开阀门控制信号，随着阀门打开角度增加管网压力PV升高，当PLC判别到PV=SV时，PLC输出停止阀门运行信号，阀门停在使PV=SV的位置上。当大于SV时，PLC控制阀门关，阀门打开角度减小，当PV=SV时，PLC输出阀门停止运行信号。3台泵恒压变频控制系统元件清单见表6-1。

表6-1　3台泵恒压变频控制系统元件清单

序号	电气符号	型号	数量	备注
1	SA_1	LA_2	1	电源开关
2	SA_2	LW5	1	万能转换开关
3	FU_1	RT14	1	3A
4	QF_1、QF_2、QF_3	DZ47	3	电动机型
5	KM_1、KM_2	CJ20	2	AC220V线圈电压
6	FR_1、FR_2	JR	2	热继电器
7	SB_1、SB_2、SB_3、SB_4	LA19	4	两个常开两个常闭
8	KA_1、KA_2、KA_3	HH52	3	一组触头
9	P	YTZ150	1	压力传感器
10	INV（1）	TD2100	1	带PID和编程PLC

初学者需要注意：断路器有电动机型和线路型之分，由于电动机的起动电流大，所以，电动机型的断路器，在较大的电动机起动冲击电流下不出现跳闸，如果选成线路型的，则可能出现断路器在电动机起动时跳闸的问题。

目前，变频恒压供水设备在工业用水、市政输水、建筑用水及民用小区供水等领域大量应用，它避免了用阀门调节压力时造成的节流损失，使用也十分方便。两者的控制系统基本一样，只是用变频器调节电动机的转速替代了控制阀门开度的调节方法。

第二节　恒温度控制

在工业及民用领域有很多场合都需要温度保持为一个恒定值，如中央空调系统的温度控制，某些化学反应的温度控制等。同压力控制相比，因温度升降时间过程较长，一般控制的滞后较大。如果温度控制的要求不高，用一个带回差的温度开关既可实现近似的恒温控制，像电熨斗上的双金属片温度开关控制就是这类温度控制，温度高于 T_1 时，触点断开，温度低于 T_2 时，触点吸合，但如果工艺要求温度控制精度较高且快速的话，上述的简单控制方法就难以实现了。

以冷热水混合，保持输出混合水温度恒定为例，假设冷水进水量不控制，用变频器调节热水泵的热水供应量来实现混合水温度的恒定，则此恒温控制系统原理如图6-6所示。恒温控制的过程其实与恒压控制基本相同。

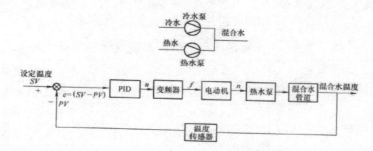

图6-6　恒温控制系统原理图

混合管道实际温度 PV<SV 时，e 大于0，PID 输出 u 增大，变频器输出频率 f 上升，热水泵转速增高，热水输入量增加，混合水温度上升，直到 PV=SV 为止。当时，e 小于0，PID 输出 u 减小，变频器输出频率 f 下降，热水输入量减小，混合水温度 PV 下降，直到 PV=SV 为止。

恒温控制如采用控制冷水泵输入量的方式，就会发现一个奇怪的现象，PID 输出量 u 与误差 e 的作用关系正好与上述现象相反，即 PV>SV 时，e<0，要求 PID 的输出 u 增大；PV<SV 时，e>0，要求 PID 的输出 u 减小。PID 的作用方式有热控和冷控两种模式，或者叫正作用和反作用，e<0 时，PID 输出 u 减小的叫热控模式（加热模式）；e<0 时，PID 输出 u 增大的叫冷控模式（制冷模式）。在实际使用中，要选择好 PID 的输出模式。

恒温控制系统元件清单见表6-2。

表6-2　恒温控制系统元件清单

序号	电气符号	型号	数量	备注
1	PID	IAO	1	
2	T（温度传感器）	JWB	1	
3	INV	P11	1	水泵风机类

第三节　恒流量控制

以控制风机的送风量恒定为例，说明恒流量控制的原理和过程。假设用变频器控制风机电动机的转速，恒流量控制的原理图如图6-7所示。

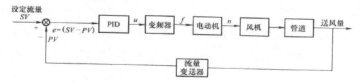

图6-7　恒流量控制的原理图

在图6-7中，控制过程同恒压控制一样，只不过是传感器换成了流量传感器。其实在自动控制中，很多过程参数的控制原理基本相似，只要更换不同的传感器（温度、压力、成分等）和执行器（变频器、调速器或电动阀门等）就行。

在图6-7中，流量控制过程为：当风机实际送风量PV小于流量要求SV时，误差e>0，PID输出u增大，变频器输出频率f增加，电动机转速n上升，风机送风量上升，PV=SV时，电动机转速停止上升。当PV>SV时，e<0，PID输出u减小，风机送风量下降，PV=SV时，电动机转速停止下降。

其他介质的流量控制与此过程类似，只需要选用不同量程、类型的传感器和控制执行机构即可，在此不再赘述。

第四节　成分控制

与其他控制相比，成分参数的控制原理基本是一致的，只是不同的被控参数要用不同的传感器。成分控制与压力、流量控制的最大不同是测量信号的实时性不好，参数有很大的滞后。

对于粗略的成分配比控制，可采用简单的开环比例控制，不需要闭环控制，可以省去成分分析传感器。以A液体与B液体混合要求容积比例为m：1为例，成分配比控制如图6-8所示。

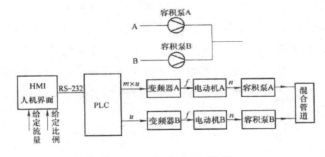

图6-8　成分配比控制

假设 A、B 两种液体用同样的容积式计量泵输送，则容积配比 m：1 也就是计量泵电动机的转速之比。如果 A 与 B 配比的精度要求不高，可以不使用成分分析传感器测量反馈信号。

如果混合后的液体可能会因某种液体内部其他成分不同或批次的变化导致最终成分浓度不合适，这时就需要在上述比例投加的基础上再增加一个闭环控制。以水厂加氯灭菌控制为例，根据进厂水流量按一定比例加氯，在清水池中，水和氯充分混合，水中的细菌被氯杀死，清水池中的水由送水泵送入千家万户。为了使出厂水从管道输送到用户终端时仍有一定的杀菌能力，一般要求出厂水仍要维持一定的余氯量。

第五节　张力控制

在造纸、印刷、不干胶模切、拉丝、轧钢等很多场合为了提高产品的质量，要求保持材料张力的恒定。以造纸和印刷为例，保持张力恒定也就是保持纸的拉力恒定。

一、张力测量

张力可以用图6-9所示的方法简单测出。

在图6-10中，忽略纸本身的质量，图中砝码的重量就是纸的张力。

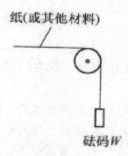

图 6-9　张力测定

张力传感器的作用是检测张力的大小，它的原理同力传感器一样。张力传感器有单臂测量、双臂测量、悬臂式测量、浮辊测量等方式。张力传感器的测量方式如图6-10示出，其中浮辊式测量方式可用电位器检测转动角度来推出张力的变化。

双臂测量方式测出的张力是张力轴向下的总合力，$F_1+F_2=F+W$，W 为轴的自重，F 是总张力，在两侧对称的情况下，$F_1 \approx F_2$。如果张力控制精度要求不太严格时，也可用单臂测量方式只测量 F_1 即可。悬臂式张力传感器测出的力要经过换算才能得出张力轴的实际张力值 F，不过悬臂式张力传感器受材料里外位置的变化可能会得到不一样的张力值，这要引起注意。

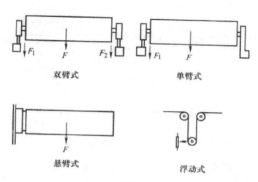

图 6-10 张力传感器的测量方式

二、用于张力控制的离合器和制动器

在介绍张力控制之前，我们先讲一下在张力控制领域被广泛使用的几种执行装置：磁粉制动器和磁粉离合器，气动刹车和气动离合器。

磁粉制动器和气动刹车的作用是提供可变的制动力，主要用于放卷控制，如图6-11所示。

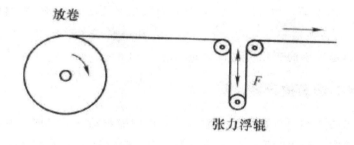

图 6-11 放卷控制

磁粉制动器和气动刹车的一端固定，另一端可以自由转动。磁粉制动器内部有一组线圈、固定部件和运动部件，在固定部件和运动部件之间充有很细的磁粉，改变接在线圈两端的电压（一般为直流 0-24V），磁粉磁化程度发生变化，运动部件和固定部件之间的摩擦力发生变化，也就改变了运动部件的转动阻力，同时也就改变了纸张放卷侧的张力。当线圈电压最高时，运动端被强行制动停止。气动刹车的内部有气囊（或气缸）、旋转盘和固定摩擦片等，摩擦片在气囊与旋转盘之间，旋转片与放卷轴连接，改变气囊内的气压就改变了摩擦片与旋转片之间的摩擦力，同时也就改变了纸张放卷侧的张力。

磁粉离合器和气动离合器的作用是收卷，收卷控制如图6-12所示。

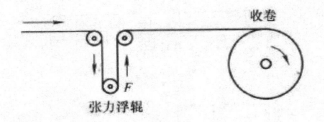

图6-12　收卷控制

磁粉离合器和气动离合器提供可变的跟随主轴旋转的力。磁粉离合器的原理同磁粉制动器差不多，但是磁粉制动器的固定部件变为有一定转速的主运动轴，跟随主轴旋转的力和速度取决于磁粉离合器线圈上电压的大小，电压为0V时运动部件不随主轴转动（无负载时可能虚转），电压为最大时，运动部件跟随主轴同速运转。气动离合器的原理同气动刹车的原理基本相同，只不过原来固定的摩擦片变为可以旋转的摩擦盘。

气动刹车与气动离合器的作用和磁粉制动器与磁粉离合器的作用从原理上看差不多，只不过一个是利用气体压力的大小来调整摩擦片和旋转盘面的摩擦力，另一个是利用磁粉的电磁力来调节摩擦力。如果需要用电信号去控制气动刹车和气动离合器，则需要使用电-气转换器和气-电转换器，把4~20mA的信号（或其他标准信号）与气压进行转换，通过气压的变化实现转矩的不同。

三、有张力测量的张力控制

最简单的张力控制可以用人工手动调节输出到磁粉制动器（或离合器）线圈上的电压来完成。其实多数手动张力控制器就是一个可调节输出电压的电源。

张力控制精度要求较高时，要用闭环控制来完成。以磁粉制动器、张力传感器和张力自动控制器组成的放卷张力自动控制系统为例，放卷张力自动控制系统如图6-13所示。

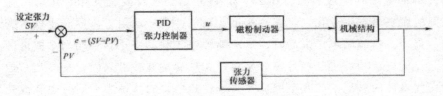

图6-13　放卷张力自动控制系统

在图6-13中，将自动张力控制器设为放卷模式，把P、I、最大输出值、停车输出值等参数设定好，张力传感器测出的张力值PV<SV时，e>0，PID输出u增大，磁粉制动器制动力增加，纸的张力增大，一直到PV=SV为止。当PV>SV时，e<0，PID的输出u减小，磁粉制动器的制动力减小，实际张力PV减小，一直到PV=SV为止。

自动张力控制器有放卷和收卷模式，其内部PID输出的增大和减小方向正好相反，这一点务必注意。PID的停车输出主要是为了实现停止时磁粉制动器（或离合器）输出一个小的制动力，以维持一定的张力，避免停车后全线材料松下来。PID的最大输出是为了避免PID输出过大造成纸张断裂或是把设备拉坏。

用磁粉离合器控制收卷的过程同放卷基本相同，在此不再阐述。

变频器收卷张力恒定控制如图6-14所示。

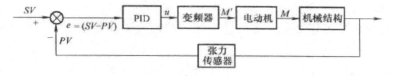

图6-14　变频器收卷张力恒定控制

在图6-14中，张力传感器把张力F变为标准信号（4~20mA、0~10mA、0~5V等）PV送入PID中，设定张力SV和实际张力相比较，当PV<SV时，e>0，PID输出u增加，变频器输出转矩M'升高，电动机转矩M升高，张力PV回升，直到PV=SV为止。当PV>SV时，e<0，PID输出u减小，变频器输出转矩M'降低，电动机转矩M下降，张力PV减小，直到PV=SV为止。

用伺服控制器构成张力控制的方法与此差不多，在此不再赘述。无论是变频器还是伺服控制器，最好工作在转矩控制方式，转矩控制方式比速度控制方式效果要好。

四、无张力测量传感器的张力控制

变频器或伺服电动机进行张力控制时，电动机的转速容易取得，这时可以省掉张力传感器，利用电动机转速n和料带的线速度v来推算料卷的直径D，进而推算出张力F，通过控制变频器的输出转矩T，以实现张力F恒定。

假设电动机与负载辊之间有一个减速比为m的减速机，则速度v与n、m和直径D的关系见式（6-1）。

$$v = \frac{n}{m60} \pi D \qquad\qquad (6-1)$$

得出直径D：

$$v = \frac{vm60}{n\pi} \qquad\qquad (6-2)$$

根据转矩T和张力F的关系为

$$T = F\frac{D}{2} = \frac{Fvm30}{n\pi} \qquad\qquad (6-3)$$

对于恒张力控制，只要保持T和推算出的D正比，就可以保持F恒定，如果车速v恒定，测出n，变换式（6-4）为

$$T = \frac{Fvm30}{n\pi} = K\frac{Fv}{n} \qquad\qquad (6-4)$$

式（6-4）表明，给出车速v，保持料带的张力F恒定，测出转速n，就可以计算

出 T，并控制 T，则可以保持 F 恒定。F 和 v 一定，n 小时，电动机的转矩 T 要大，而转速 n 大时，电动机的转矩 T 要小。

其他几种无张力传感器的恒张力控制的方法：

1）利用多个反射式光电开关或多个电容器式接近开关在几个半径位置上检测料卷的半径 R，然后用该半径 R 与需要的张力 F 相乘并乘以一个常数作为电动机转矩 M 的设定值，即可以实现张力的分档控制。

2）利用超声波测距或激光测距传感器，精确测量料卷的半径，实现连续的恒张力控制。

3）利用带滚轮的摆臂，把滚轮放在料卷上，直径的变换变成摆臂的转动，利用角度传感器（如电位器、编码器等）测量摆臂的角度，精确推算出料卷的半径，实现连续的恒张力控制。

无张力传感器实现恒张力控制的优点：反应速度比带张力传感器的闭环控制要快，尤其是对于频繁处于停停走走的料带输送场合，效果就更明显，与闭环反馈方式比，它不需要等张力有了偏差才调节，它类似于前馈控制方式，直接计算并输出需要的电动机转矩。

第六节 负载分配控制

有些工业生产场合为了使负载受力均匀，需要用两台以上的电动机拖动同一负载，例如拖动同一条较长的传送带或拖动同一传动轴等。为了工艺稳定或设备安全，一般要求每台电动机的运行速度要均衡稳定，出力要均匀，避免转得快的电动机拖动转得慢的电动机。这时就需要用负载分配的方式进行协调控制，让主电动机仍按速度控制，与其他工位上的电动机同步运行，调节从动电动机的转矩或速度，使拖动同一负载的几个电动机按比例出力。

一、从动电动机直接转矩跟速

让从动电动机直接按转矩控制，转矩大小跟随主电动机输出的转矩（或电流），主电动机转矩大时，从电动机的输出转矩也同比例的增大，保持两者转矩同增同减。负载分配控制如图 6-15 所示。

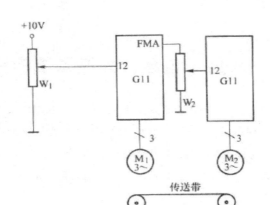

图 6-15　负载分配控制

在图 6-15 中，两台电动机按相同的负载率进行工作，M_1 为主拖动电动机，富士 G11 变频器 1 驱动 M_1，变频器 1 运行在频率控制模式（F42=0），调节电位器 W_1 可以改变 M_1 的运行速度。M_2 为跟随电动机，变频器 2 驱动 M_2，富士 G11 变频器 2 运行在转矩控制模式（F42=1）。变频器 1 的运行转矩通过 FMA 端子模拟输出（F31=4），FMA 端模拟输出的电压信号作为 M_2 电动机的转矩设定值，M_2 电动机按设定转矩运行。M_1 出力大时，M_2 的输出转矩也同比增大，这种控制方式不会有 M_1 拖动 M_2 的问题发生。

二、从动电动机用速度+转矩微调的运行方式

速度+转矩微调的运行方式如图 6-16 所示，变频器 INV_2 跟随变频器 INV_1 的速度 v_1 运行，同时变频器 2 采集变频器 1 的电流（转矩）信号与自身的电流 A_2 进行对比，用 PID 的输出值 v_0 与速度 v_1 进行叠加，输出变频器 2 的控制速度 v_2。为主设定值，A_1 为 PID 微调设定值，A_2 是 PID 反馈值。

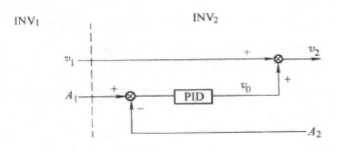

图 6-16　速度+转矩微调的运行方式

当 A_2 小于 A_1 时，PID 的输出 v_0 增加，所以 v_2 增加，因为它们拖动同一个负载，势必使 A_2 增加；当 A_2 大于 A_1 时，PID 的输出 v_0 减小，所以 v_2 减小，因为它们拖动同一个负载，势必使 A_2 减小，这样就基本保证了 A_1 和 A_2 相等，也就是出力比例相等，负载得到了均衡的分配。MM440 的 PID 微调功能与 BIBO 功能的组合就可以实现这种负载

分配运行方式。

第七节　一种四工位套准控制系统的结构设计

在印刷、模切、包装等领域除了要求同步控制外，还要求根据产品的位置调整下一工作轴的角度，以实现准确的套印、套切和对准，这就是套准控制。以四工位印刷控制系统为例，4个工位采用同一机械主轴驱动，每个工位用机械相位调节器微调印辊。四工位机械相位调节自动套准控制系统如图6-17所示。

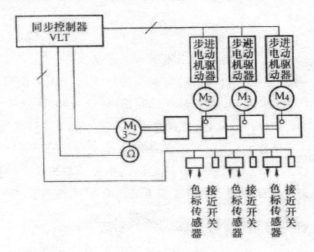

图6-17　四工位机械相位调节自动套准控制系统

M_1是主轴拖动三相电动机，它由丹佛斯变频器驱动，由变频器内部扩展的同步控制卡控制位置。M_1带动4个机械相位调整器，4个机械相位调整器的输出轴带动4个印辊同步转动。在4个工位中，第1个印辊是基准轴，不需要调整，为了准确印刷4种颜色，后面的印辊需要根据与第1个印辊的相位误差向前或向后调整。后面3个机械相位调整器的相位调节轴上安装步进电动机 M_2、M_3 和 M_4，步进电动机 M_2 的动作方向和动作幅度是根据色标传感器2和印辊上接近开关2的相位关系进行调整，由丹佛斯变频器VLT5000上的同步卡计算相位误差，同步卡输出信号控制步进电动机的转动角度调整印辊向前或向后移动一个相位角，以实现第2种颜色的套准印刷。工位3和工位4步进电动机的动作原理相同。

第八节　用PLC和电台组成的无线遥控遥调自动控制系统

一、用S7-300PLC组成的无线遥控遥调网络

当多个控制点之间的距离很远，且偏僻、分散时，例如城市自来水和水利等部门

的水源井、阀门和水位监控等，这些设备分散在几十甚至几百平方公里内，为了对这些分散的设备或传感器进行控制和检测，再采用总线方式或集中方式进行控制就已经是不可能的了，这时人们往往采用无线控制的方式来解决这一问题。下面给出用S7-300PLC组成的无线遥控遥调系统的方法，用S7-300PLC组成的无线遥控遥调系统如图6-18所示。

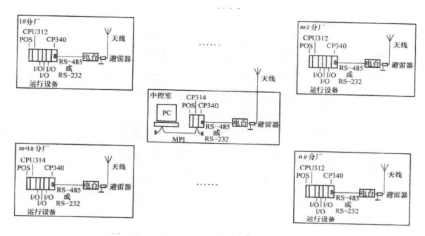

图6-18　用S7-300PLC组成的无线遥控遥调系统

中央控制室的主站由S7-300PLC的CP314和CP340通信模块组成，CP340通信模块的RS-485（或RS-232）口与电台的RS-485（或RS-232）口连接，电台和天线之间串接避雷器，以防雷电击毁设备。

外围的分站由CPU312FM、若干I/O模块和CP340通信模块组成，I/O模块的数量根据现场设备的数量和信号种类配置，CP340通信模块的RS-485（或RS-232）口与电台的RS-485（或RS-232）口连接，电台和天线之间串接避雷器，以防雷电击毁设备。通信电台和CP340的连接如图6-19所示。

要求中控室的主站依次查询各个分站的数据，中控室PLC发射出去的数据中，包含被叫分站的地址和给该站的控制指令，分站收到有该地址的指令时，就向中控室发回被巡检的数据，同时按控制命令的要求开关设备和调节工艺目标设定值。中控室的PLC发射出去的数据地址+1，循环下一个站，这样就实现了中控室对各无线分站的巡检和控制。

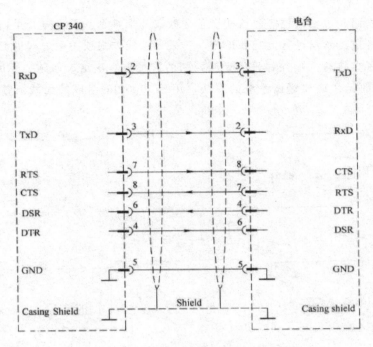

图 6-19　通信电台和 CP340 的连接

二、用 S7-200PLC 组成的无线遥控遥调网络

如果利用 S7-200PLC 进行无线通信连接，可以使用带双通信口的 CPU224 或 CPU226 等。

将数传电台与通信口 0 连接，通信口 0 设置为自由口模式，自由口由程序编程控制，电台通信口如为 RS-485 则可以直接连接，如果电台通信口为 RS-232，则需要使用 RS-232/PPI 转接电缆，将 RS-232 转换成 RS-485 接线方式，同时把通信电缆上的 DIP5 开关拨到 0，通过 DIP1、2、3 选择通信速率。

PLC 为 RUN 时自由口模式激活，在 PLC 为 STOP 状态时自由口恢复为 PPI 协议（点到点接口，可以与编程 PC 连接）。

特殊存储器字节 SMB30 定义通信口 0，特殊存储器字节 SMB130 定义通信口 1。自由口接收数据后产生中断事件 8，且把数据放到 SMB2。SMB3 用于对自由口接收的数据进行奇偶校验，校验错误，则 SM3.0=1，可以编制程序判断该位 SM3.0，进行数据取舍。通信口 0 空闲时，SM4.5=1。SM4.0=1 表示通信中断溢出，说明中断程序的处理速度低于中断发生的频率。

三、用 MD720-3 模块组成的 GPRS 无线数据监控网络

方案 1：多个远程站，每个远程站包括 S7-224XP，S7-224XP 的 PORT1 通过 PC/PPI 电缆与 MD720-3 模块连接；将专用天线安装到 MD720-3 模块上，MD720-3 模块上

安装有SIM手机卡，SIM手机卡开通了GPRS功能；中心站由WinCC组态监控软件、SINAUT MICROSC路由（OPC）软件、申请了固定IP地址的ADSL和PC构成，远程站通过GSM网络的GPRS服务直接向固定IP地址的中心站发起连接。

S7-200与MD720-3模块组成GPRS无线数据监控如图6-20所示。

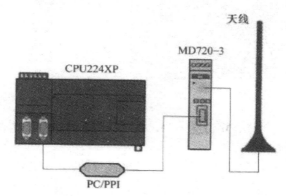

图6-20 S7-200与MD720-3模块组成GPRS无线数据监控

远程站硬件构成：

S7-224：6ES7 214-2BD23-0XB8（带两个通信口，方便调试，另增加必要的I/O模块）；

PC/PPI电缆：6ES7901-3CB30-0XA0（一端连接PLC的PORT1，一端连接MD720-3模块）；

MD720-3模块：6NH9720-3AA00；

ANT794-4MR天线：6NH9860-1AA00。

中心站构成：

电话线；

ADSL上网MODEM（一端连接电话，一端连接计算机RJ45网口，向电信部门申请固定IP地址）；

PC（带RJ45上网口）；

SINAUT Micro SC路由软件（有8、64、128、256等数量的终端授权）：6NH9910-0AA10-0AAX；

WinCC 6.1组态软件（有128、256等点数授权）：6AV6381-1BM06-0DV0。

方案2：多个远程站包括S7-314、CP340模块，CP340模块的RS-232口与MD720-3模块（+专用天线）连接，CP340模块与MD720-3模块的RS-232口直接连接（1-1、2-2…）；MD720-3模块上安装SIM手机卡，SIM手机卡开通了GPRS功能；中心站由WinCC组态软件、SINAUT MICRO SC路由软件、带有固定IP地址的ADSL、PC构成，远程站通过GPRS服务连接到固定IP地址的中心站。

S7-300与MD720-3模块组成GPRS无线数据监控如图6-21所示。

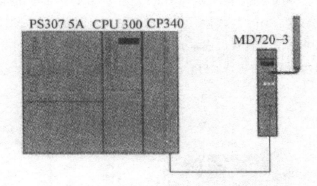

图 6-21　S7-300 与 MD720-3 模块组成 GPRS 无线数据监控

远程站硬件构成：

S7-300：6ES7314-1AE01-0AB0（增加其他必要的 I/O 模块）；

CP340：6ES7340-1AH00-0AE0；

MD720-3 模块：6NH9720-3AA00；

ANT794-4MR 天线：6NH9860-1AA00。

中心站构成：

电话线；

ADSL 上网 MODEM（一端连接电话，一端连接计算机 RJ45 网口，向电信部门申请固定 IP 地址）；

PC（带 RJ45 上网口）；

OPC 路由软件 SINAUT Micro SC（有 8、64、128、256 等数量的终端授权）：6NH9910-0AA10-0AA8；

WinCC 6.1 组态软件（有 128、256 等点数的授权）：6AV6381-1BM06-0DV0。

Web navigator 网络发布软件，远程客户可通过到固定 IP 地址的中心站进行数据查看。

第九节　通过 PROFIBUS-DP 总线实现多台变频器的同步运行

同步控制在钢铁、造纸、印刷、模切、包装等领域广泛应用，以造纸机为例，为了保证纸机生产出合格的纸产品，要求各工位按照一定的速度关系同步运行。造纸生产工艺如图 6-22 所示。

在图 6-22 中，1 轧、2 轧、3 轧的主要功能是把刚从网部纸浆成形来的湿纸中的水分轧出来，1 烘和 2 烘的作用是继续将纸中的水分烘干，压光的作用是利用光亮的压棍将纸的密度提高以形成表面光亮的纸，卷取的作用是将纸产品卷取后存放。工艺要求保持这几道工序中纸的线速度基本恒定，并根据纸的延展性和热收缩性来形成一定的速度比例关系。一般情况下，由于前面几道工序是湿纸，由于挤压的延展作用，1

轧、2轧、3轧和1烘4道工位后一级要比前一级略快一些，而1烘以后由于纸的收缩性而使速度逐级变慢。在生产工艺中，可以用西门子MM440变频器和西门子S7-300PLC构成纸机多工位开环速度同步控制系统。3工位速度同步控制系统如图6-23所示。

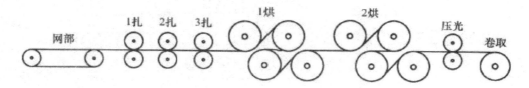

图6-22　造纸生产工艺

在图6-23中，S7-300PLC与3台MM440变频器之间采用PROFIBUS-DP总线进行通信，用触摸屏控制各工位的起停（各工位变频器的起停）和调整工位的速度（各工位变频器频率高低）。

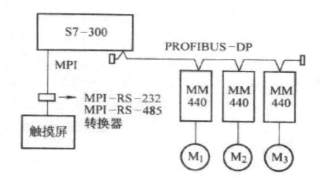

图6-23　3工位速度同步控制系统

S7-300PLC的CPU选用带DP口的，PLC为主站，打开每个变频器的前盖，插入1块PROFIBUS-DP通信卡，使变频器成为从站，用总线连接器将CPU上的DP口和DP通信卡上的DP口连接起来，在PLC侧将总线连接器的终端电阻拨到"ON"，将电机M_3对应变频器DP通信卡上的总线连接器的终端电阻拨到"ON"，其余拨到"OFF"。触摸屏选用MT506，通过一条转换电缆（触摸屏厂家自带）将PLC的MPI口与触摸屏的RS-232/485口连接。

第十节　高速闭环同步控制系统

如果纸机的车速大于200rn/min，为了保证调速精度，每个工位的拖动电动机最好附加一个编码器同变频器形成闭环，用来提高速度特性的硬度和抗扰动能力。纸机控制系统可采用S7-400PLC和ACS500变频器，并通过PROFIBUS-DP总线调整各工位车速。ACS500变频器和本工位电动机上的编码器组成闭环速度控制。造纸机多工位闭环速度同步控制系统如图6-24所示。

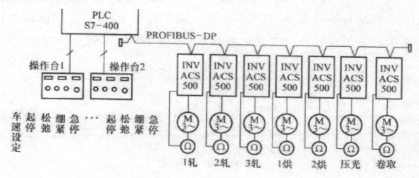

图6-24　造纸机多工位闭环速度同步控制系统

第十一节　利用RS-485实现S7-226对多台 MM440变频器的速度同步控制

使用带两个通信口的S7-226，只限使用PORTO与32台以内的MM440变频器的 RS-485口（30和29端子）连接DS7-226对MM440变频器的同步控制如图6-25所示。 S7-226的PORTO作为RS-485总线的一端，PORTO用PROFIBUS（L2）连接器，其中 A1接30，B1接29，终端电阻拨到"ON"，RS-485总线的最后一台MM440，30和29 端之间接120Ω终端电阻，30与2端（−）接1kfl偏置电阻，29与1端（+）接1kΩ偏置 电阻。这种方式为异步通信方式，采用中断驱动，在接收消息中断时，其他中断事件 需要等待，有一定的延时。

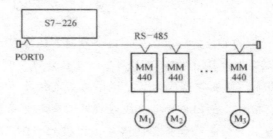

图6-25　S7-226对MM440变频器的同步控制

第十二节　用PROFIBUS-DP总线实现单CPU的分 布式控制

当一个大型设备或一个车间中工艺紧密关联的控制信号较分散或距离较远时，如 果仍采用把信号线和控制线都连接到一个PLC机柜中的方法，线路成本增加，布线也 不方便。也有时是因为现场较危险，为了保证CPU的安全，故意把I/O模块与CPU分 开，这时我们可以利用PROFI　BUS-DP（简称DP）总线和分布式I/O站构成分布式 控制方式，现场的输入信号和现场的控制信号直接连接到最近的分布式I/O站。DP总线分布控制如图6-26所示。

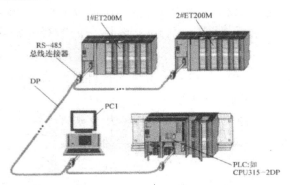

图 6-26 DP 总线分布控制

图 6-26 中，PC1 上安装 CP5611 通信卡，PLC 上的 CPU 模块需带 DP 口，如 CPU315-2DP、CPU314-2DP 等，这种 CPU 的程序可以直接读取分布式远程 I/O 的数据，编程方法简单。还有一种方式，是在主机架或扩展机架的 "4~11" 槽增加一块 DP 扩展模块 CP342-5，将分布式远程 I/O 挂到 CP342-5 的 DP 总线上，分布式 I/O 的地址自行从 0 重新编排，与主机架的 I/O 地址编排无关。

建议初学者掌握第一种方式即可，除去经济性原因，后一种方式需要调用功能块 FC1（DP_SEND）和 FC2（DP_）才能读写分布式远程 I/O，CPU342-5 自动读取分布式 I/O 的数据，并放到一个指定的位置，CPU 通过读写这些指定位置的数据来实现对分布式 I/O 站的读写。

PC1 上安装的 CP5611 卡有 DP（MPI）口，ET200M 为分布式远程 I/O 站，1#ET200M 和 2#ET200M 上均有一块 IM153 模块，每个 IM153 上的拨码应拨到安排给它的 DP 地址。为了 PLC 和 ET200M 能够正常通信，要求 CPU 的 DP 地址和 2 个 IM153 的 DP 地址应相互不同，初学者也可以采用默认地址。CPU 带分布式 I/O 站的数量有一定的限制，例如 CPU315-2DP 最多可以带 16 个。

DP 总线的通信线：DP 总线的通信线与 MPI 总线一样，使用两芯屏蔽双绞线。两芯屏蔽双绞线可以直接从西门子 PLC 供货商订购，标准电缆的订货号为 "6XV830-…"。电缆内有一根红线和一根绿线，中间有金属屏蔽层，标准长度为 20m、50m，100m、200m、500m。两芯屏蔽双绞线也可以从市场上购买。

RS-485 总线连接器：DP 总线的 RS-485 总线连接器与 MPI 总线一样，RS-485 总线连接器有外形、接线角度和有无编程口等多种选择。带编程口的 RS-485 总线连接器主要用于连接 PLC，现场调试时，监视和修改 PLC 的程序较方便，RS-485 总线连接器的订货号为 "6ES7 972-…"

每个 RS-485 总线连接器有 4 个接线端，一个线缆口为 A1 和 B1，一个线缆口为 A2 和 B2，接线时遵守 A 接 A 和 B 接 B 的原则。PLC 的 DP 口、ET200M 的 DP 口和 CP5611 的 DP 口连接，每个 DP 口安装一个 RS-485 总线连接器，各个 RS-485 总线连接器之间用屏蔽双绞线电缆连接。本例中，PLC的RS-485总线连接器的A1接PC1的RS-485总线连接器的A1，PLC的RS-485总线连接器的B1接PC1的RS-485总线连接器的B1，PC1的RS-485总线连接器的A2接1#ET200M的RS-485总线连接器的A1，PC1的RS-485总线连接器的B2接1#ET200M的RS-485总线连接器的B1，1#ET200M的RS-485总线连接器的A2接2#ET200M的RS-485总线连接器的A1，1#ET200M的RS-485总线连接器的B2接2#ET200M的RS-485总线连接器的B1。

终端电阻：只有一根通信电缆的RS-485总线连接器将终端电阻拨到"ON"的位置，有两根通信电缆的RS-485总线连接器将终端电阻拨到"OFF"的位置。本例中，PLC的RS-485总线连接器只有一根通信电缆，所以需要将终端电阻拨到"ON"的位置，2#ET200M的RS-485总线连接器只有一根通信电缆，所以需要将终端电阻拨到"ON"的位置，PC1和1#ET200M的RS-485总线连接器上的终端电阻拨到"OFF"位置。终端电阻的作用是为了防止通信信号在电缆两端产生回波，使有效信号变形失真。

有源RS-485终端组件：这种多节点的DP（或MPI）网络，在两端的设备（本例的PC1和2#ET200M）出现故障时，有可能会导致DP（或MPI）网络瘫痪，如欲提高DP（或MPI）网络的可靠性，也可以在DP（或MPI）总线的两端安装有源RS-485终端组件——"PROFIBUSTERMINATOR"，订货号为6ES7 972-0DA00-0AA0。该组件由直流24V供电，通信速率为9.6kbit/s~12Mbit/s，使用时将通信速率拨到所接入DP（或MPI）网相同的速率，DP（或MPI）线缆接到A1和B1。

DP总线出现通信报警故障：对于多节点的DP（或MPI）网络，如果DP总线出现通信报警故障，可以将中间的RS-485总线连接器的终端电阻拨到"ON"的位置，观察前后网段，故障仍未消失的那段即为故障段。再用同样的方法确定故障段，最后找到故障点。

一个DP（或MPI）网段最多32个站，包括中继器和有源终端在内，多于32个就需要增加RS-485中继器。

如果采用触摸屏监控方式，则DP总线分布控制如图6-27所示。

图6-27中，触摸屏与PLC的MPI口之间通过专用电缆连接。该电缆的型号咨询触摸屏厂商即可，如果触摸屏选用西门子的产品，则直接订购与该触摸屏对应的电缆，其他同上。

通过DP总线1个CPU31x-2DP主站可以扩展并管理124个ET200M分布式I/O。分布式I/O扩展方法如图6-28所示。

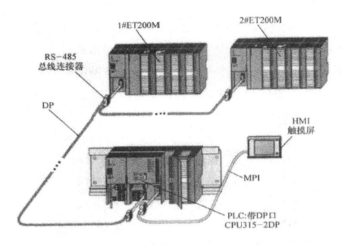

图 6-27 DP总线分布控制

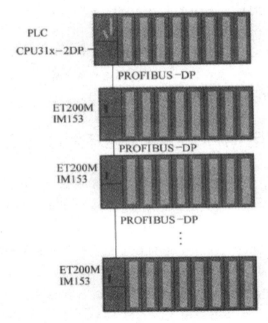

图 6-28 分布式 I/O 扩展方法

案例

一个独立的水处理车间，有分散的 1#泵站和 2#泵站为其供水，每个泵站的开泵台数根据水处理车间的两个水池液位进行控制。欲实现整个生产过程的远程监控，采用 S7-300PLC 和 MT506 触摸屏，水处理车间的 PLC 采用 CPU315-2DPC，利用 DP 总线和分布式 I/O 站对远程的 2 个泵站进行控制。现场被监控信号的数量、种类即选用的模块数量如下：

水处理车间：

1）开关量输入（DI）信号28个，选用1块32点DI模块；

2）开关量输出（DO）信号 13 个，选用 1 块 16 点 DO 模块；

3）模拟量输入（AI）信号 15 个，选用两块 8 点 AI 模块；

4）模拟量输出（AO）信号 3 个，选用 1 块 4 点 AO 模块；

5）CPU 选用带 DP 口的 CPU315-2DP；

6）触摸屏选用 MT5060

1#泵站：

1）开关量输入（DI）信号 12 个，选用 1 块 16 点 DI 模块；

2）开关量输出（DO）信号 7 个，选用 1 块 8 点 DO 模块；

3）模拟量输入（AI）信号 5 个，选用 1 块 8 点 AI 模块；

4）模拟量输出（AO）信号 1 个，选用 1 块 2 点 AO 模块；

5）采用分布式 I/O 站 ET200M，IM153 模块一块。

2#泵站：

1）开关量输入（DI）信号 16 个，选用 1 块 16 点 D1 模块；

2）开关量输出（DO）信号 6 个，选用 1 块 8 点 DO 模块；

3）模拟量输入（AI）信号 5 个，选用 1 块 8 点 AI 模块；

4）模拟量输出（AO）信号 2 个，选用 1 块 2 点 AO 模块；

5）采用分布式 I/O 站 ET200M，IM153 模块一块。

第十三节　利用MPI总线实现多PLC的低成本联网监控

对于有多个车间、多台大型设备或多个工位需要监控的厂矿企业，如果车间、设备或工位之间有一定的距离，且通信速度要求不高，就可以利用 MPI 总线实现低成本的多 PLC 联网监控。

MPI 为西门子 S7-300/400 系列 PLC 中 CPU 模块自带的标准编程和通信口，即使是最基本的 CPU 也带有 MPI 口，所以造价较低。对于快速性要求不高的通信场合，这是一种较经济的总线监控方案。3 台 PLC 通过 MPI 连接成低成本总线网如图 6-29 所示。MPI 总线通信电缆为 2 芯的屏蔽双绞线。

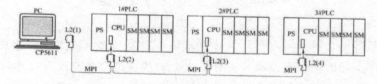

图 6-29　3 台 PLC 通过 MPI 连接成低成本总线网

图 6-29 中，PC 中安装一块西门子的 CP5611 通信卡，该通信卡有一个 MPI（DP）口，S7-300 系列 PLC 中的 MPI 口通过屏蔽双绞线和 CP5611 的 MPI（DP）口连接。

PC 机内 CP5611 通信卡的口上接一个 DP（MPI）连接器，在每个 PLC 的 MPI 口上接一个 DP（MPI）连接器，用屏蔽双绞通信电缆将各个 MPI（DP）连接器连接起来，就形成了一个公共的MPI总线网。总线连接器L2（1）为一个带编程口的总线连接器，可以方便STEP7编程计算机下载和调试PLC程序。

图6-29中，只有一根通信电缆的总线连接器L2将其上的终端电阻拨到"ON"的位置，有两根通信电缆的总线连接器L2将其上的终端电阻拨到"OFF"的位置。PC和3#PLC的总线连接器L2（1）和L2（4）只有一根通信电缆，所以需要将终端电阻拨到"ON"的位置，1#PLC和2#PLC的总线连接器L2（2）和12（3）的终端电阻拨到"OFF"的位置。终端电阻的作用是为了防止通信信号在电缆两端产生回波，使有效信号变形失真。MPI总线最两端的设备故障时，PC和2#PLC在最两端，可能会导致MPI网瘫痪，为了避免这种情况发生，可以在MPI总线的两端采用有源终端电阻模块"PROFIBUS TERMINATOR"，+24V供电，通信速率为9.6kbit/s~12Mbit/s。

1. 案例

某企业，生产无危险性质的产品，共有3个车间，其中第1个车间为成品车间，第2个车间为配料车间，第3个车间为动力车间，欲用自动化系统对其实现监控。

第1个车间，需要监测动力车间的冷却水和加热蒸汽，监测配料车间的原料储量，以便提前准备，采取相应地安全停产措施。有开关量传感器和触点43个需要检测，设备的起停和开闭控制点有15个，模拟量传感器有14个，变频器和调节阀模拟控制点有7个。

第2个车间，需要监测动力车间的电力负荷，监测成品车间的生产状况，以便调整设备的生产状况。有开关量传感器和触点21个需要检测，设备的起停和开闭控制点有7个，模拟量传感器有6个，变频器和调节阀模拟控制点有3个。

第3个车间，需要监测成品车间的生产状况，监测配料车间的设备运行情况，以便调整冷却水和蒸汽生产设备的生产状况。有开关量传感器和触点10个需要检测，设备的起停和开闭控制点有4个，模拟量传感器有5个，变频器和调节阀模拟控制点有3个。

2. 方案

由于企业无特殊要求，3台PLC选用最经济的CPU312，用PLC上自带的MPI口组成MPI总线，将各个车间连接起来，PC上位机上插入1块CP5611通信卡。各PLC的配置如下：

第1个车间的1#PLC，32点数字开关量输入卡1块，16点数字开关量输入卡1块，16点数字开关量输出卡1块，8点模拟输入卡2块，8点模拟输出卡1块。

第2个车间的2#PLC，32点数字开关量输入卡1块，8点数字开关量输出卡1块，8点模拟输入卡1块，4点模拟输出卡1块。

第3个车间的3#PLC，16点数字开关量输入卡1块，8点数字开关量输出卡1块，8点模拟输入卡1块，4点模拟输出卡1块。

为了PC、1#PLC、2#PLC和3#PLC之间能正常通信，它们之间的MPI地址应相互不同，可以安排PC、1#PLC、2#PLC和3#PLC的MPI地址分别为0、2、3、4。

第十四节　利用DP总线实现多PLC联网监控

对于有多个车间、多台大型设备或多个工位需要监控的厂矿企业，如果车间、设备或工位之间有一定的距离，可以利用DP总线实现多PLC联网监控。

DP通信是主站依次轮询各从站进行数据交换，该方式称为MS（Master-Slave）模式——主从模式，所以在DP总线上，所有的PLC或者选为主站或是选为从站，这一点同MPI总线不一样。

基于DP协议的DX（Direct date exchange）模式——直接数据交换模式，在实现从站向主站发送数据的同时也向其他从站或主站发送数据。

需要注意的是：无论是通过MS模式进行数据交换，还是通过DX模式进行数据交换，都是利用PLC系统中没有用到的IB、IW、QB、QW字节进行数据交换，IB、IW、QB、QW为PLC的输入和输出数据映射区，DI和DO模块卡的地址占据一部分输入和输出数据映射区，其余未用的输入和输出数据映射区可以用于数据交换。

图6-30所示为3套PLC和1台PC组成的DP总线结构。DP总线通信电缆为2芯的屏蔽双绞线。

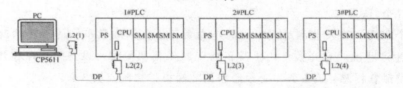

图6-30　3套PLC和1台PC组成的DP总线结构

图6-30中，PC中安装一块西门子的CP5611通信卡，该通信卡有一个DP（MPI）口，S7-300系列PLC中的DP口通过屏蔽双绞线和CP5611的DP（MPI）口连接。

PC内CP5611通信卡的DP口上接一个DP（MPI）连接器，在每个PLC的DP口上接一个总线连接器，用屏蔽双绞线通信电缆将各个总线连接器连接起来，就形成了一个公共的DP总线网。

图6-30中，总线连接器L2（1）为一个带编程口的总线连接器，用于STEP7编程计算机下载和调试PLC程序用，只有一根通信电缆的总线连接器将其上的终端电阻拨到"ON"的位置，有两根通信电缆的总线连接器将其上的终端电阻拨到"OFF"的位置。PC和3#PLC的总线连接器12（1）和L2（4）只有一根通信电缆，所以需要将终端电阻拨到"ON"的位置，1#PLC和2#PLC的总线连接器L2（2）和L2（3）的终端电阻拨到"OFF"的位置。终端电阻的作用是为了防止通信信号在电缆两端产生回波，使有效信号变形失真。DP总线最两端的设备故障时，PC和2#PLC在最两端，可能会导致DP网瘫痪，为了避免这种情况发生，可以在DP总线的两端采用有源终端电阻模块"PROFIBUS TERMINATOR"。

1.案例

　　某企业，生产无危险性质的产品，共有3个车间，其中第1个车间为成品车间，第2个车间为配料车间，第3个车间为动力车间，欲用自动化系统对其实现监控。

　　第1个车间，需要监测动力车间的冷却水和加热蒸汽，监测配料车间的原料储量，以便提前准备，采取相应地安全停产措施。有开关量传感器和触点43个需要检测，设备的起停和开闭控制点有15个，模拟量传感器有14个，变频器和调节阀模拟控制点有7个。

　　第2个车间，需要监测动力车间的电力负荷，监测成品车间的生产状况，以便调整设备的生产状况。有开关量传感器和触点21个需要检测，设备的起停和开闭控制点有7个，模拟量传感器有6个，变频器和调节阀模拟控制点有3个。

　　第3个车间，需要监测成品车间的生产状况，监测配料车间的设备运行情况，以便调整冷却水和蒸汽生产设备的生产状况。有开关量传感器和触点10个需要检测，设备的起停和开闭控制点有4个，模拟量传感器有5个，变频器和调节阀模拟控制点有3个。

　　2.方案

　　由于企业无特殊要求，3台PLC选用带DP口的CPU315-2DP，用PLC上自带的DP口组成DP总线，将各个车间连接起来，PC上位机上插入1块CP5611通信卡。各PLC的配置如下：

　　第1个车间的1#PLC，32点数字开关量输入卡1块，16点数字开关量输入卡1块，16点数字开关量输出卡1块，8点模拟输入卡2块，8点模拟输出卡1块。

　　第2个车间的2#PLC，32点数字开关量输入卡1块，8点数字开关量输出卡1块，8点模拟输入卡1块，4点模拟输出卡1块。

　　第3个车间的3#PLC，16点数字开关量输入卡1块，8点数字开关量输出卡1块，8点模拟输入卡1块，4点模拟输出卡1块。

　　为了PC、1#PLC、2#PLC和3#PLC之间能正常通信，它们之间的MPI地址应相互不同，可以安排PC、1#PLC、2#PLC和3#PLC的MPI地址分别为0、2、3、4。

第十五节　利用工业以太网实现多PLC的监测与控制

　　对于一台大型设备与多个相关工位（如机械手和输送带）配合的场合，或是有多个车间、多个工位需要监控的厂矿企业，如果车间、设备或工位之间有一定时距离，也可以利用工业以太网（Industrial Ethernet）实现多PLC联网监控。

　　CPU选用V2.5以上版本并带有PN口的CPU，如CPU315-2PN/DP、CPU317-2PN/DP等，利用CPU上的PN口和交换机PN口组成星形网络结构，如图6-31所示。

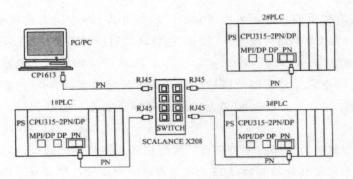

图6-31 星形网络结构

图 6-31 中，PLC 上的 CPU 模块需带 PROFINET-IO 接口（简记为 PN），如 CPU315-2PN/DP、CPU317-2PN/DP 等，它们都有两个 PN 口，一个 15 针的 AUI/ITP 口和一个 RJ45 口。各个 CPU 上的 PN 口都接到交换机的 PN 口上。

PC1 上安装 CP1613 以太网卡或利用计算机上自带的 RJ45 以太网口，CP1613 卡上有一个 15 针的 AUI/ITP 口和一个 RJ45 口，将 CP1613 插入计算机内部的 PCI 总线槽上。

如果是笔记本电脑，则用 CP1512 卡或利用计算机上自带的 RJ45 以太网口，CP1512 卡插入 PCMCIA 槽内，CP1512 卡上有一个 RJ45 口。

工业以太网 RJ45 连接器的引脚和功能如表 6-3。

表6-3 工业以太网RJ45连接器的引脚和功能

RJ45插座的视图	端子	分配
屏蔽	1	RD（接收数据+）
	2	RD_N（接收数据−）
	3	TD（发送数据+）
	4	接地
	5	接地
	6	TD_N（发送数据−）
	7	接地
	8	接地

由于 PC、PLC 和交换机的 RJ45 口有主从区别，非同类设备如 PC 与交换机、PLC 与交换机之间连接时，采用端子号对应 1-1、2-2、3-3、6-6 直接连接；同类设备如 PC 与 PC、PLC 与 PLC、交换机与交换机之间连接时，端子号对应 1-3、2-6、3-1、6-2 交叉连接。

RJ45 端子所接网线的线序与颜色的对应关系为：1-白橙，2-橙，3-白蓝，4-蓝，5-白绿，6-绿，7-白棕，14-棕。

1. 案例

一个独立的电子产品生产车间，整条生产线由 3 个工作区组成，每个区域集中了一些模拟量和数字开关信号，欲采用 PLC 和 PC 对整个生产过程进行监控，PC 放在 1#

工作区。

我们采用工业以太网 PN 和分布式 I/O 站，对 3 个工作区进行控制。

2.方案

三个 PLC 均采用 CPU315-2PN/DP，利用 CPU 的 PN 口和交换机组成星形结构的工业以太网。现场被监控信号的数量、种类即选用的模块数量如下：

1#工作区：

1）一台交换机，采用经济性的 SCALANCE X205 交换机，它有 5 个 PN 口；

2）CPU 选用带 PN 口的 CPU315-2PN/DP，V2.5 及以上版本，PN 口连接到交换机的一个 PN 口；

3）PC 上安装 CP1613 卡，PN 口连接到交换机的一个 PN 口；

4）开关量输入（DI）信号 28 个，选用 1 块 32 点 DI 模块；

5）开关量输出（DO）信号 13 个，选用 1 块 16 点 DO 模块；

6）模拟量输入（AI）信号 I5 个，选用两块 8 点 AI 模块；

7）模拟量输出（AO）信号 3 个，选用 1 块 4 点 AO 模块。

2#工作区：

1）CPU 选用带 PN 口的 CPU315-2PN/DP，VZ5 及以上版本，PN 口连接到交换机的一个 PN 口

2）开关量输入（DI）信号 12 个，选用 1 块 16 点 DI 模块；

3）开关量输出（DO）信号 7 个，选用 1 块 8 点 DO 模块；

4）模拟量输入（AI）信号 5 个，选用 1 块 8 点 A1 模块；

5）模拟量输出（AO）信号 1 个，选用 1 块 2 点 AO 模块。

3#工作区：

1）CPU 选用带 PN 口的 CPU315-2PN/DP，V2.5 及以上版本，PN 口连接到交换机的一个 PN 口；

2）开关量输入（DI）信号 16 个，选用 1 块 16 点 DI 模块；

3）开关量输出（DO）信号 6 个，选用 1 块 8 点 DO 模块；

4）模拟量输入（AI）信号 5 个，选用 1 块 8 点 AI 模块；

5）模拟量输出（AO）信号 2 个，选用 1 块 2 点 AO 模块。

第七章 射线检测在机电特种设备中的应用

第一节 概　述

一、射线检测的概念

　　射线检测是工业无损检测的一个重要专业门类，属常规无损检测方法（射线检测、超声波检测、磁粉检测、渗透检测）之一。它最主要的应用是探测试件内部的宏观几何缺陷，也就是早期习惯所称的"探伤"。

　　按照不同特征（使用的射线种类、记录器材、工艺和技术特点等）可将射线检测分为多种不同的方法。射线种类包括 X 射线、γ 射线等；记录器材包括传统的胶片、显示器以及近年发展起来的电子记录数据硬盘、IP 记录板等；而根据工艺和技术特点又包括原材料检测、焊接接头检测等。

二、射线检测的原理

　　射线在穿透物体过程中会与物质发生相互作用，因吸收和散射而使其强度减弱，如果被透照物体（试件）的局部存在缺陷，且构成缺陷的物质的衰减系数又不同于试件，该局部区域的透过射线强度就会与周围产生差异。把胶片放在适当位置使其在透过射线的作用下感光，经暗室处理后得到底片，由于缺陷部位和完好部位透过的射线强度不同，底片上相应部位就会出现黑度差异。把底片放在观片灯光屏上借助透过光线观察，可以看到不同黑度的区域和不同形状的影像，评片人员据此判断缺陷情况并评价检测对象的质量。

第二节　射线检测工艺方法与技术

一、概念

射线检测工艺是指为达到一定要求而对射线检测过程规定的方法、程序、技术参数和技术措施等，也泛指详细说明上述方法、程序、技术参数、技术措施等的书面文件。工艺条件是指工艺过程中的有关参变量及其组合。检测工艺条件包括设备器材条件、透照几何条件、工艺参数条件、工艺措施条件等。

本节讨论一些主要的工艺条件对射线照相质量的影响及应用选择原则。

二、射线检测工艺条件的选择

了解射线检测工艺条件的选择前，首先要了解一下现行特种设备射线检测常用标准对射线检测技术的分级，因为一些工艺条件的选择与检测技术等级相关。

JB/T4730.2-2005将射线检测分为三个技术等级：A级为低灵敏度技术；AB级为中灵敏度技术；B级为高灵敏度技术。

GB/T3323-2005将射线检测分为两个技术等级：A级为普通级；B级为优化级。

机电类特种设备射线检测一般选择A级或AB级检测技术等级。

（一）射线能量（射线源种类）的选择

选择射线源的首要因素是射线源所发出的射线对被检工件具有足够的穿透力。从保证射线照相灵敏度讲，射线能量增高，衰减系数减小，底片对比度降低，固有不清晰度增大，底片颗粒度也增大，其结果是射线照相灵敏度下降。但是，如果选择射线能量过低，穿透力不够，到达胶片的透照射线强度过小，则造成底片黑度不足，灰雾度增大。

对于X射线源来讲，穿透力取决于管电压。管电压越高则射线的质越硬，穿透厚度越大，在工件中的衰减系数越小，灵敏度下降。因此，X射线能量（管电压）的选择，在目前机电类特种设备中常用的射线检测标准JB/T4730.2-2005和GB/T3323-2005中均规定了其选择上限，两个标准的规定是一致的，如图7-1所示。

对于γ射线源来讲，穿透力取决于射线源的种类。由于射线源发出的射线能量不可改变，因而用高能射线透照薄工件时，会出现灵敏度下降的现象。因此，前述两个常用射线检测标准对于射线源的选择不仅规定了透照厚度的上限，而且规定了透照厚度的下限。

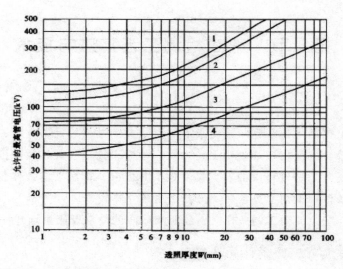

1-铜及铜合金；2-钢；3-钛及钛合金；4-铝及铝合金

图7-1 不同透照厚度允许的X射线最高管电压

γ射线源和能量1MeV以上X射线设备的透照厚度范围（钢、不锈钢、镍合金等）见表7-1。

表7-1 射线源和能量1MeV以上X射线设备的透照厚度范围（钢、不锈钢、镍合金等）

射线源	透照厚度见（mm）	
	A级、AB级（JB/T4730.2-2005） A级（GB/T3323-2005）	B级
Se75	10≤W<40	14≤W<40
Ir192	20≤W<100	20≤W<90
Co60	40≤W<200	60≤W<150
X射线（1~4MeV）	30≤W<200	50≤W<180
X射线（4~12MeV）	W≥50	W≥80
X射线（>12MeV）	W≥80	W≥100

通常情况下，射线能量的选择原则是：在保证穿透的前提下，选择能量较低的射线，以保证射线照相灵敏度。

选择能量较低的射线可以获得较高的对比度，却意味着较低的透照厚度宽容度，对于透照厚度差较大的工件将产生很大的底片黑度差，底片黑度值超出允许范围。因此，在透照厚度差较大的工件时，选择射线能量还必须考虑得到合适的透照厚度宽容度，即适当选择较高的射线能量。

（二）焦距的选择

焦距对照相灵敏度的影响主要表现在几何不清晰度上。由几何不清晰度定义（$U_g = d_f L_2 / (F - L_2)$ 或 $U_g = d_f L_2 / L_1$）可知，焦距F越大，U_g值越小，底片上的影像越清晰。因此，为保证射线照相的清晰度，标准对透照距离的最小值有限制，JB/T4730.2-2005和GB/T3323-2005标准中规定透照距离L_1（射线源至工件表面距离）与焦点尺寸d_f和透照厚度L_2（工件表面至胶片距离）应满足表7-2的要求。

表7-2　不同检测技术等级的要求

项目	检测技术等级	透照距离L_1	几何不清晰度U_g值
JB/T4730.2-2005、GB/T3323-2005	A级	$L_1 \geq 7.5 d_f L_2^{2/3}$	$U_g \leq 2/15 L_2^{1/3}$
JB/T4730.2-2005	AB级	$L_1 \geq 10 d_f L_2^{2/3}$	$U_g \leq 1/10 L_2^{1/3}$
JB/T4730.2-2005、GB/T3323-2005	B级	$L_1 \geq 15 d_f L_2^{2/3}$	$U_g \leq 1/15 L_2^{1/3}$

由于焦距$F=L_1+L_2$，所以上述关系式也就限制了F的最小值。L_1可通过上列关系式计算，也可利用JB/T4730.2-2005和GB/T3323-2005标准中的诺模图查出。

实际透照时一般不采用最小焦距值，所用的焦距比最小焦距要大得多。这是因为透照场的大小与焦距相关。焦距增大后，匀强透照场范围增大，这样可以得到较大的有效透照长度，同时影像清晰度也进一步提高。

但是焦距也不能太大，因为焦距增大后，按原来的曝光参数透照得到的底片的黑度将变小。若保持底片黑度不变，就必须在增大焦距的同时增加曝光量或提高管电压，而前者降低了工作效率，后者将对灵敏度产生不利的影响。

焦距的选择有时也与试件的几何形状以及透照方式有关。例如，为得到较大的一次透照长度和较小的横裂检出角，在双壁单影法透照环向对接接头时，往往选择较小的焦距。

在几何布置中，除要考虑焦距F的最小要求外，同时也要考虑分段曝光时的一次透照长度，即焊接接头的透照厚度比K（K=T'/T），K值与横向裂纹检出角θ关系：θ=arccos（1/K）。按照现行标准规定，环缝的A级和AB级的K值不大于1.1，B级的K值不大于1.06；纵缝的A级和AB级的K值不大于1.03，B级的K值不大于1.01。

（三）曝光量的选择与修正

1.曝光量的选择

曝光量可定义为射线源发出的射线强度与照射时间的乘积。对于X射线来说，曝光量是指管电流I与照射时间t的乘积（E=It）；对于γ射线来说，曝光量是指放射源活度A与照射时间t的乘积（E=At）。

曝光量是射线透照工艺中的一项重要参数。射线照相影像的黑度取决于胶片感光乳剂吸收的射线量，在透照时，如果固定试件尺寸，源、试件、胶片的相对位置，胶片和增感屏，给定了放射源或管电压，则底片黑度与曝光量有很好的对应关系。因此，可以通过改变曝光量来控制底片黑度。

曝光量不仅影响影像底片的黑度，而且影响影像的对比度和颗粒度以及信噪比，从而影响底片上可记录的最小细节尺寸，即影响射线照相灵敏度。为保证照相质量，曝光量应不低于某一个最小值。

按照 JB/T4730.2–2005 及 GB/T3323–2005 标准规定，X 射线照相，焦距 700mm 时，曝光量的推荐值为：A 级、AB 级不低于 15mA min，B 级不低于 20mA min；γ 射线照相，总的曝光时间不少于输送源往返所需时间的 10 倍，以防止用短焦距和高电压所引起的不良影响。

2.曝光量的修正

（1）互易律

互易律是光化学反应的一条基本定律。它指出：决定光化学反应产物质量的条件，只与总的曝光量相关，即取决于辐射强度和时间的乘积，而与这两个因素的单独作用无关。互易律可引申为底片的黑度只与总的曝光量相关，而与辐射强度和时间分别作用无关。在射线照相中，采用铅箔或无增感的条件时，遵守互易律。而当采用荧光增感条件时，互易律失效。

互易律表达式：

$$E = It = I_1 t_1 = I_2 t_2 = \cdots$$

（2）平方反比定律

平方反比定律是物理学的一条基本定律。它指出：从一点源发出的辐射，强度 I 与距离 F 的平方成反比，即存在以下关系：$I_1/I_2 = (F_2/F_1)^2$。其原理为：在源的照射方向上任意立体角内取任意垂直截面，单位时间通过的光子总数是不变的，但由于截面积与到点源的距离平方成正比，所以单位面积的光子密度，即辐射强度与距离平方成反比，如图 7–2 所示。

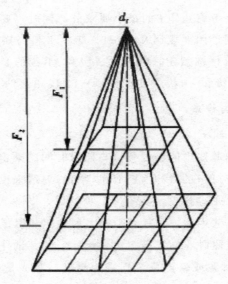

图 7–2　平方反比定律

（3）曝光因子

互易律给出了在底片黑度不变的前提下，射线强度与曝光时间相互变化的关系；平方反比定律给出了射线强度与距离之间的关系，将以上两个定律结合起来，可以得到曝光因子的表达式。

X射线：

$$X=It/F^2=I_1t_1/F_1{}^2=I_2t_2/F_2{}^2=\cdots$$

γ射线：

$$\gamma=At/F^2=A_1t_1/F_1{}^2=A_2t_2/F_2{}^2=\cdots$$

（4）曝光量的修正

当焦距、胶片种类、底片黑度等某一要素改变时，可通过上述曝光因子对曝光量进行修正，如需进一步了解可查阅专业无损检测资料。

（四）　透照方式的选择

对接接头射线检测的常用透照方式（布置）主要有10种。这些透照方式分别适用于不同的场合，其中单壁透照是最常用的透照方法，双壁透照一般用在射源或胶片无法进入内部的工件的透照，如双壁单影法适用于曲率半径较大（直径在100mm以上）的环向对接接头的透照，双壁双影法一般只用于小径管（直径在100mm以下）的环向对接接头的透照。

对于机电类特种设备的射线检测，常见的焊接接头形式主要包括起重机械中纵向对接接头、游乐设施中钢管环向对接接头等，因此常用透照方式有纵向对接接头单壁透照、环向对接接头单壁内（或外）透照、双壁单影透照、双壁双影透照，特殊情况下还可能涉及插入式管座焊缝的单壁单影、双壁单影透照等。

JB/T4730.2-2005适用于纵向对接接头单壁透照，环向对接接头单壁内（或外）透照、双壁单影透照、双壁双影透照；GB/T3323-2005除适用于上述接头形式外，还适用于管座焊缝、管座焊缝透照。

下面重点介绍纵向对接接头单壁透照、环向对接接头单壁内（或外）透照、双壁单影透照、双壁双影透照。

1.选择透照方式应考虑的因素

（1）透照灵敏度

在透照灵敏度存在明显差异的情况下，应选择有利于提高灵敏度的透照方式。例如，单壁透照的灵敏度明显高于双壁透照，在两种方式都能使用的情况下无疑应选择前者。

（2）缺陷检出特点

有些透照方式特别适合于检出某些种类的缺陷，可根据检出缺陷的要求的实际情况选择。

（3）透照厚度差和横向裂纹检出角

较小的透照厚度和横向裂纹检出角有利于提高底片质量和裂纹检出率。环向对接接头透照时，在焦距和一次透照长度相同的情况下，源在内透照法比源在外透照法具有更小的透照厚度差和横裂检出角，从这一点看，前者比后者优越。

（4）一次透照长度

各种透照方式的一次透照长度各不相同，选择一次透照长度较大的透照方式可以提高检测速度和工作效率。

（5）操作方便性

对一般机电类特种设备透照，源在外的操作更方便一些，所以多数情况下采用外透法。

（6）试件及探伤设备的具体情况

透照方式的选择还与试件及探伤设备情况有关。例如，当试件曲率半径过小时，源在内透照可能不能满足几何不清晰度的要求，因而不得不采用源在外的透照方式。使用移动式 X 射线机只能采用源在外的透照方式。使用 γ 射线源或周向 X 射线机时，选择源在内中心透照法对环向接头周向曝光，更能发挥设备的优点。

需要强调的是，在环向接头的各种透照方式中，以源在内中心透照周向曝光法为最佳。该方法透照厚度均一，横裂检出角为0°，底片黑度、灵敏度俱佳，缺陷检出率高，且一次透照整条环向接头，工作效率高，应尽可能选用。

但对于机电类特种设备的射线检测，该种透照方式一般较少涉及，多用于承压类特种设备的射线检测。

2.透照方式选择原则

应根据工件特点和技术条件的要求选择适宜的透照方式。按照现行常用检测标准的规定，在可以实施的情况下应选用单壁透照方式，在单壁透照不能实施时才允许采用双壁透照方式。

透照时射线束中心一般应垂直指向透照区中心，需要时也可选用有利于发现缺陷的方向透照。

（五）一次透照长度的确定

一次透照长度，即焊接接头射线照相一次透照的有效检测长度，对照相质量和工作效率同时产生影响。显然，选择较大的一次透照长度可以提高效率，但在大多数情况下，透照厚度比和横向裂纹检出角随一次透照长度的增加而增大，这对射线照相质量是不利的。

实际工作中一次透照长度选取受两方面因素的限制：一个是射线源的有效照射场的范围，一次透照长度不可能大于有效照射场的尺寸；另一个是射线检测标准的有关透照厚度比 K 值的规定，间接限制了一次透照长度的大小。

标准规定了透照厚度比 K 值，以现行标准 JB/T4730.2–2005 为例：纵缝 A 级和 AB 级检测，K 值不大于 1.03；纵缝 B 级检测，K 值不大于 1.01；环缝 A 级和 AB 级检测，K 值一般不大于 1.1，环缝 B 级检测值不大于 1.06。K 值与横向裂纹检出角 θ 有关，由图 7–3 可见：$θ=\arccos(1/K)$，而 θ 又与一次透照长度 L_3 有关，所以 L_3 的大小要按标准的规定通过计算求出。

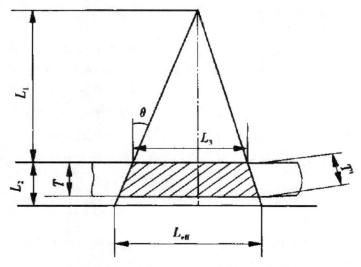

图 7-3 纵向对接接头单壁单影透照布置

透照方式不同，L_3的计算公式也不同。前述各种透照方式中，双壁双影法的一次透照有效检出范围，主要由其他因素决定，一般无须计算。除此以外的各种透照方式的一次透照长度以及相关参数如搭接长度△L、有效评定长度 L_{eff}、最少曝光次数 N 等均需计算得出。

下面以机电类特种设备射线检测中较为常用的一种透照方式——纵向对接接头单壁单影透照为例，介绍一次透照长度的确定方法。

纵向对接接头单壁单影透照布置如图 7-4 所示，按 JB/T4730.2-2005规定，A 级、AB级检测技术等级：K≤1.03；B 级 K≤1.01。

$$K=T'/T=1/\cos\theta（对应 A 级、AB/B 级要求的 K 值：\theta\leqslant13.86/8.07）$$

$$L_3=2L_1\tan\theta$$

一次透照长度：

$$A 级、AB 级检测技术等级 L_3\leqslant0.5L_1$$

$$B 级检测技术等级 L_3\leqslant0.3L_1$$

搭接长度：

$$\triangle L=L_2L_3/L_1$$

$$A、AB 级 \triangle L\leqslant0.5L_2$$

$$B 级 \triangle L\leqslant0.3L_2$$

底片的有效评定长度：

$$L_{eff}=L_3+\triangle L$$

其他较为常用的透照方式，如环向对接接头的透照，一次透照长度的确定方法将在后面射线检测典型工艺部分详细介绍。

三、曝光曲线的制作及应用

在实际工作中，通常根据工件的材质与厚度来选取射线能量、曝光量以及焦距等工艺参数，上述参数一般是通过查曝光曲线来确定的。曝光曲线是表示工件（材质、厚度）与工艺规范（管电压、管电流、曝光时间、焦距、暗室处理条件等）之间相关性的曲线图示。但通常只选择工件厚度、管电压和曝光量作为可变参数，其他条件必须相对固定。曝光曲线必须通过试验制作，且每台 X 射线机的曝光曲线各不相同，不能通用，因为即使管电压、管电流相同，如果不是同一台 X 射线机，其线质和照射率也是不同的。

此外，即使是同一台 X 射线机，随着使用时间的增加，管子的灯丝和靶也可能老化，从而引起射线照射率的变化。

因此，每台 X 射线机都应有曝光曲线，作为日常透照控制线质和照射率，即控制能量和曝光量的依据，并且在实际使用中还要根据具体情况作适当修正。

（一）曝光曲线的构成和使用条件

若横坐标表示工件的厚度，纵坐标表示管电压，曝光量为变化参数，则所构成的曲线称为厚度–管电压曝光曲线；若纵坐标用对数刻度表示曝光量，管电压为变化参数，所构成的曲线则称为厚度–曝光量曲线。几种典型的曝光曲线图例见图7–4、图7–5。

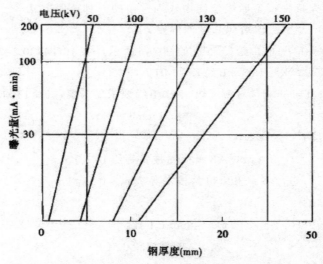

曝光曲线图例：90–150kV 射线，D7 胶片，焦距 900mm，D=2.0，铅箔增感

图 7–4　X 射线厚度–管电压曝光曲线

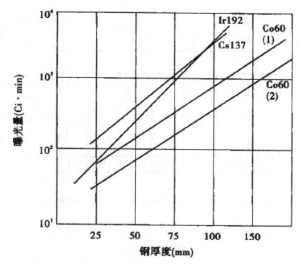

曝光曲线图例：γ射线源，D7胶片，D＝2.0，射源－胶片距离500mm，VC显影液，显
影5min，铅屏，射线源：Ir192，Cs137，Co60（1）铅屏，Co60（2）铜屏

图7－5 γ射线厚度－曝光量曝光曲线

任何曝光曲线只适用于一组特定的条件，这些条件包括：

（1）所使用的X射线机（相关条件、高压发生线路及施加波形、射源焦点尺寸及
固有滤波）。

（2）一定的焦距（常取700mm或800mm）。

（3）一定的胶片类型（通常为微粒、高反差胶片）。

（4）一定的增感方式（屏型及前后屏厚度）。

（5）所使用的冲洗条件（显影配方、温度、时间）。

（6）基准黑度（通常取2.0）。

上述条件必须在曝光曲线图上予以注明。

当实际拍片所使用的条件与制作曝光曲线的条件不一致时，必须对曝光量作相应
修正。

这类曝光曲线一般只适用于透照厚度均匀的平板工件，而对厚度变化较大、形状
复杂的工件，只能作为参考。

（二）曝光曲线的制作

曝光曲线是在机型、胶片、增感屏、焦距等条件一定的前提下，通过改变曝光参
数（固定管电压、改变曝光量或固定曝光量、改变管电压）透照由不同厚度组成的钢
阶梯试块（见图7－6），根据给定冲洗条件洗出的底片所达到的某一基准黑度（如
2.0），来求得厚度、管电压、曝光量三者之间关系的曲线。所使用的阶梯试块面积不
可太小，其最小尺寸应为阶梯试块厚度的5倍，否则散射线将明显不同于均匀厚度平
板中的情况。另外，阶梯试块的尺寸应明显大于胶片尺寸，否则要作适当遮边。

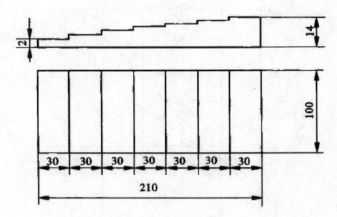

图 7-6 阶梯试块（单位：mm）

按有关透照结果绘制 E-T 曝光曲线的过程如下。

1.绘制 D-T 曲线

采用较小曝光量、不同管电压拍摄阶梯试块，获得第一组底片，再采用较大曝光量、不同管电压拍摄阶梯试块，获得第二组底片，用黑度计测定获得透照厚度与对应黑度的两组数据，绘制出 D-T 曲线图。

2.绘制 E-T 曲线

选定一基准黑度值，从两张 D-T 曲线图中分别查出某一管电压下对应于该黑度的透照厚度值。在 E-T 图上标出这两点，并以直线连线即得该管电压的曝光曲线。

（三） 曝光曲线的使用

从 E-T 曝光曲线上求取透照给定厚度所需要的曝光量，一般都应采用一点法，即按射线中心透照最大厚度确定与某一管电压相对应的 E，此时对透检区最小厚度所产生的黑度能否落在标准规定的范围未作考虑。

当需考虑厚度宽容度时，可用两点法或对角线法确定透照一定厚度范围达到规定黑度范围的曝光量，如图 7-7 所示。

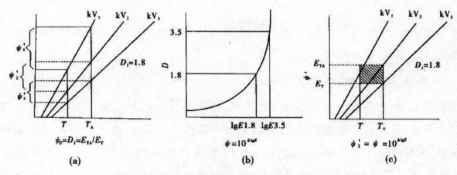

图 7-7 两点法确定管电压和曝光量

四、散射线的控制

散射线会使射线底片的灰雾度增大，底片对比度降低，影响射线照相质量。散射线对底片成像质量的影响与散射比 $n=I_s/I_p$ 成正比。

控制散射线的措施有许多，其中有些措施对照相质量产生多方面的影响。所以，选择技术措施时要综合考虑，权衡利弊。

（一）选择合适的射线能量

对厚度差较大的工件，散射比随射线能量的增大而减小，因此可以通过提高射线能量的方法来减少散射线。但射线能量值只能适当提高，以免对主因对比度和固有不清晰度产生不利的影响。

（二）使用铅箔增感屏

铅箔增感屏除具有增感作用外，还具有吸收低能散射线的作用，使用增感屏是减少散射线最方便、最经济、最常用的方法。选择较厚的铅箔增感屏减少散射线的效果较好，但会使增感效果降低，因此铅箔增感屏厚度也不能过大。实际使用的铅箔增感屏厚度与射线能量有关，而且后屏的厚度一般大于前屏。

（三）其他控制散射线的措施

应根据经济、方便、有效的原则选用措施，其中常用的措施有：

（1）背防护铅板：在胶片暗袋后加铅板，防止或减少背散射线。使用背防护铅板的同时仍须使用铅箔增感后屏，否则背防护铅板被射线照射时激发的二次射线有可能到达胶片，对照相质量产生不利影响。

（2）铅罩和光阑：使用铅罩和光阑可以减小照射场范围，从而在一定程度上减少散射线。

（3）厚度补偿物：在对厚度差较大的工件透照时，可采用厚度补偿措施来减少散射线。焊缝照相可使用厚度补偿块，形状不规则的小零件照相可使用流质吸收剂或金属粉末作为厚度补偿物。

（4）滤板：在对厚度差较大的工件透照时，可以在射线机窗口处加一金属薄板（称为滤板），可将 X 射线束中软射线吸收掉，使透过的射线波长均匀化，有效能量提高，从而减少边蚀散射。滤板可用黄铜、铅或钢制作。滤板厚度可通过计算或试验确定。

（5）遮蔽物：对试件小于胶片的，应使用遮蔽物，对直接被射线照射的那部分胶片进行遮蔽，以减少边蚀散射。遮蔽物一般用铅制作，其形状和大小视被检物的情况确定，也可使用钢铁和一些特殊材料（例如钡泥）制作遮蔽物。

（6）修磨工件：通过修整、打磨的方法减小工件厚度差，也可以视为减少散射线的一项措施。

五、暗室处理

射线检测一般需要三个工序过程，即射线穿透工件后对胶片进行曝光的过程，胶片的暗室处理过程以及底片的评定过程。胶片暗室处理不好，不仅直接影响底片质量以及底片的保存期，甚至会使透照工作前功尽弃，因为暗室处理是射线照相过程中的最后一个环节。此外，正确的暗室处理是透照工艺合理与否的信息反馈，为透照工艺的进一步改进提供依据。

胶片暗室处理按操作方式区分，有手工和自动之分。目前国内多数仍采用手工操作。处理程序主要包括显影、停显、定影、水洗和干燥五个过程。

（一）暗室条件要求

1.暗室设计

暗室是射线照相进行暗室处理的特殊房屋，是工业射线照相工作中不可缺少的设施。暗室设计应根据工作量的大小、显定影方式以及设施水平等具体条件统筹安排，但必须满足防辐射、不漏光、安全灯的安全可靠、室内机具布局合理、室内通风以及保持一定的温、湿度等要求。

2.暗室设备器材

暗室常用器材包括安全灯（三色灯）、温度计、天平、洗片槽、烘干箱等，有的还配有自动洗片机。

洗片机等设备的使用有专门的操作规程，其他设备使用时也有一些注意事项。

（1）安全灯

不同种类胶片具有不同的感光波长范围，此特征称为感色性。工业射线胶片对可见光的蓝色部分最敏感，而对红色或橙色部分不敏感，因此胶片冲洗过程用的安全灯采用暗红色或暗橙色。为保证安全，对新购置的安全灯应进行测试，对长期使用的安全灯也应作定期测试。

（2）药液配制器材

温度计用于配液和显影操作时测量药液温度，应选择量程大于 $50℃$，刻度为 $1℃$ 或 $0.5℃$ 的酒精玻璃温度计或半导体温度计；天平用于配液时称量药品，可采用称量精度为 $0.1g$ 的托盘天平，天平使用后应及时清洁，以防腐蚀造成称量失准；配液的容器应使用玻璃、搪瓷或塑料制品；也可用不锈钢制品，搅拌棒也应用上述材料制作，切忌使用铜、铁、铝制品，因为铜、铁、铝等金属离子对显影剂的氧化有催化作用。

（3）胶片处理器材

胶片手工处理可分为盘式和槽式两种方式。其中盘式处理易产生伪缺陷，所以目前多采用槽式处理。洗片槽用不锈钢或塑料制成，其深度应超过底片长度的 20% 以上，使用时应将药液装满槽，并随时用盖将槽盖好，以减少药液氧化。槽应定期清洗，保持清洁。

（二）显影液

1.显影液的组成、作用及配制

一般显影液中含有四种主要成分：显影剂、保护剂、促进剂和抑制剂，此外，有时还加入一些其他物质，例如坚膜剂和水质净化剂等。

显影液的作用是将已感光的卤化银还原为金属银。通过选择不同显影剂和不同的配方来调整显影性能。

显影液的配制应遵守下列规定：

（1）各种药品应按配方中规定的数量称重。

（2）溶剂水温应控制在50℃左右。

（3）按配方中规定的顺序溶解药品。

（4）一定要在前一种药品完全溶解后，再加入下一种药品。

（5）新配显影液应经过滤，停放24h后再使用。

（6）配制显影液的器皿应使用玻璃、搪瓷、塑料或不锈钢器皿，不可用黑色金属，以及含锌或铜的器皿。

显影液中虽然有亚硫酸钠起保护作用，但如长时间暴露在空气中，仍然会受氧化而失去显影能力。因此，显影液应密封保存，避免高温。槽中显影时应加盖保存，盘中显影时用毕应及时倒入瓶中密封保存，减少与空气接触时间，延长其使用寿命。

2.显影操作

（1）显影的目的及原理

显影的目的就是把胶片乳剂中已曝光形成的溴化银微晶体还原为金属银。

$2Ag^+ + 显影剂（还原剂）\rightarrow 2Ag + 显影剂的氧化物$

然后，用定影剂把未曝光部分的溴化银溶解去除，使不可见的潜影变成由银粒所组成的可见影像。

经射线透照曝光后的胶片，不能存放过久，不然，影像可能变淡，这是由于形成潜影的银会再次被氧化，这种现象称为潜影衰退。

胶片乳剂颗粒愈细，存放环境的温度愈高，则衰退愈快。

显影在整个胶片暗室处理过程中占有特别重要的地位。显影条件对感光材料的性能有直接影响，即使是同一种胶片，由于显影液配方、显影温度以及显影时间等的不同，所得底片的反差和黑度也各不相同。

（2）显影操作要点

胶片显影是一种化学反应，胶片显影效果，如底片黑度、衬度、灰雾度、颗粒度等，与显影液配方、显影时间、温度、搅动次数以及药液浓度等因素有关。应当把这些影响因素控制在满足胶片感光特征所规定的条件范围，这样可以得到最佳显影效果。当不能满足最佳显影条件时，必须了解其因果关系，保证显影质量。

1）显影时间。在其他条件固定的前提下，正确的显影时间能使底片获得黑度和衬度适中的影像。过分延长显影时间，胶片上被还原的金属银过多，影像黑度偏高，同时也使未曝光的溴化银粒子起作用，使底片灰雾度增大，并使银粒变粗，底片清晰度下降。显影时间过短，底片黑度下降，同样影响底片灵敏度。使用过分延长显影时间补救曝光不足或衰退的显影液使底片达到一定黑度的办法，或使用过分缩短显影时间补救曝光过度的胶片，都将影响底片灵敏度。当然，适当地延长和缩短显影时间，补救透照的曝光误差是允许的，但这是有限度的，常用普通胶片的显影时间一般为3~8min。优质底片只有曝光正确和显影正确才能获得。

2）显影温度。显影温度过高或过低，将造成显影过度和显影不足。显影温度过高，会使影像过黑，反差增大，灰雾度增高，银粒变粗，且易使感光膜过度膨胀，容易擦伤。当温度超过24℃时，感光膜便有溶化脱落的危险。显影温度过低，会造成影像淡薄、反差不足等问题，尤其是对显影剂对苯二酚的显影力影响较为明显。

显影液的温度通常控制在18~20℃，在此温度下，显影速度适中，药液不致过快氧化，感光膜不致过分膨胀。

3）搅动。搅动是指胶片显影中显影液的搅动或胶片的抖动（盘中显影为翻动）。其目的一是防止气泡附着乳剂表面使底片产生斑痕，二是去除乳剂膜面由于显影作用产生的显影液氧化物，使之与新鲜显影液接触，能得到均匀的显影。搅动对于潜影较多的部位尤为重要。如果显影时不搅动，可能由于胶片附着气泡产生白色斑点，或由于胶片表面存在显影生成的沉积物造成条纹状影像。显影时的搅动，加速显影作用，可以增大反差，缩短显影时间，一般以每分钟三次为宜。

4）显影液浓度。显影液除不断与胶片的乳剂中的溴化银反应而消耗外，同时与空气接触氧化而浓度下降。显影液浓度过低，影像黑度及反差将明显下降，影响底片灵敏度。一般情况下，每平方米胶片消耗300~400mL显影液。为了维持显影稳定性，可适当延长显影时间，弥补由于显影液浓度降低引起的影像黑度差。但延长显影时间是有限度的，当显影液浓度显著下降时，必须更换，否则将严重影响底片灵敏度。最好的办法是不断加入显影补充液，以维持显影液浓度稳定。每次添加的补充液最好不要超过槽中显影液总体积的20%或30%，当加入的补充液达到原显影液体积的两倍时，药液必须废弃。

（三）定影液

1.定影液的组成、作用及配制

定影液包含四种成分：定影剂、保护剂、坚膜剂、酸性剂，其作用是从乳剂层中除去感光的卤化银而溶解在定影液中。

配制定影液和配制显影液一样，需要遵循某些原则，否则会引起药品分解失效。

2.定影操作

（1）定影的目的及原理

定影的目的就是去除显影后胶片中没有还原成金属银的感光物质，同时不损害金属银影像，使底片呈现透明状态，把经显影后的图像固定下来。

曝光后的胶片经过显影和停影处理，乳剂膜中只有一部分感光的卤化银被还原成黑色金属银粒组成的可见图像，约占70%的不透明的卤化银残留在胶片乳剂膜中，它不仅影响底片的透明性，而且在光照下会继续与光线起光化作用，逐渐变成黑色，使显影中得到的图像遭受破坏。因此，显影后的胶片必须经过定影处理。

在定影处理中，多数采用硫酸钠来溶解卤化银。硫代硫酸钠与卤化银起化学反应，形成能溶于水的比较复杂的银的络合物，但与胶片中已还原的金属银却不起作用。

（2）定影操作要点

影响定影的因素主要有定影时间、定影温度、定影液老化程度以及定影时的搅动。

1）定影时间。定影过程中，胶片乳剂膜的乳黄色消失，变为透明的现象称为通透。从胶片放入定影液直至通透的这段时间称为通透时间。通透现象意味着显影的卤化银已被定影剂溶解，但要使被溶解的银盐从乳剂中渗出进入定影液，还需要附加时间。因此，定影时间明显多于通透时间。为保险起见，规定整个定影时间为通透时间的两倍。

定影速度因定影配方不同而异，同时还受以下因素影响：卤化银的成分、颗粒的大小、乳剂层厚度、定影温度、搅动以及定影液老化程度。在标准条件下，采用硫代硫酸钠配方的定影液，所需的定影时间一般不超过15rnin。如采用硫代硫酸铵作为定影剂，定影时间将大大缩短。

2）定影温度。温度影响到定影速度，随着温度的升高，定影速度将加快。但如果温度过高，胶片乳剂膜过度膨胀，容易造成划伤或药膜脱落。因此，需要对定影温度作适当控制，通常规定为16~24℃。

3）定影液老化程度。定影液在使用过程中定影剂不断消耗，浓度变小，而银的络合物和卤化物不断积累，浓度增大，使得定影速度越来越慢，所需时间越来越长，此现象称为定影液的老化。老化的定影液在定影时会生成一些较难溶解的银络合物，经过水洗也难以除去，仍残留在乳剂层中，经过若干时间后，会分解出硫化银，使底片变黄。所以，对使用的定影液，当其需要的定影时间已长到新液所需时间的两倍时，即认为已经失效，需要换新液。

4）定影时的搅动。搅动可以提高定影速度，并使定影均匀。在胶片刚放入定影液中时，应作多次抖动。在定影过程中，应适当搅动，一般每两分钟搅动一次。

（四）水洗及干燥

1.水洗

胶片在定影后，应在流动的清水中冲洗20-30min，冲洗的目的是将胶片表面和乳剂膜内吸附的硫代硫酸钠以及银络合物清除掉，否则银络合物会分解产生硫化银、硫代硫酸钠也会缓慢地与空气中水分和二氧化碳作用，产生硫和硫化氢，最后与金属银作用生成硫化银。硫化银会使射线底片变黄，影像质量下降。为使射线底片具有稳定的质量，能够长期保存，必须进行充分的水洗。

推荐使用的条件是采用16~22℃的流动清水冲洗底片。但由于冲洗用水大多使用自来水，水温往往超出上述范围，当水温较低时，应适当延长水洗时间；当水温较高时，应适当缩短水洗时间，同时应注意保护乳剂膜，避免损伤。

2.干燥

干燥的目的是去除膨胀的乳剂层中的水分。

为防止干燥后的底片产生水迹，可在水洗后、干燥前进行润湿处理，即把水洗后的湿胶片放入润湿液（浓度为0.3%的洗涤剂水溶液）中浸润约1min，然后取出使水从胶片表面流光，再进行干燥。

干燥的方法有自然干燥和烘箱干燥两种。

自然干燥是将胶片悬挂起来，在清洁通风的空间晾干。烘箱干燥是把胶片悬挂在烘箱内，用热风烘干，热风温度一般不应超过40℃。

六、射线检测工艺

射线检测工艺有两种，一种称通用工艺，另一种称专用工艺。

通用工艺依照有关管理法规和技术标准，结合本单位具体情况编制而成。其内容除包括从试件准备直至资料归档的射线检测全过程外，还包括对人员、设备、材料的要求以及一些基本技术数据。

专用工艺的内容比较简明，主要是与透照有关的技术数据，用于指导给定试件的透照工作。因其通常用卡片形式填写，所以有时称为检测工艺卡。

下面分别介绍两种工艺的主要内容及编制方法。

（一）射线检测通用工艺

通用工艺是本单位射线检测的通用工艺要求，应涵盖本单位全部检测对象。按照《特种设备无损检测人员考核与监督管理规则》规定，通用工艺应由III级检测人员编制，无损检测责任师审核，单位技术负责人批准。通用工艺主要包括以下部分。

1.主题内容和适用范围

主题内容：通用工艺规程主要包括的检测对象、方法、人员资格、设备器材、检测工艺技术、质量分级等。

适用范围：适用范围内的材质、规格、检测方法和不适用的范围。

通用工艺的编制背景：依据什么标准编制，满足什么安全技术规范、标准要求。

工艺文件审批和修改程序，工艺卡的编制规则。

2.通用工艺的编制依据（引用标准、法规）

依据被检对象选择现行的安全技术规范和标准，安全技术规范如《起重机械监督检验规程》等，标准包括产品标准如 GB18159-2008《滑行类游艺机通用技术条件》、检测标准如 GB/T3323-2005《金属熔化焊焊接接头射线照相》等。凡是被检对象涉及的规范、标准均应作为编制依据（引用标准）。

设计文件、合同、委托书等也应作为编制依据写入检测通用工艺中，并在检测通用工艺中得到严格执行。

3.对检测人员的要求

检测通用工艺中应当明确对检测人员的持证要求以及各级持证人员的工作权限和职责，现行法规对检测人员的具体要求如下：

（1）检测人员应按照《特种设备无损检测人员考核与监督管理规则》的要求取得相应超声波检测资格。

（2）取得不同级别检测资格的检测人员只能从事与其资格相适应的检测工作并承担相应的技术责任。Ⅰ级检测人员可在Ⅱ、Ⅲ级检测人员的指导下进行检测操作、记录检测数据、整理检测资料；Ⅱ级检测人员可编制一般的检测程序，按照检测工艺规程或在Ⅲ级检测人员指导下编写检测工艺卡，并按检测工艺独立进行检测，评定检测结果，签发检测报告；Ⅲ级检测人员可根据标准编制检测工艺，审核或签发检测报告，协调Ⅱ级检测人员对检测结论的技术争议。

4.设备、器材

列出本工艺适用范围内使用的所有设备、器材的产品名称、规格型号。

对设备、器材的质量、性能、检验要求应写入工艺中。

通用工艺应当明确在什么条件下使用什么样的设备、器材，明确所用的设备、器材在什么情况下应当如何校验。

5.技术要求

通用工艺应明确检测的时机，并符合相关规范和标准的要求。例如，规范及标准一般规定检测时间原则上应在焊后 24h。

通用工艺应该明确各部分的检测比例、验收级别、返修复检要求、扩检要求。这些技术要求有的可以放到专用工艺中。

6.检测方法

按上述要求依据标准说明检测的方法，包括检测表面的制备、透照方式的选择原则、几何参数和透照参数的确定依据、缺陷的评定和记录、质量评定规则、复验要求等。

本项内容中的各项内容应当完整、具体，具有可操作性。

对检测中的工艺参数更要规定得具体详细或制成图表的形式供检测人员使用。

本项应结合检验单位和被检对象的实际情况编写，对未涉及或不具备条件的检测方法等内容不要写到工艺中。

7.技术档案要求

通用工艺应当对检测中的技术档案作出规定，包括档案的格式要求、传递要求、保管要求。

格式要求：明确检测工艺卡、检测记录、检测报告的格式。

传递要求：明确各个档案的传递程序、时限、数量以及相关人员的职责与权限。

保管要求：工艺中应该规定技术档案的存档要求，不低于规范、标准关于保存期的要求，到期后若用户需要可转交用户保管的要求。

（二）射线检测专用工艺

专用工艺是通用工艺的补充，是针对特定的检测对象，明确检测过程中各项具体的技术参数。它一般由II级或III级检测人员编制，是用来指导检测人员进行检测工作的。当通用工艺未涵盖被检对象或用户有要求及检测对象重要时应编制专用工艺规程或工艺卡。

1.射线检测专用工艺的主要内容

（1）工艺卡编号：按照检验检测机构的程序文件规定编制。

（2）工件（设备）原始数据：包括工件（设备）名称、材质、规格尺寸、焊接方法、坡口形式、表面及热处理状态、检测部位等。

（3）规范标准数据：包括工件（设备）制造安装标准和检测技术标准、检测技术等级、检测比例、底片质量要求、合格级别等。

（4）检测方法及技术要求：包括选定的检测设备器材、透照方式、射线能量、焦距和其他曝光参数等。

（5）特殊的技术措施及说明：对复杂的试件或特殊的工作条件，需要增加一些措施或说明。

（6）有关人员签字：专用工艺常用工艺卡的形式表现。

2.射线检测专用工艺的编制

射线检测专用工艺的编制大致分为以下五个步骤：

（1）透照准备：明确试件的质量验收标准和射线照相标准，熟悉理解有关内容，了解和掌握试件的情况与有关技术数据。

（2）透照条件选择：根据试件的特点、有关技术要求和实际情况，选择设备、器材、透照方式、曝光参数，以及有关技术措施。透照条件必须满足标准规定的要求。在选择透照条件时，应尽量设法提高灵敏度，同时兼顾工作效率和成本因素。

（3）透照条件验证：对选择的透照条件，必要时应进行试验验证。

（4）透照工艺文件形成：根据选择的透照条件和验证结果，填写表卡，形成书面文件。

（5）审批：对编制出的文件，按规定完成审核、批准手续，即成为正式的工艺文件。

当产品设计资料、制造加工工艺规程、技术标准等发生更改，或者发现检测工艺卡本身有错误或漏洞，或检测工艺方法有改进等时，都要对检测工艺卡进行更改。更改时，需要履行更改签署手续，更改工作最好由原编制和审核人员进行。

（三）射线检测典型透照

对于机电类特种设备的射线检测较为常用的透照方式有纵向对接接头单壁透照和环向对接接头单壁透照、双壁单影透照、双壁双影透照，本部分以此为重点进行介绍。

1.纵向对接接头单壁透照

纵向对接接头单壁透照如图7-8所示，首先计算出一次透照长度L_3，透照次数$N=L/L_3$，根据计算结果取整，其中L是待检焊接接头的长度。

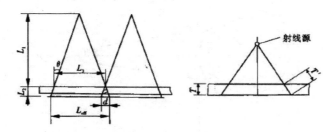

图7-8 纵向对接接头单壁透照

2.环向对接接头透照

JB/T4730.2-2005和GB/T3323-2005规定：环缝透照厚度比K值，A级和AB级不大于1.1，B级不大于1.06。

（1）单壁外照法

如图7-9所示，采用单壁外照法100%透照环缝时，满足一定厚度比K值要求的最少曝光次数N可由下式确定：

$$N = \frac{360°}{2\alpha} = \frac{180°}{\alpha}$$

式中

$$\alpha = \theta - \eta$$

$$\theta = \arccos\left[\frac{1 + (K^2 - 1)T/D_0}{K}\right]$$

$$\eta = \arcsin\left(\frac{D_0}{D_0 + 2L_1}\sin\theta\right)$$

式中 α——与AB/2对应的圆心角；

θ——最大失真角或横裂检出角；

η——有效半辐射角；

K——透照厚度比；

T——工件厚度；

D_0——容器外直径。

当 $D_0 \gg T$ 时，$\theta \approx \arccos K^{-1}$。

求出曝光次数后，进一步可求出射线源侧焊缝的一次透照长度 L_3 和胶片侧焊缝的等分长度 $L_3{}'$，以及底片上有效评定长度 L_{eff} 和相邻两片的搭接长度 $\triangle L$。

$$L_3 = \pi D_0/N$$

$$L_3{}' = \pi D_i（D_i 为容器内直径）$$

$$L_{eff} = \triangle L/2 + L_3 + \triangle L/2$$

$$\triangle L = 2T \cdot \tan\theta$$

实际透照时，如搭接标记放在射线源侧焊缝透照区两端，则底片上搭接标记之间的长度范围即有效评定长度 L_{eff} 无须计算。

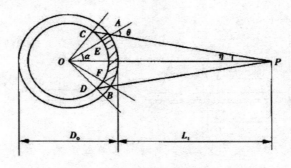

图 7-9　单壁外照法布置

（2）单壁内照法

1）内照中心法。采用此法时，焦点位于圆心胶片单张或逐张连接覆盖在环缝外壁上进行射线照相。这种透照布置透照厚度比 $K=1$，横向裂纹检出角 $\theta \approx 0°$，一次透照长度可为整条环缝长度。

2）内照偏心法。

①内照法。如图 7-10 所示，用 $F < R$ 的偏心法 100% 透照时，最少曝光次数 N 和一次透照长度由下式确定：

$$N = \frac{180°}{\alpha}$$

式中

$$\alpha = \eta - \theta$$

$$\theta = \arccos \left[\frac{1 + \left(K^2 - 1\right)T/D_i}{K} \right]$$

$$\eta = \arcsin \left(\frac{D_i}{D_i + 2L_1} \sin\theta \right)$$

当 $D_0 \gg T$ 时，$\theta \approx \arccos K^{-1}$

$$L_3 = \pi D_i/N$$

$$L_3{}' = \pi D_0/N$$

$$\triangle L = 2T \cdot \tan\theta （\triangle L/2 = T \cdot \tan\theta）$$

$$L_{eff} = L_3' + \triangle L$$

当 F<R 时，随着焦点偏离圆心距离的增大，即焦距 F 的缩短，若分段曝光的一次透照长度一定，则透照厚度比 K 值增大，横裂检出角 θ 也增大；若 K 值、θ 值一定，则一次透照长度 L_3 缩短。

②内照法（F>R）。如图 7-11 所示，应用 F>R 的偏心法透检的最少曝光次数 N 和一次透照长度 L_3 按下列方法确定：

$$N = \frac{180°}{\alpha}$$

式中

$$\alpha = \theta - \eta$$

$$\theta = \arccos\left[\frac{1 + (K^2 - 1)T/D_0}{K}\right]$$

$$\eta = \arcsin\left(\frac{D_0}{2F - D_0}\sin\theta\right)$$

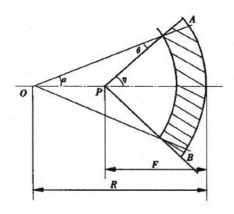

图 7-10　内照法（F<R）布置

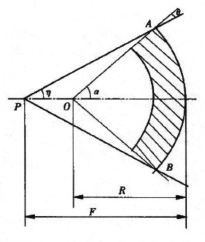

图 7-11　内照法（F>R）布置

当 $D_0 \gg T$ 时，$\theta \approx \arccos K^{-1}$

$$L_3 = \pi D_0 / N$$

$$L_3' = \pi D_i / N$$

$$L_{eff} = L_3'$$

当 F>R 时，焦点位置引起的相关几何参数也以圆心为基准。当焦点远离圆心，即 F 增大时，若 L_3 不变，则 K 增大，θ 增大。当 F 减小时，若 K、θ 不变，则 L_3 增大。

用内照偏心法时，在满足 U_g 的前提下，焦点靠近圆心位置能增加有效透照长度。

用内照偏心法时，如果使用普通的定向机照射，则一次可检范围取决于 X 射线最大辐射角内放射强度的均匀性，即应考虑靶的倾角效应产生的曝光量的不均匀性。

（3）双壁透照

1）双壁单影法。如图 7-12 所示，双壁单影法 100% 透检环缝时的最少曝光次数 N 和一次透照长度 L_3 可按下列方法确定：

$$N = \frac{180°}{\alpha}$$

式中

$$\alpha = \theta + \eta$$

$$\theta = \arccos D_{eff} = 2\sqrt{\frac{A}{\pi}}$$

$$\eta = \arcsin\left(\frac{D_0}{2F - D_0}\sin\theta\right)$$

当 $D_0 \gg T$ 时，$\theta \approx \arccos K^{-1}$

$$L_3 = \pi D_0 / N$$

$$L_{eff} = L_3$$

对双壁单影法中的拍片数量可作如下讨论：

当 $F \to D_0$ 时，$\alpha \to 2\theta$，由于 N=180°/α，取 θ=15°，$N_{min}=6$，即最少拍片数量为 6 张；当 $F \to \infty$ 时，$\alpha \to \theta$，由于 N=180°/α，取 θ=15°，$N_{max}=12$，最多拍片数量为 12 张。

环缝透照搭接标记的放置同其他标记放置，应距焊缝边缘至少 5mm。在双壁单影或源在内（F>R）的透照方式下，应放在胶片侧，其余透照方式下应放在射线源侧。

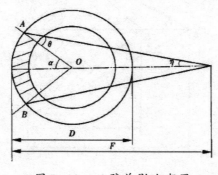

图 7-12　双壁单影法布置

像质计的放置按 JB/T4730-2005 和 GB/T3323-2005 标准要求。对于外径大于 100mm 的钢管对接接头，像质计置于底片有效长度的 1/4 处。另外，对于环向对接接头透照，在满足几何不清晰度的要求前提下，焦距 F 与半径 R 的值越接近，K（θ）值越小或一次透照长度越大。

2）双壁双影法。双壁双影法主要用于外径小于或等于 100mm 的钢管对接接头。按照被检接头在底片的影像特征，又分椭圆成像和重叠成像两种方法。一般情况下采用椭圆成像法，只有在特殊情况下，才使用重叠成像法。

① 椭圆成像法透照布置。胶片暗袋平放，视线焦点偏离焊缝中心平面一定距离（称偏心距 S_0），以射线束的中心部分或边缘部分透照被检焊缝，如图 7-13 所示。偏心距应适当，可根据椭圆开口宽度 g 的大小确定：

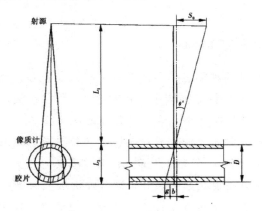

图 7-13 双壁双影法布置

$$S_0 = L_1（b+g）/L_2$$

式中 b——焊缝宽度；

g——椭圆开口宽度。

按现行常用射线检测标准，椭圆开口宽度通常取一倍焊缝宽度。偏心距的大小影响底片的评定。太大则根部缺陷（裂纹、未焊透等）可能漏检，或者因影像畸变过大难以评定；太小又会使源侧焊缝与片侧焊缝热影响区不易分开。用双壁双影法透照时，对于外径大于 76mm 的钢管且小于或等于 89mm 的钢管其焊缝至少分两次透照，两次间隔 90°；对于外径小于或等于 76mm 的钢管，如果现场条件不允许，也可允许椭圆一次成像，但应采取有效措施保证检出范围。

② 重叠成像法。特殊情况下，为重点检测根部裂纹和未焊透，可使射线垂直透照焊缝，此时胶片宜弯曲贴合焊缝表面，以尽量减小缺陷到胶片的距离。当发现不合格缺陷后，由于不能分清缺陷是处于射源侧或胶片侧焊缝中，一般多作整圈返修处理。

③ 像质计的放置。双壁双影法透照时，当 Φ≤76mm 时，应采用 JB/T4730-2005 标准附录 F 规定的 II 型专用像质计，一般应放置在环缝上余高中心处。当 Φ≤89mm 时，其焊缝透照一般应采用 JB/T4730 附录 F 规定的 I 型专用像质计，一般放置在被检区一

端的胶片与管表面之间，放置方向为金属丝与焊缝方向平行。

小径管透照时在源侧焊缝附近必须放置中心定位标记和片号等识别标记。

第三节　射线检测在机电特种设备中的应用

对于机电类特种设备的射线检测，涉及的焊接接头形式主要包括起重机械对接接头，游乐设施、索道钢架中钢管环向对接接头。因此，常用透照方式有纵向对接接头单壁透照，环向对接接头的单壁透照、双壁单影透照、双壁双影透照，特殊情况下还可能涉及插入式管座焊缝的单壁单影、双壁单影透照，角焊缝的透照。

本节以起重机械、游乐设施为例，介绍射线检测在机电类特种设备中的具体应用。

一、起重机械的射线检测

起重设备中较为典型的种类包括门式起重、桥式起重等，该类设备中，作为承重的主梁，其焊接接头形式包括对接接头、T形接头、角接接头，而射线检测主要适用于对接接头的检测，下面以此为重点介绍其具体应用。

通用桥式起重机是一种常见的起重设备，它的特点是起重量大，一般起重量在几十吨到几百吨，在使用过程中桥式起重机上、下盖板受力较大，上、下盖板对接接头是一个薄弱环节，通常采用射线或超声波检测其焊接接头的质量。

下面以桥式起重机上、下盖板对接接头为例，介绍射线检测在起重机械制造过程中的具体应用。

构件主体材质 Q235，规格尺寸如图7-14所示，焊接方法为埋弧自动焊，上、下盖板对接接头采用射线检测，执行标准 JB/T4730.2-2005，检测技术等级 AB 级，检测比例100%，合格级别 II 级。

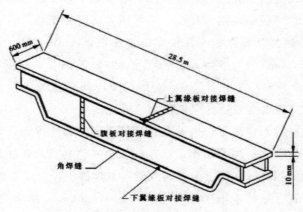

图7-14　通用桥式起重机上、下盖板

具体检测方案及工艺确定如下。

（一）检测前的准备

1.待检工件表面的清理

焊接接头检测区域的宽度应是焊缝本身再加上两侧各10mm的区域，检测前应清除该区域内的飞溅、铁屑、油污及其他可能影响底片评定的杂物。

2.设备器材的选择

射线检测常用射线源种类、特点及相应设备器材，起重设备中多数规格构件的检测选用X射线机即满足检测要求，加之通常情况下采用X射线可以获得更好的像质，所以上述规格（T=10）盖板对接接头的射线检测选用2005或2505规格系列的X射线机均可。

上述构件材质为普通碳钢，可焊性良好，不易产生裂纹类缺陷，所以胶片选择中粒、中速的T3类（JB/T4730.2-2005）或C5类（GB/T3323-2005）即可，胶片规格根据一次透照长度进行选择，即360mm×80mm。

根据构件材质（Q235），像质计选择较为常用的FE系列，查JB/T标准，AB级（A级）检测技术等级，透照厚度10mm时应显示的像质计线径为0.20mm（13号），所以像质计规格选择FE10-16。

（二）检测时机

焊缝外观检查合格后方可进行射线检测，对裂纹敏感性材料，应在焊后24h进行检测。

（三）透照方式及几何布置

按照构件制作程序，先拼接，检测合格后再组对，所以透照方式为直缝（纵缝）单壁透照，考虑满足标准要求兼顾检测效率因素，焦距选择为600~700mm，按AB级检测技术等级，考虑胶片规格因素，一次透照长度为300~350mm，焊缝总长600mm，所以透照次数为2次。

（四）曝光参数的选择

根据标准要求，对应透照厚度10mm钢材，其最高管电压应不超过180kV，此外，射线能量的选择原则是：在保证穿透的情况下，尽可能选择较低的管电压（射线能量）。查随机曝光曲线，可选择管电压160kV，曝光时间3min。

（五）其他技术要求

根据透照现场具体情况，当周边构件可能产生较多散射线时，可在胶片背部用薄铅板进行必要的防护。

（六）暗室处理及底片评定

（七）缺陷返修部位的标识与返修复检

缺陷返修部位以记号笔加以清楚标注，返修部位按原文件规定的方法进行复检。

（八）检测记录和报告的出具

（1）采用的记录和报告要符合规范、标准的要求及检测单位质量体系文件的规定。

（2）记录应至少包括下列主要内容：

工件技术特性（包括工件名称、编号、材质、规格、焊工号、焊缝代号、坡口形式、表面情况等）、检测设备器材（包括射线胶片种类规格、像质计种类型号等）、透照方法（包括焦距、透照几何布置简图等）、布片图、曝光参数（管电压、管电流、曝光时间等）、底片评定结果（缺陷种类、数量、评定级别等）、检测时间、检测人员/底片评定人员。

（3）报告的签发。报告填写要详细清楚，并由II级或III级检测人员（RT）审核、签发。检测报告至少一式两份，一份交委托方，一份检测单位存档。

（4）记录和报告的存档。相关记录、报告、射线底片应妥善保存，保存期不低于技术规范和标准的规定。桥式起重机盖板对接接头射线检测工艺卡见表7-3。

表7-3 桥式起重机盖板对接接头射线检测工艺卡

工艺卡编号：HNAT-RT-2011-03

产品名称	通用桥式起重机	产品编号	20120216	检测部位	盖板对接接头
产品规格（mm × mm × mm）	28500 × 6000 × 10	主体材质	Q235	焊接方法	埋弧自动焊
执行标准	JB/T4730.2-2005	检测技术等级	AB	验收级别	II
射线源	理学 2505	声占尺寸（mm）	2x2	检测时机	焊后24h
胶片牌号	爱克发 D7	胶片规格（mm × mm）	360 × 80	增感屏	前后 Pb 0.1mm
像质计型号	FE-10/16	像质计灵敏度	12	底片黑度	2.0~3.0
显影液配方	天津套药	显影时间	5~8min	显影温度	20 ± 2℃

焊缝编号	焊缝长度（mm）	检测比例	透照方式	透照厚度（mm）	焦距（mm）	透照次数	一次透照长度（mm）	管电压或源活度	曝光时间（min）
SGB1	600	100%	单壁	10	700	2	300	180kV	3
SGB2	600	100%	单壁	10	700	2	300	180kV	3
透照布置									

续表

产品名称	通用桥式起重机	产品编号	20120216	检测部位	盖板对接接头
技术要求及说明	1.防护要求：（1）应按GB18465（16357）规定设置控制区、监督区，设置警告标识； （2）检测作业时测定控制区辐射水平，应在规定范围之内； （3）检测作业人员佩戴个人剂量仪并携带报警仪。 2.像质计摆放：像质计置于源侧，垂直横跨焊缝。 3.标记摆放：（1）所有识别标记离焊缝边缘距离不小于5　mm； （2）所有标记的影像不应重叠且不干扰底片有效评定范围内的影像评定； （3）标记应齐全（包括定位标记和识别标记）				

二、大型游乐设施的射线检测

大型游乐设施中钢架通常采用钢管焊接制作，其中对接接头可采用射线检测的方法检查质量。

摩天轮是高空旋转设备的一种（见图7-15），它能够把人们带到距地面几十米高的空中享受高瞻远瞩，但它也会给人们带来高空的危险，而摩天轮支撑架是其重要的承载构件，其结构及焊缝布置如图7-16、图7-17所示。

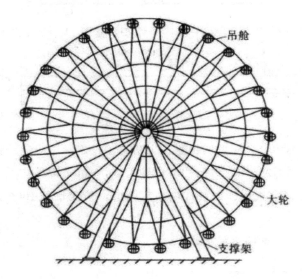

图7-15　摩天轮示意图

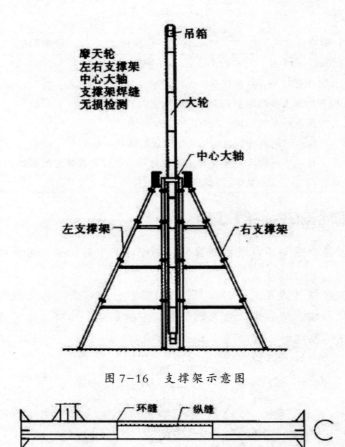

图7-16　支撑架示意图

图7-17　支腿焊缝布置图

下面以摩天轮为例，介绍射线检测在大型游乐设施制造安装过程中的具体应用。

该构件主体材质Q235，规格尺寸每段管长2000mm，焊接方法为手工焊，支腿对接接头采用射线检测，执行标准JB/T4730.2-2005，检测比例100%，合格级别：纵缝II级，环缝III级。

具体检测方案及工艺确定如下。

（一）检测前的准备

1.待检工件表面的清理

2.设备器材的选择

本构件焊缝采用中心法透照（环缝内透照特例），透照方式与前例不同，但能量（射线源）选择与前例类似，透照壁厚T=12mm，纵缝透照选用定向2005或2505规格系列的X射线机，环缝透照选用周向2005或2505规格系列的X射线机。

胶片类型、规格选择同前例。

本构件材质（Q235）与前例相同，所以像质计仍选择较为常用的FE系列，查JB/

T 标准，AB 级（A 级）检测技术等级，透照厚度 12mm 时应显示的像质计线径为 0.20mm（13 号），所以像质计规格仍选择 FE10-16。

（二）检测时机

焊接接头外观检查合格后方可进行射线检测。

（三）透照方式及几何布置

按照构件制作程序，先纵向对接，检测合格后再环向对接，考虑管径 650mm，满足单壁透照布置，所以纵焊缝采用单壁外照法。

环缝检测时，通过计算或查标准中诺模图，按 AB 级检测技术等级，射源至工件距离应不小于 180mm，该构件如果环焊缝采用中心透照法，射源至工件距离 325-24=301（mm），满足要求。

几何条件方面，纵焊缝单壁外照法同前例，焦距选择为 600-700mm，按 AB 级检测技术等级，考虑胶片规格因素，一次透照长度为 300-350mm，透照次数为 6 次。

环焊缝中心透照法，因为射线源置于管中心，一次透照可完成整周环缝透照，所以焦距为 325mm，一次透照长度为环缝周长。

（四）曝光参数的选择

纵焊缝单壁外照法同前例。

环焊缝中心透照法，由于焦距较短，据平方反比定律，曝光时间可相应缩短，管电压也可适当降低，通过计算并查曝光曲线，确定曝光参数为 150kV，2min。

（五）其他技术要求

纵焊缝单壁外照法时散射线的防护要求同前例。

环焊缝中心透照法时，按照标准规定，应在周向均布 3 个像质计，由于一次透照长度等于有效评定长度，所以标记置于源侧或胶片侧均可。

暗室处理、底片评定、缺陷返修部位的标识与返修复检、检测记录和报告的出具同前例。摩天轮支腿焊接接头射线检测工艺卡见表 7-4。

表 7-4 摩天轮支腿焊接接头射线检测工艺卡

工艺卡编号：HNAT-RT-2011-07

设备名称	摩天轮	检测部位	支腿对接纵环焊缝	主体材质	Q235
规格	φ650mm×12mm	产品材质	Q235	焊接方法	手工焊
执行标准	GB/T3323-2005	检测技术等级	AB	验收级别	纵Ⅱ环Ⅲ
射线源	X射线	焦点尺寸（mm）	2×2	检测时机	焊后24h
胶片牌号	爱克发 D7	胶片规格	360mm×80mm	增感屏	前后 Pb0.1mm

设备名称	摩天轮	检测部位	支腿对接纵环焊缝	主体材质	Q235
像质计型号	FE-10/16	像质计灵敏度值	12	底片黑度	2.0~3.0
显影液配方	天津套药	显影时间	5~8min	显影温度	20±2℃

焊缝编号	焊缝长度（mm）	检测比例	透照方式	透照厚度（mm）	焦距（mm）	透照次数	一次透照长度（mm）	管电压或源活度	曝光时间（min）
A1	2000	100%	单壁外照	12	700	6	350	160	3
B1	2041	100%	中心法	12	325	1	2041	150	2

透照布置	

纵缝单壁外照

环焊缝中心透照

周向射线机
射线胶片
环焊缝

像质计　底片编号
搭接标记　中心标记

技术要求及说明	1.防护要求：（1）应按 GB18465（16357）规定设置控制区、监督区，设置警告标识； （2）检测作业时测定控制区辐射水平，应在规定范围之内； （3）检测作业人员佩戴个人剂量仪并携带报警仪。 2.像质计摆放：像质计置于源侧，垂直横跨焊缝。 3.标记摆放：（1）所有识别标记离焊缝边缘距离不小于5mm； （2）所有标记的影像不应重叠且不干扰底片有效评定范围内的影像评定； （3）标记应齐全（包括定位标记和识别标记）

第八章　超声波检测在机电特种设备的应用

第一节　概述

一、引言

超声波检测是利用超声波在物质中的传播、反射和衰减等物理特性来发现缺陷的一种无损检测方法。同射线检测一样，也是工业无损检测的一个重要专业门类，属常规无损检测方法之一。其最主要的应用也是探测试件内部的宏观几何缺陷。

按照不同特征（使用的超声波种类、检测方法和技术特点等）可将超声波检测分为多种不同的方法。按超声波类型可分为纵波、横波和表面波等，按波源振动持续时间可分为连续波、脉冲波，按探头与工件的接触方式可分为直接接触法和液浸法，而根据检测对象和技术特点又包括原材料检测、焊接接头检测等。

机电类特种设备的超声波检测其主要检测对象为锻件和各类焊接接头，检测方法以较为传统的直接接触脉冲反射法为主，该方法是最基本、应用最广泛的一种超声波检测方法。

二、超声波检测原理

超声波检测是利用材料及其缺陷的声学性能差异，通过对超声波的反射、透射、衍射情况和能量变化情况的判定来检测材料的内部缺陷。

超声波换能器（探头）产生的超声波透入待检工件，在传播过程中会发生衰减，遇界面还会产生反射，如果其传播路径上存在缺陷，相当于不同介质间的交界面，超声波在交界面上将会发生反射、衍射等物理现象，反射、衍射的超声波信号又被换能器（探头）接收到并在超声波探伤仪显示屏幕中以波形形式显示出来，检测人员通过上述波形的位置、高度、形状等信息来进行缺陷判定和评级。

与射线检测相比，超声波检测具有灵敏度高、探测速度快、成本低、操作方便、探测厚度大、对人体和环境无害，特别是对裂纹、未熔合等危险性缺陷检测灵敏度高等优点，但也存在与操作者的水平和经验有关的缺点。实际应用中常与射线检测配合使用，以提高检测结果的可靠性。

第二节　超声波检测工艺方法与通用技术

一、超声波检测方法分类及特点

（一）按原理分类的超声波检测方法

超声波检测方法依其原理，可分为脉冲反射法、穿透法和共振法。

机电类特种设备的超声波检测目前主要采用脉冲反射法，随着新技术的应用，TOFD检测技术呈快速发展趋势，因此本节重点介绍脉冲反射法，并对TOFD检测技术作一概要介绍。

1.脉冲反射法

脉冲反射法简称反射法，它是把超声脉冲发射到被检测材料内，检测来自内部的或底面的反射波，根据反射波的情况来测定缺陷及材质的方法。它主要包括缺陷反射法、底波高度法、多次底波法等。

（1）缺陷反射法

根据仪器示波屏上有否缺陷的显示进行判断的方法，称为缺陷反射法。它是脉冲反射法中的一个主要方法，应用广泛，灵敏度高，但受工件中缺陷的大小、方位及内含介质影响，如图8-1所示。

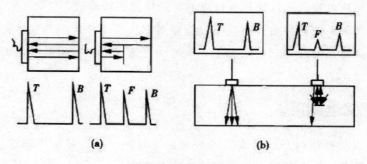

图 8-1　缺陷反射法

（2）底波高度法

这是纵波检测中常用的一种方法。当试件的材质和厚度不变时，底面反射波高度应是基本不变的。如果试件内存在缺陷，底面反射波高度会下降甚至消失。据此来判断工件质量好坏的超声波检测方法称底波高度法。

底波高度法主要适用于检测面与底面相平行的较厚工件。该法灵敏度低，并且要求耦合等操作条件一致，检出缺陷定位、定量不便，因而很少作为一种独立的检测方法使用，经常作为一种辅助手段配合缺陷反射波法发现某些倾斜的和小而密集的缺陷。

（3）多次底波法

其原理与底波高度法基本相同。当超声波在较薄的均匀介质中传播时，在显示屏上将出现依一定规律衰减的多次底波 B_1，B_2，B_3，…。当工件中存在缺陷时，底面反射波的次数和幅度都将发生变化，这种将完好工件的与有缺陷工件的底面反射波次数和幅度进行比较来判断工件质量的方法称为多次底波法。

多次底波法适用于厚度较小、形状简单、检测面与底面相平行、表面粗糙度高的工件的检测，该方法灵敏度较低。

2.TOFD 检测技术

（1）TOFD 技术的物理原理

衍射现象是 TOFD 技术采用的基本物理原理。衍射现象是指波遇到障碍物或小孔后通过散射继续传播的现象。根据惠更斯原理，媒质上波阵面上的各点都可以看成是发射子波的波源，其后任意时刻这些子波的包迹就是该时刻新的波阵面，如图 8-2 所示。

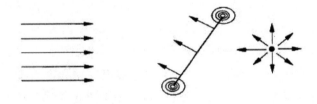

图 8-2　衍射现象示意图

与反射波相比，衍射波具有波幅低、方向性不明显（向各个方向传播）、端点越尖锐衍射特性越明显等特点。

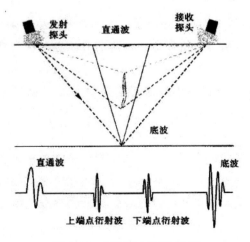

图 8-3　TOFD 检测原理

在 TOFD 检测接收到的 A 型扫描波形中，包含了纵波、横波以及波形转换等信号，TOFD 图谱中对应存在纵波区、转换波形区等图像区域。一般以底面反射波为界，底面反射波之前的信号大部分属于纵波信号，而底面反射波之后开始出现波形转换波、横波等信号，如图 8-3 所示。

在纵波信号区域，缺陷上下端点衍射波、直通波、底波之间存在着鲜明的相位关系，即直通波相位与底面反射波相位相反，缺陷上端点信号相位与直通波相位相反，缺陷下端点信号相位与直通波相位相同。相位关系用于判断两个信号是否同属一个缺陷，以及图谱中缺陷的数量。

（2）TOFD 技术的优点与局限性

1）优点。可靠性好，由于利用的是波的衍射信号，不受声束角度的影响，缺陷的检出率比较高。定量精度高，对线性缺陷或面积型缺陷，TOFD 测高误差小于 1mm。检测过程方便快捷，一般一人就可以完成 TOFD 检测，探头只需要沿焊缝两侧移动即可。拥有清晰可靠的 TOFD 扫查图像，与 A 型扫描信号比起来，TOFD 扫查图像更利于缺陷的识别和分析。TOFD 检测使用的都是高性能数字化仪器，记录信号的能力强，可以全程记录扫查信号，而且扫查记录可以长久保存并进行处理。除用于检测外，还可用于缺陷变化的监控，尤其是对裂纹高度扩展的测量精度很高。

2）局限性。TOFD 对近表面缺陷检测的可靠性不够，上表面缺陷信号可能被埋藏在直通波下面而被漏检，而下表面缺陷则会因为被底面反射波信号掩盖而漏检。TOFD 对缺陷定性比较困难，TOFD 技术比较有把握区分上表面开口、下表面开口及埋藏缺陷，但难以准确判断缺陷性质。TOFD 图像的识别和判读比较难，数据分析需要丰富的经验。横向缺陷检测困难。对粗晶材料，例如奥氏体焊缝检测比较困难，其信噪比比较低。复杂形状的缺陷检测比较难，需要制定专门工艺。点状缺陷的尺寸测量不够精确。

（二）按波形分类的超声波检测方法

根据检测采用的波形，超声波检测方法可分为纵波法、横波法、表面波法、板波法等。而机电类特种设备超声波检测最为常用的方法有两种，即纵波法和横波法。

1. 纵波法

纵波检测法，就是使用超声纵波进行检测的方法，包括垂直入射法和小角度的单、双斜探头的斜入射法（简称斜入射法）。

（1）垂直入射法

垂直入射法简称垂直法。直探头发射的超声波垂直检测面射入被检工件，因而对与波束相垂直的缺陷检测效果好，同时缺陷定位也很方便，主要用于铸、锻、压、轧材料和工件的检测。但受盲区和分辨力的限制，只能检查较厚材料或工件。

（2）斜入射法

斜入射法就是使超声波以一定的倾斜角度（3°~14°）射入到工件中，利用双斜探头分别发射和接收超声波的检测法。当一个探头发射的声波入射角很小时，在工件内主要产生折射纵波，用另一个探头接收来自缺陷和底面的反射纵波。用双斜探头检测时通常没有始波。因此，可以检查近表面的缺陷，可用于较薄工件的检测。根据两探头相互倾斜的角度，使发现和接收的焦点落在离检测面一定深度的位置上，使处于焦点处的缺陷波高最大，而其他位置的缺陷波高急剧降低。此法特别适用于某些特定条件下的检测。

2.横波法

当纵波的入射角大于第一临界角而小于第二临界角时，则在第二种介质内只有折射横波。实际检测中，将纵波通过斜块、水等介质倾斜入射至试件检测面，利用波形转换得到横波进行检测的方法，称为横波法。由于透入试件的横波束与探测面成锐角，所以又称斜射法。

此方法主要用于管材、焊缝的检测。其他试件检测时，此方法则作为一种有效的辅助手段，用以发现垂直入射法不易发现的缺陷。

（三）按换能器（探头）数目分类的超声波检测方法

超声波检测方法按探头数目分类有单探头法、双探头法和多探头法。机电类特种设备的超声波检测中常用方法有单探头法和双探头法。

1.单探头法

使用一个探头兼作发射和接收超声波的检测方法称为单探头法。单探头法操作方便，大多数缺陷可以检出，是目前最常用的一种方法。

单探头法检测，对于与波束轴线垂直的片状缺陷和立体型缺陷的检出效果最好。与波束轴线平行的片状缺陷难以检出，当缺陷与波束轴线倾斜时，则根据倾斜角度的大小，能够收到部分反射波或者因反射波束全部反射在探头之外而无法检出。

2.双探头法

使用两个探头（一个发射，一个接收）进行检测的方法称为双探头法。它主要用于发现单探头法难以检出的缺陷。

双探头法又可根据两个探头排列方式进一步分为并列法、交叉法、V形串列法、K形串列法、前后串列法等。

（1）并列法

两个探头并列放置，检测时两个探头作同步同向移动。但直探头作并列放置时，通常是一个探头固定，另一个探头移动，以便于检测与探测面倾斜的缺陷，如图8-4（a）所示。分割式探头的原理，就是将两个并列的探头组合在一起，具有较高的分辨能力和信噪比，适用于薄试件、近表面缺陷的检测。

（2）交叉法

两个探头轴线交叉，交叉点为要探测的部位，如图8-4（b）所示。此种检测方法可用来发现与探测面垂直的片状缺陷，在焊缝检测中，常用此种检测方法来发现横向缺陷。

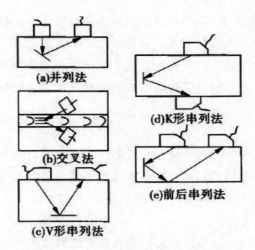

图 8-4　双探头的排列方式

（3）V 形串列法

两个探头相对放置在同一平面上，一个探头发射的声波被缺陷反射，反射的回波刚好落在另一个探头的入射点上，如图 8-4（c）所示。此种检测方法主要用来发现与探测面平行的片状缺陷。

（4）K 形串列法

两个探头以相同的方向分别放置于试件的上、下表面上。一个探头发射的声波被缺陷反射，反射的回波进入另一个探头，如图 8-4（d）所示。此种检测方法主要用来发现与探测面垂直的片状缺陷。

（5）前后串列法

两个探头一前一后，以相同的方向放置于试件的同一表面上。一个探头发射超声波被缺陷反射后的回波，经底面反射进入另一个探头，如图 8-4（e）所示。此种检测方法主要用来发现与探测面垂直的片状缺陷（如厚焊缝的中间未焊透）。两个探头在同一表面上移动，操作比较方便，是一种常用的检测方法。

（四）按换能器（探头）接触方式分类的超声波检测方法

根据检测时探头与试件的接触方式，超声波检测方法可以分为直接接触法与液浸法。而在机电类特种设备超声波检测最为常用的是直接接触法探伤。

1.直接接触法

探头与试件检测面之间，涂有很薄的耦合剂层，因此可以看做两者直接接触，这种检测方法称为直接接触法。此方法操作方便，检测图形较简单，易于判断，缺陷检出灵敏度高，是实际检测中应用最多的方法。但是，直接接触法检测的试件要求检测面粗糙度较高。

2.液浸法

将探头和工件浸入液体中以液体作耦合剂进行检测的方法，称为液浸法。耦合剂可以是水，也可以是油。当以水为耦合剂时，称为水浸法。液浸法检测，探头不直接接触试件，所以此方法适用于表面粗糙的试件，探头不易磨损，耦合稳定，检测结果重复性好，便于实现自动化检测。

液浸法按检测方式不同又分为全浸没式和局部浸没式，如图8-5所示。

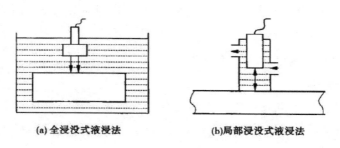

(a)全浸没式液浸法　　　　　(b)局部浸没式液浸法

图8-5　液浸法

（五）按超声波操作方式分类

超声波检测方法按操作方式分有手工检测法和自动检测法，机电类特种设备的超声波检测一般采用手工检测法。

1.手工检测法

用手直接持探头进行检测的方法，叫手工检测法。显然，手工检测比较经济，简单易行，所用设备不多，是一种常用的主要检测法。但检测速度慢，劳动强度较大，检测结果受人为因素影响大，重复性差。

2.自动检测法

用机械装置持探头自动进行检测的方法，叫自动检测法。自动检测法检测速度快，灵敏度高，重复性好，人为因素影响小，是一种比较理想的检测方法。但自动检测比较复杂，成本高，设备笨重，不易随意移动，多用于生产线上的自动检测，并且只能检测形状规则的工件。

由上述可以看出，检测方法虽然很多，但应用最广泛、最主要、比较简单易行的方法是采用A型脉冲反射式超声波探伤仪、单探头接触法的手工检测。因此，本节重点介绍该种检测方法，欲进一步了解其他检测方法，可查阅无损检测专业相关资料。

二、脉冲反射法超声波检测通用技术

（一）检测面的选择和准备

检测面应根据有关标准及检测要求、工件的形状和表面状态等因素来选择。要使声束能扫查到整个检测部位，并且有利于缺陷的检出和显示。在此前提下，应选择光滑、平整、检测方便的工件表面。对于纵波检测，一般检测面就是被检测部位的表面；对于横波检测，检测面除是被检测部位的表面外，也可以是相邻近的表面。比如，对于轧制的方形工件，常选用相邻的两个表面做检测面；较大的锻轴，一般应选择圆周面和轴端面进行检测，以便能发现各个方向的缺陷。焊接工件，当焊缝有余高时，可以根据工件的厚度，从焊缝的两个表面的两侧或一个表面的两侧或一侧进行检测，也可以把焊缝余高磨平以后，直接在焊缝上进行检测。

按照 JB/T4730.3-2005 和 GB11345-89 规定，将钢制对接接头的超声波检测技术等级分 A、B、C 三个等级。针对不同的板厚，其相应检测面对应不同的板厚则分为单面单侧、单面双侧、双面双侧、双面单侧、单侧双面等。

（二）仪器与换能器（探头）的选择

1.探伤仪的选择

超声波探伤仪是超声波检测的主要设备。目前国内外检测仪种类繁多，性能各异，检测前应根据探测要求和现场条件来选择检测仪。一般根据以下情况来选择检测仪器。

（1）对于定位要求高的情况，应选择水平线性好、误差小的仪器。

（2）对于定量要求高的情况，应选择垂直线性好、衰减器精度高的仪器。

（3）对于大型零件的检测，应选择灵敏度余量高、信噪比高、功率大的仪器。

（4）为了有效地发现近表面缺陷和区分相邻缺陷，应选择盲区小、分辨率高的仪器。

（5）对于室外现场检测，应选择重量轻、示波屏亮度好、抗干扰能力强的便携式仪器。

（6）对于重要工件应选用可记录式探伤仪。

此外，要求选择性能稳定、重复性和可靠性好的仪器。

2.探头的选择

超声波检测中，超声波的发射和接收都是通过探头来实现的。探头的种类很多，结构形式也不一样。检测前应根据被检对象的形状、超声波的衰减、技术要求等来选择探头。探头选择包括探头型式、频率、晶片尺寸和斜探头 K 值（或折射角）的选择等。

（1）探头型式的选择

常用的探头型式有纵波直探头、横波斜探头、表面波探头、双晶探头、聚焦探头等。一般根据工件的形状和可能出现缺陷的部位、方向等条件来选择探头的型式，使声束轴线尽量与缺陷垂直。

纵波直探头只能发射和接收纵波，波束轴线垂直于探测面，主要用于探测与探测面平行的缺陷，如锻件、钢板中的夹层、折叠等缺陷。

横波斜探头是通过波形转换来实现横波检测的，主要用于探测与探测面垂直或成一定角度的缺陷，如焊缝中的未焊透、夹渣、未熔合等缺陷。

表面波探头用于探测工件表面缺陷，双晶探头用于探测工件近表面缺陷，聚焦探头用于水浸探测管材或板材等。

（2）探头频率的选择

超声波检测频率为0.5~10MHz，选择范围大。一般选择频率时应考虑以下因素：

1）由于波的绕射，使超声波检测极限灵敏度约为$\lambda/2$，因此提高频率，有利于发现更小的缺陷。

2）频率高，脉冲宽度小，分辨力高，有利于区分相邻缺陷。

3）由$\theta_0=\arcsin 1.22\lambda/D$可知，频率高，波长短，则半扩散角小，声束指向性好，能量集中，有利于发现缺陷并对缺陷定位。

4）由$N=D^2/4\lambda$可知，频率高，波长短，近场区长度大，对检测不利。

5）由$a_s=C_2Fd^3f^4$可知，频率增加，衰减急剧增加。

由以上分析可知，频率对检测有很大影响。频率高，灵敏度和分辨率高，指向性好，对检测有利。但频率高，近场区长度大，衰减大，又对检测不利。实际检测中要全面分析考虑各方面的因素，合理选择频率。一般在保证检测灵敏度的前提下尽可能选用较低的频率。

对于晶粒较细的锻件、轧制件和焊接件等，一般选用较高的频率，常用2.5~5.0MHz。对晶粒粗大铸件、奥氏体钢等宜选用较低的频率，常用0.5~2.5MHz。如果频率过高，就会引起严重衰减，示波屏上出现林状回波，信噪比下降，甚至无法检测。

（3）探头晶片尺寸的选择

探头晶片尺寸一般为$\phi 10$~$\phi 30mm$，晶片大小对检测也有一定影响，选择晶片尺寸时要考虑以下因素：

1）由$\theta_0=\arcsin 1.22\lambda/D$可知，晶片尺寸增加，半扩散角减小，波束指向性变好，超声波能量集中，对检测有利。

2）由$N=D^2/4\lambda$可知，晶片尺寸增加，近场区长度迅速增加，对检测不利。

3）晶片尺寸大，辐射的超声波能量大，探头未扩散区扫查范围大，远距离扫查范围相对变小，发现远距离缺陷能力增强。

以上分析说明晶片大小对声束指向性、近场区长度、近距离扫查范围和远距离缺陷检出能力有较大的影响。实际检测中，检测面积范围大的工件时，为了提高检测效率宜选用大晶片探头。检测厚度大的工件时，为了有效地发现远距离的缺陷宜选用大晶片探头。检测小型工件时，为了提高缺陷定位定量精度宜选用小晶片探头。检测表面不太平整、曲率较大的工件时，为了减少耦合损失宜选用小晶片探头。

（4）横波斜探头K值（或折射角）的选择

在横波检测中，探头的K值（或折射角）对检测灵敏度、声束轴线的方向、一次波的声程（入射点至底面反射点的距离）有较大影响。对于用有机玻璃斜探头检测钢制工件，$\beta=40°$（K=0.84）左右时，声压往复透射率最高，即检测灵敏度最高。由$K=\tan\beta_s$可知，K值大，β_s大，一次波的声程也大。因此，在实际检测中，当工件厚度较小时，应选用较大的 K 值，以便增加一次波的声程，避免近场区检测。当工件厚度较大时，应选用较小的 K 值，以减少声程过大引起的衰减，便于发现深度较大处的缺陷。在焊缝检测中，还要保证主声束能扫查整个焊缝截面。对于单面焊根部未焊透，还要考虑端角反射问题，应使 K=0.7~1.5，因为 K<0.7 或 K>1.5，端角反射率很低，容易引起漏检。

（三）耦合剂的选用

1.耦合剂的作用

频率高的超声波几乎不能在空气中传播，为了能使探头发射的超声波进入工件材料，并返回被探头接收，必须在探头与工件之间加入称为耦合剂的透声介质。此外，耦合剂还有减少摩擦的作用。

2.常用耦合剂

超声波探伤中常用耦合剂有机油、变压器油、甘油、水、水玻璃等。甘油声阻抗高，耦合性能好，常用于一些重要工件的精确探伤，但价格较贵，对工件有腐蚀作用；水玻璃的声阻抗较高，常用于表面粗糙的工件探伤，但清洗不太方便，且对工件有腐蚀作用；水的来源广，价格低，常用于水浸探伤，但易使工件生锈。机油和变压器油黏度、流动性、附着力适当，对工件无腐蚀，价格也不贵，因此是目前应用最广泛的耦合剂。

此外，近年来化学糨糊也常用来做耦合剂，耦合效果比较好。

3.影响声波搞合的主要因素

影响声波耦合的主要因素有耦合层的厚度、工件表面粗糙度、耦合剂的声阻抗和工件表面形状。

（1）耦合层厚度的影响

如图 8-6 所示，耦合层厚度对耦合有较大的影响。当耦合层厚度为 λ/4 的奇数倍时，透声效果差，耦合不好，反射回波低。当耦合层厚度为 λ/2 的整数倍或很薄时，透声效果好，反射回波高。

（2）工件表面粗糙度的影响

由图 8-7 可知，工件表面粗糙度对声耦合有显著影响。对于同一种耦合剂，表面粗糙度高，耦合效果差，反射回波低。声阻抗低的耦合剂，随粗糙度的增大，耦合效果降低得更快。但粗糙度也不必太低，因为粗糙度太低，耦合效果无明显增加，而且使探头因吸附力大而移动困难。

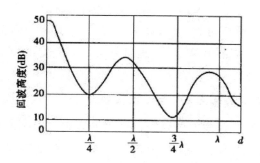

图 8-6　耦合层厚度对耦合的影响

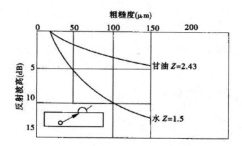

图 8-7　表面粗糙度对耦合的影响

一般要求工件表面粗糙度不高于 6.3μm。

（3）耦合剂声阻抗的影响

耦合剂声阻抗对耦合效果也有较大的影响。对于同一探测面，即粗糙度一定时，耦合剂声阻抗大，耦合效果好，反射回波降低小。例如，表面粗糙度 R_z=100μn 时，Z=2.43 的甘油耦合回波比 Z=1.5 的水耦合回波高 6~7dB。

（4）工件表面形状的影响

工件表面形状不同，耦合效果不一样，其中平面耦合效果最好，凸曲面次之，凹曲面最差。因为常用探头表面为平面，与曲面接触为点接触或线接触，声强透射率低。特别是凹曲面，探头中心不接触，因此耦合效果更差。

不同曲率半径的辊合效果也不相同，曲率半径大，耦合效果好。

4.表面耦合损耗的测定和补偿

在实际探伤中，当调节探伤灵敏度用的试块与工件表面光洁度、曲率半径不同时，往往由于工件耦合损耗大而使探伤灵敏度降低。为了弥补耦合损耗，必须增大仪器的输出来进行补偿。

（1）耦合损耗的测定

为了恰当地补偿耦合损耗，应首先测定工件与试块表面耦合损耗的分贝差。

一般的测定耦合损耗差的方法为：在表面耦合状态不同，其他条件（如材质、反射体、探头和仪器等）相同的工件和试块上测定二者回波或穿透波高分贝差。

（2）补偿方法

设测得的工件与试块表面耦合差补偿为△dB，具体补偿方法如下：

先用"衰减器"衰减△dB，将探头置于试块上调好探伤灵敏度，然后用"衰减器"增益△dB（即减少△dB衰减量），这时耦合损耗恰好得到补偿，试块和工件上相同反射体回波高度相同。

（四）仪器探头系统的校准及检测灵敏度设定

在实际检测中，为了在规定的检测范围内发现规定大小的缺陷，并对缺陷定位和定量，就必须在检测前对仪器的扫描速度、探头的 K 值和入射点、仪器系统的灵敏度进行校准，并准确设定检测灵敏度。通用的 A 型脉冲反射式超声波检测方法，在测试处理中反射波必须找到最高点进行测量。

1.扫描速度的校准

仪器扫描速度的校准通常称为仪器的校准。仪器显示屏上时基扫描线的水平刻度值 τ 与实际声程 χ（单程）的比例关系，即 τ：χ=1：n 称为扫描速度或时基扫描线比例。仪器显示屏上时基扫描线的外观长度是固定的，一般长为 100mm。那么，要探测一定深度范围内的缺陷，检测前必须根据探测范围来调节时基扫描线比例，以便在规定的范围内发现缺陷并对缺陷定位。

扫描速度（时基扫描线比例）调节的基本要求为：

（1）环境的一致性。即环境温度、检测所用仪器及探头、调试用的试件材质等。

（2）超声波在工件中的"入射零点"或称"计时零点"与仪器显示屏上时基扫描线"零点"的重合。

（3）校准时基扫描线的准确比例。

（4）扫描速度（时基扫描线比例）校准的基本原理。

2.探头参数的校准

（1）斜探头入射点

斜探头入射点是指其主声束轴线与探测面的交点。入射点至探头前沿的距离称为探头的前沿长度。测定探头的入射点和前沿长度是为了便于对缺陷定位和测定探头的 K 值。

（2）斜探头 K 值和折射角 β_s

斜探头 K 值是指被检工件中横波折射角 β_s 的正切值，K=$\tan\beta_s$。斜探头的 K 值常用 II W 试块或 CSK-I A 试块上的 ϕ50 或 ϕ1.5 横孔来测定。

3.检测灵敏度的校准

通用的 A 型脉冲反射式超声波检测方法，在反射波处理中的最基本要求：

1）必须找到最高反射波后进行处理。

2）测试前必须确定显示屏上的基准波高，一般以满屏的 20%~80% 作为基准波高。

3）必须记录反射体的几何位置参数。

4）明确反射体的当量。一般超声波反射当量的表示方法有两种：一是以规则的反射体的实际几何尺寸来表示，如$\phi_1 \times 6$、ϕ_2、ϕ_4等；二是以规则的反射体的实际几何尺寸及与其反射量的分贝值差$\triangle$dB的组合来表示。

（1）检测灵敏度的基本概念

1）基本定义。

检测灵敏度是指在确定的声程范围内发现规定大小缺陷的能力。实际工作中，一般根据产品技术要求或有关标准确定，可通过调整仪器上的相关灵敏度功能键来实现。

2）基本要求。

检测灵敏度的基本要求在于发现工件中规定大小的缺陷，并对缺陷进行定位。也就是检出当量的最低要求。检测灵敏度太高或太低都对检测不利。灵敏度太高，示波屏上杂波多，判断困难。灵敏度太低，容易引起漏检。

实际检测中，在粗探时为了提高扫查速度而又不致引起漏检，常常将检测灵敏度适当提高，这种在检测灵敏度的基础上适当提高后的灵敏度叫做搜索灵敏度或扫查灵敏度。

3）基本要素（灵敏度三要素）及表示方式。

根据灵敏度的基本定义和基本要求可知，要完整表示灵敏度必须具备三个基本要素，也就是我们通常所说的灵敏度三要素。即基准反射体的几何尺寸、基准反射体的最大探测距离、基准反射体的基准反射波高（一般设定为示波屏满幅度的20%~80%）。实际检测中，必须准确把握、正确记录灵敏度三要素。

（2）检测灵敏度的校准

检测灵敏度的校准常用方法有波高比较法和曲线比较法两种。其中波高比较法又包括试块调整法和工件低波调整法，曲线比较法包括仪器面板曲线法和坐标低曲线法。

1）波高比较法。

①试块调整法。

根据工件对灵敏度的要求选择相应的试块，将探头对准试块上的人工反射体，调整仪器上的有关灵敏度按钮，使显示屏上人工反射体的最高反射回波达基准高，并考虑灵敏度补偿后，这时灵敏度就调好了。

②工件底波调整法。

利用试件调整灵敏度，操作简单方便，但需要加工不同声程、不同当量尺寸的试块，成本高，携带不便。同时，还要考虑工件与试块因耦合和衰减不同进行补偿。如果利用工件底波来调整检测灵敏度，那么既不需要加工任何试块，又不需要进行任何补偿。

利用工件底波来调整检测灵敏度是根据工件底面回波与同深度的人工缺陷（如平

底孔）回波分贝差为定值，这个定值可以由下述理论公式计算出来

$$\Delta dB = 20 \lg \frac{P_B}{P_f} = 20 \lg \frac{2 \lambda x}{\pi D_f^2} \quad (x \geqslant 3N)$$

式中 x——工件厚度；

D_f——D_f=φ2。

由于理论公式只适用于 x≥3N 的情况，因此利用工件底波调节灵敏度的方法也只能用于厚度尺寸 x≥3N 的工件，同时要求工件具有平行底面或圆柱曲底面，且底面光洁干净。当底面粗植或有水油时，将使底面反射率降低，底波下降，这样调整的灵敏度将会偏高。

利用试块和底波调整检测灵敏度的方法应用条件不同。利用底波调整灵敏度的方法主要用于具有平底面或曲底面大型工件的检测，如锻件检测。利用试块调整灵敏度的方法主要应用于无底波的厚度尺寸小于 3N 的工件检测，如焊缝检测、钢管检测等。

2）曲线比较法。

波高比较法中的试块调整法和工件底波调整法在现场实际应用时，要经过较复杂的运算及携带很多试块，比较麻烦。因此，在实际应用中，逐步完善了曲线比较法。它是应用标准试块或其他形式的试块在示波屏上或坐标纸上作出距离–波幅曲线或距离（A）–增益（V）–缺陷大小（G）曲线。实际上，距离–波幅曲线和距离（A）–增益（V）–缺陷大小（G）曲线其本质完全相同，可以说就是一种曲线。曲线比较法依据曲线制作的位置可分为仪器面板曲线法和坐标纸曲线法；曲线比较法依据曲线的多少又可分为单曲线法和多曲线法。曲线比较法实际应用很方便，定量快速、准确。

①距离–波幅曲线法。

距离–波幅曲线的绘制方法较常用的有两种：一种是直接绘制在荧光屏面板上，其波幅用满屏波高的百分比来表示；另一种是直接绘制在坐标纸上，其波幅常用相对基准波高的仪器系统的分贝示值来表示，也可用满屏波高的百分比来表示。

②距离–波幅–当量曲线法。

使用此法时仪器必须具有较大的动态范围和良好的垂直线性，并且选择适当的频率、发射强度、增益、补偿等。纵坐标表示实际波高，横坐标表示探测距离。首先探测试块中最大距离和最小距离的人工缺陷，使其最大反射波高达 10%~20% 和满幅 100%，测出其他各孔的最大反射波，波峰各点予以标记，然后把各点连成圆滑曲线，即为该孔径的距离–波幅–当量曲线。重复上述步骤，再做其他孔径的曲线，这样就得到一组不同孔径的距离–波幅–当量曲线。以上是模拟超声波探伤仪绘制距离–波幅–当量曲线的基本方法，数字超声波探伤仪绘制距离–波幅–当量曲线因其先进的数字化功能而显得十分容易。目前常用的数字超声波探伤仪面板上生成的距离–波幅曲线实际上就是距离–波幅–当量曲线。距离–波幅–当量曲线的绘制方法较常用的有两种：一种是直接绘制在示波屏面板上，其波幅用满屏波高的百分比来表示，数字超声波探伤仪面板上绘制的距离–波幅–当量曲线；另一种是直接绘制在坐标纸上，其波幅常用相对

基准波高的仪器系统的分贝示值来表示。

4.检测灵敏度设定

实际检测准备过程中有三个校准：一是仪器系统的扫描速度校准，二是探头的K值（或折射角）及入射点校准，三是仪器系统基准灵敏度校准。仪器系统基准灵敏度的校准完成后，即可根据具体检测要求设定实际检测灵敏度。也就是说，实际检测准备过程中有三个校准和一个设定。实际检测灵敏度是依据被检工件具体参数结合无损检测验收标准等要求来设定的，一般根据实际工作过程中的目的不同而分为基准灵敏度或灵敏度基准线、扫查灵敏度或称检测灵敏度、评定线灵敏度、定量线灵敏度、判废线灵敏度等。

（1）基准灵敏度

超声波检测灵敏度是一个相对的灵敏度，它必须采用一个标准的反射体作为基准，调试仪器系统对该基准反射体的反映信号，以便对仪器系统进行标定，这个标定后的灵敏度就称为基准灵敏度。基准灵敏度有时是一条曲线，称为灵敏度基准线。

（2）扫查灵敏度

仪器系统基准灵敏度标定后，为确保检测结果的可靠性，一般须采用一个较高的灵敏度进行初始检测，这个初始检测的灵敏度即称为扫查灵敏度，通常也可称为检测灵敏度。

（3）评定线灵敏度

在焊缝检测中，通常采用初始检测的扫查灵敏度进行粗扫查，其目的是对疑似缺陷显示信号进行分析判断，进而对缺陷进行定性。为保证缺陷不漏检，标准常规定一个较高的灵敏度作为最低限，要求对高于此灵敏度的缺陷信号均进行分析评定，且扫查灵敏度不得低于这个最低线灵敏度，该灵敏度在标准中常称为评定线灵敏度。

（4）定量线灵敏度

在焊缝检测中，在初始检测的扫查灵敏度下进行粗扫查，当完成缺陷的定性分析评定后，则进入缺陷的定量检测阶段，此阶段所采用的灵敏度低于评定线灵敏度，称为定量线灵敏度。

（5）判废线灵敏度

在焊缝检测中，标准设定了一个低于定量线的灵敏度，当缺陷反射达到和超过这个灵敏度时，该缺陷则判废。于是，称其为判废线灵敏度。

检测灵敏度的设定：针对某一特定的灵敏度均有其对应的基准反射体，该基准反射体的几何尺寸也叫做基准反射体的当量。那么，根据灵敏度的三要素，将在最大检测声程处该当量基准反射体的最高波调整到示波屏满幅度的20%~80%作为基准波高，保持仪器增益状态不变并记录此时仪器系统的分贝示值，此时应完整记录基准反射体当量、反射体检测声程、反射体基准波高、仪器增益状态分贝示值等灵敏度四参数，如此检测灵敏度即设定完毕。

（五）影响缺陷定位、定量的主要因素

目前，A型脉冲反射式超声波探伤仪是根据示波屏上缺陷波的位置和高度来评价被检工件中缺陷的位置和大小，然而影响缺陷波位置和高度的因素很多。了解这些影响因素，对于提高定位、定量精度是十分有益的。

1.影响缺陷定位的主要因素

（1）仪器的影响

仪器水平线性：仪器水平线性的好坏对缺陷定位误差大小有一定的影响。当仪器水平线性不佳时，缺陷定位误差大。

（2）探头的影响

1）声束偏离。

无论是垂直入射检测还是倾斜入射检测，都假定波束轴线与探头晶片几何中心重合，而实际上这两者往往难以重合。当实际声束轴线偏离探头几何中心轴线较大时，缺陷定位精度将会下降。

2）探头双峰。

一般探头发射的声场只有一个主声束，远场区轴线上声压最高。但有些探头性能不佳，存在两个主声束，发现缺陷时，不能判定是哪个主声束发现的，因此也就难以确定缺陷的实际位置。

3）斜楔磨损。

横波探头在检测过程中，斜楔将会磨损。当操作者用力不均时，探头斜楔前后磨损不同。当斜楔后面磨损较大时，折射角增大，探头K值增大。当斜楔前面磨损较大时，折射角减小，K值也减小。此外，探头磨损还会使探头入射点发生变化，影响缺陷定位。

4）探头指向性。

探头半扩散角小，指向性好，缺陷定位误差小；反之，定位误差大。

（3）工件的影响

1）工件表面粗糙度。

工件表面粗糙，不仅耦合不良，而且由于表面凹凸不平，使声波进入工件的时间产生差异。当凹槽深度为$\lambda/2$时，则进入工件的声波相位正好相反，这样就犹如一个正负交替变化的次声源作用在工件上，使进入工件的声波互相干扰形成分叉，从而使缺陷定位困难。

2）工件材质。

工件材质对缺陷定位的影响可从声速和内应力两方面来讨论。当工件与试块的声速不同时，就会使探头的K值发生变化。另外，工件内应力较大时，将使声波的传播速度和方向发生变化。当应力方向与波的传播方向一致时，若应力为压缩应力，则应力作用使试件弹性增加，这时声速加快；反之，若应力为拉伸应力，则声速减慢。当应力方向与波的传播方向不一致时，波动过程中质点振动轨迹受应力干扰，使波的传播方向产生偏离，影响缺陷定位。

3）工件表面形状。

探测曲面工件时，探头与工件接触有两种情况：一种是平面与曲面接触，这时为点或线接触，握持不当，探头折射角容易发生变化；另一种是将探头斜楔磨成曲面，探头与工件曲面接触，这时折射角和声束形状将发生变化，影响缺陷定位。

4）工件边界。

当缺陷靠近工件边界时，由于侧壁反射波与直接入射波在缺陷处产生干涉，使声场声压分布发生变化，声束轴线发生偏离，使缺陷定位误差增加。

5）工件温度。

探头的 K 值一般是在室温下测定的。当探测的工件温度发生变化时，工件中的声速发生变化，使探头的折射角随之发生变化。

6）工件中缺陷情况影响。

工件内缺陷方向也会影响缺陷定位。缺陷倾斜时，扩散波束入射至缺陷时反射波较高，而定位时误认为缺陷在轴线上，从而导致定位不准。

（4）操作人员的影响

1）仪器时基线比例。

仪器时基线比例一般在对比试块上进行调节，当工件与试块的声速不同时，仪器的时基线比例发生变化，影响缺陷定位精度。另外，调节比例时，回波前沿没有对准相应水平刻度或读数不准，使缺陷定位误差增加。

2）探头入射点及 K 值。

横波探测时，当测定探头的入射点、K 值误差较大时，也会影响缺陷定位。

3）定位方法不当。

横波周向探测圆柱筒形工件时，缺陷定位与平板不同，若仍按平板工件处理，那么定位误差将会增加。要用曲面试块修正，否则定位误差大。

2.影响缺陷定量的因素

（1）仪器及探头性能的影响

仪器和探头性能的优劣对缺陷定量精度高低影响很大。仪器的垂直线性、衰减器精度、频率、探头形式、晶片尺寸、折射角等都直接影响回波高度。因此，在检测时，除要选择垂直线性好、衰减器精度高的仪器外，还要注意频率、探头形式、晶片尺寸、折射角的选择。

1）频率的影响。

超声波频率 f 对于大平底与平底孔回波高度的分贝差 $\triangle_{Bf}$ 有直接影响。f 增加，$\triangle_{Bf}$ 减少，f 减少，$\triangle_{Bf}$ 增加。因此，在实际检测中，频率 f 偏差不仅影响利用底波调节灵敏度，而且影响用当量计算法对缺陷定量。

2）衰减器精度和垂直线性的影响。

A 型脉冲反射式超声波探伤仪是根据相对波高来对缺陷定量的。而相对波高常常用衰减器来度量。因此，衰减器精度直接影响缺陷定量，衰减器精度低，定量误差大。

当采用面板曲线对缺陷定量时，仪器的垂直线性好坏将会影响缺陷定量精度高低。垂直线性差，定量误差大。

3）探头形式和晶片尺寸的影响。

不同部位、不同方向的缺陷，应采用不同形式的探头。如锻件、钢板中的缺陷大多平行于探测面，宜采用纵波直探头。焊缝中危险性大的缺陷大多垂直于探测面，宜采用横波探头。对于工件表面缺陷，宜采用表面波探头。对于近表面缺陷，宜采用分割式双晶探头。这样定量误差小。

晶片尺寸影响近场区长度和波束指向性，因此对定量也有一定的影响。

4）探头 K 值的影响。

超声波倾斜入射时，声压往复透射率与入射角有关。对于横波 K 值斜探头而言，不同 K 值的探头灵敏度不同。因此，探头 K 值的偏差也会影响缺陷定量。特别是横波检测平板对接焊缝跟部未焊透等缺陷时，不同 K 值探头探测同一根部缺陷，其回波高度相差较大，当 K=0.7~1.5（β_s=35°~55°）时，回波较高，当 K=1.5~2.0（β_s=55°~63°）时，回波很低，容易引起漏检。

（2）耦合与衰减的影响

1）耦合的影响。

超声波检测中，耦合剂的声阻抗和耦合层厚度对回波高度有较大的影响。当耦合层厚度等于半波长的整数倍时，声强透射率与耦合剂性质无关。当耦合层厚度等于 $\lambda_2/4$ 的奇数倍，声阻抗为两侧介质声阻抗的几何平均值时，超声波全透射。因此，实际检测中耦合剂的声阻抗，对探头施加的压力大小都会影响缺陷回波高度，进而影响缺陷定量。

此外，当探头与调灵敏度用的试块和被探工件表面耦合状态不同时，而又没有进行恰当的补偿，也会使定量误差增加，精度下降。

2）衰减的影响。

实际工件是存在介质衰减的，由介质衰减引起的分贝差 $\triangle=2\alpha x$ 可知，当衰减系数 α 较大或距离 x 较大时，由此引起的衰减 $\triangle$ 也较大。这时如果仍不考虑介质衰减的影响，那么定量精度势必受到影响。因此，在检测晶粒较粗大和大型工件时，应测定材质的衰减系数 α，并在定量计算时考虑介质衰减的影响，以便减小定量误差。

（3）试件几何形状和尺寸的影响

试件底面形状不同，回波高度不一样，凸曲面使反射波发散，回波降低；凹曲面使反射波聚焦，回波升高。对于圆柱体而言，外圆径向探测实心圆柱体时，入射点处的回波声压理论上同平底面试件，但实际上由于圆柱面耦合不及平面，因而其回波低于平底面。实际检测中应综合考虑以上因素对定量的影响，否则会使定量误差增加。

试件底面与探测面的平行度以及底面的光洁度、干净程度也对缺陷定量有较大的影响。当试件底面与探测面不平行、底面粗糙或沾有水迹、油污时将会使底波下降，这样利用底波调节的灵敏度将会偏高，缺陷定量误差增加。

当探测试件侧壁附近的缺陷时，由于侧壁干涉的结果而使定量不准，误差增加。侧壁附近的缺陷，靠近侧壁探测回波低，原离侧壁探测反而回波高。为了减小侧壁的影响，宜选用频率高、晶片直径大、指向性好的探头探测或采用横波探测。必要时还可以采用试块比较法来定量，以便提高定量精度。

试件尺寸的大小对定量也有一定影响。当试件尺寸较小，缺陷位于 3N 以内时，利用底波调灵敏度并定量，将会使定量误差增加。

（4）缺陷的影响

1）缺陷形状的影响。

试件中实际缺陷的形状是多种多样的，缺陷的形状对其回波的波高有很大影响。平面形缺陷波高与缺陷面积成正比，与波长的平方和距离的平方成反比；球形缺陷波高与缺陷直径成正比，与波长的一次方和距离的平方成反比，长圆柱形缺陷波高与缺陷直径的 1/2 次方成正比，与波长的一次方和距离的 3/2 次方成反比。

对于各种形状的点状缺陷，当尺寸很小时，缺陷形状对波高的影响就变得很小。当点状缺陷直径远小于波长时，缺陷波高正比于缺陷平均直径的 3 次方，即随缺陷大小的变化十分急剧。缺陷变小时，波高急剧下降，很容易下降到检测仪不能发现的程度。

2）缺陷方位的影响。

假定超声波入射方向与缺陷表面是垂直的，但实际缺陷表面相对于超声波入射方向往往不垂直。因此，对缺陷尺寸估计偏小的可能性很大。

声波垂直缺陷表面时缺陷波最高。当有倾角时，缺陷波高随入射角的增大而急剧下降。

3）缺陷波的指向性。

缺陷波高与缺陷波的指向性有关，缺陷波的指向性与缺陷大小有关，而且差别较大。

垂直入射于圆平面形缺陷时，当缺陷直径为波长的 2~3 倍以上时，具有较好的指向性，缺陷回波较高。当缺陷直径低于上述值时，缺陷波的指向性变坏，缺陷回波降低。

当缺陷直径大于波长的 3 倍时，不论是垂直入射还是倾斜入射，都可把缺陷对声波的反射看成是镜面反射。当缺陷直径小于波长的 3 倍时，缺陷反射不能看成是镜面反射，这时缺陷波能量呈球形分布。垂直入射和倾斜入射都有大致相同的反射指向性。表面光滑与否，对反射波指向性已无影响。因此，检测时倾斜入射也可能发现这种缺陷。

4）缺陷表面粗糙度的影响。

缺陷表面光滑与否，用波长衡量。如果表面凹凸不平的高度差小于1/3波长，就可认为该表面是平滑的，这样的表面反射声束类似镜子反射光束，否则就是粗糙表面。

对于表面粗糙的缺陷，当声波垂直入射时，声波被乱反射，同时各部分反射波由于有相位差而发生干涉，使缺陷回波波高随粗糙度的增大而下降。当声波倾斜入射时，缺陷回波波高随凹凸程度与波长的比值增大而增高。当凹凸程度接近波长时，即使入射角较大，也能接到回波。

5）缺陷性质的影响。

缺陷回波波高受缺陷性质的影响。声波在界面的反射率是由界面两边介质的声阻抗决定的。当两边声阻抗差异较大时，近似地可认为是全反射，反射声波强。当差异较小时，就有一部分声波透射，反射声波变弱。所以，试件中缺陷性质不同、大小相同的缺陷波波高不同。

通常含气体的缺陷，如钢中的白点、气孔等，其声阻抗与钢声阻抗相差很大，可以近似地认为声波在缺陷表面是全反射。但是，对于非金属夹杂物等缺陷，缺陷与材料之间的声阻抗差异较小，透射的声波已不能忽略，缺陷波高相应降低。

另外，金属中非金属夹杂的反射与夹杂层厚度有关，一般地说，层度小于1/4波长时，随层厚的增加反射相应增加。层厚超过1/4波长时，缺陷回波波高保持在一定水平上。

（5）缺陷位置的影响

缺陷波高还与缺陷位置有关。缺陷位于近场区时，同样大小的缺陷随位置起伏变化，定量误差大。所以，实际检测中总是尽量避免在近场区检测定量。

超声波检测工艺是根据被检对象的实际情况，依据现行检测标准，结合本单位的实际情况，合理选择检测设备、器材和方法，在满足安全技术规范和标准要求的情况下，正确完成检测工作的书面文件。

三、超声波检测工艺文件

同射线检测一样，超声波检测工艺文件也包括两种，即通用工艺和专用工艺（工艺卡）。

（一）超声波检测通用工艺

超声波检测通用工艺与射线检测通用工艺的总体框架相同，编制要求和射线检测基本相同，只是具体技术要求有所不同，编制时根据工件检测特点选择相应设备器材，确定相应检测方法并提出对应的技术要求，在此不再赘述。

（二）超声波检测专用工艺

专用工艺内容包括下列部分：工艺卡编号、工件（设备）原始数据、规范标准数据、检测方法及技术要求、特殊的技术措施及说明、有关人员签字。

除检测方法及技术要求需要根据超声波检测特点选择确定，其他部分的要求与射线检测工艺卡基本一致。

检测方法及技术要求包括选定的超声波检测设备、探头种类规格参数、试块种类、辅助器材、检测方法、表面补偿、扫描线调节及说明、灵敏度调节及说明、扫查方式及说明、检测部位示意图等。

第三节　超声波检测在机电特种设备中的应用

一、起重机械的超声波检测

冶金起重机是一种冶金行业专用起重设备，它的特点是工作环境差，起重质量大，一般起重质量在几十吨到几百吨，在使用过程中桥式起重机腹板受力较大，腹板与翼缘板T形焊接接头（见图8-8）是一个薄弱环节，通常采用超声波检测方法对其质量进行检查。

下面以腹板与翼缘板T形焊接接头为例，介绍超声波检测在起重机械中的具体应用。

腹板与翼缘板主体材质Q235，规格尺寸如图8-8所示，焊接接头为K形坡口形式，焊接方法采用埋弧自动焊，腹板、翼板之间的T形接头进行超声波检测，执行标准JB/T4730.3-2005，检测技术等级为B级，检测比例100%，合格级别Ⅰ级。

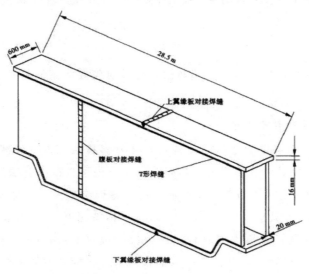

图8-8　冶金起重机腹板与翼缘板T形焊接接头

具体检测方案及工艺如下。

（一）检测前的准备

1.待检工件表面的清理

焊接接头检测区域的宽度应是焊缝本身再加上两侧各10mm的区域。

斜探头检测时，焊接接头采用一次反射法检测时，探头移动区应大于或等于1.25P，采用直射法时，探头移动区应大于或等于0.75P，为保证缺陷的检出，T形接头的检测通常采用一次反射法和直射法相结合的方式，所以探头移动区按最大值确定，即大于或等于1.25P；直探头检测时，其扫查区域为翼板T形接头（包括焊缝及热影响区）对应部位。

检测前应清除上述扫查区域内的飞溅、铁屑、油污及其他可能影响探头扫查的杂物。

2.设备器材的选择

考虑到针对不同种类缺陷的检出要求，T形接头的检测需采用直探头和斜探头相结合的方法，有些情况下还需要使用两种以上K值的斜探头，因此采用多通道数字式超声波检测仪可极大地提高检测的便捷性，加之数字超声波检测仪具有检测数据、波形存储功能，所以检测设备优先选择多通道数字式超声波检测仪（4通道以上），如PXUT-350数字超声波检测仪。

探头方面，选择K1（2.5P13×13K1）斜探头在腹板一侧和翼板外侧探测腹板、翼板侧热影响区裂纹类缺陷，此外对于腹板板厚25mm以下的还应选择K2.5斜探头（2.5P13×13K2）分别在腹板一侧和翼板外侧探测；考虑板厚及近场区的影响因素，选择5P10双晶直探头在翼板外侧探测层状撕裂及翼板侧未熔合类缺陷。

斜探头检测试块选择CSK-I A.CSK-III A试块，双晶直探头检测采用CB-I阶梯试块（见表8-1）。

（二）检测时机

焊缝外观检查合格后方可进行超声波检测，对裂纹敏感性材料，应在焊后24h进行检测。

（三）检测方法和技术要求

根据该类构件的制作工序和结构特点，选择斜探头和双晶直探头组合检测的方法，双晶直探头在翼板对应的焊缝及热影响区部位采用直接接触法进行检测，斜探头分别在腹板和翼板外侧采用直射法和一次反射法进行检测。

腹板厚度20mm，翼板厚度为16mm，时基扫描按深度1:1调节，根据工件特点，检测技术等级为B级，查标准JB/T4730.3-2005，板厚15-46mm，斜探头检测灵敏度DAC-12dB，扫查方式为锯齿形扫查；双晶直探头以翼板底波的80%波高降低10dB作为检测灵敏度，进行区域100%扫查。

（四）其他技术要求

为便于探头扫查及缺陷的初步定位和分析，斜探头腹部外侧检测时可在腹部对应直射波及一次反射波位置画出扫查定位标记线，直探头翼板外侧检测时，在翼板对应焊接接头区域画出扫查定位标记线。

（五）缺陷部位的标识与返修复检

缺陷返修部位以记号笔加以清楚标注，返修部位按原文件规定的方法进行复检。

（六）检测记录和报告的出具

（1）采用的记录和报告要符合规范、标准的要求及检测单位质量体系文件的规定。

表8-1　超声波检测工艺卡1

检测工艺卡编号：HNAT-UT-2011-12

工件	设备名称	冶金起重机	型号	QDY5-2.85
	部件名称	翼缘板与主腹板T形焊缝	规格（mm×mm）	28500×600×16/20
	表面状态	清洗除污垢	检件材质	Q235
	检测部位	T形焊缝及热影响区		
器材及参数	仪器型号	PXUT-350	检测方法	直接接触法
	探头型号	2.5P13×13K2/5P10	评定灵敏度	DAC-12dB/50% B1-10dB
	试块型号	CSK-ⅠA、CSK-ⅢA/GB-Ⅰ	扫查方式	斜探头锯齿扫查/双晶直探头全区域扫查
	耦合剂	机油■	表面补偿	+4dB
	扫描调节	深度1:1	检测面	斜探头单面双侧/双晶单面
技术要求	检测比例	100%	合格级别	Ⅰ
检测部位及扫查方式示意图	 用斜探头在腹板外侧采用直接接触法，对T形接头进行扫查，如图位置1、2、4所示。 用双晶直探头在翼缘板采用直接接触法，在T形接头对应区域进行扫查，如图位置3所示。			
技术要求及说明				

（2）记录应至少包括下列主要内容：

工件技术特性（包括工件名称、编号、材质、规格、焊工号、焊缝代号、坡口形式、表面状态等）、检测设备器材（包括超声波探伤仪型号、探头种类规格、试块种类型号等）、检测方法（包括时基扫描调节、扫查方式、灵敏度等）、检测部位示意图、评定结果（缺陷种类、数量、评定级别等）、检测时间、检测人员/底片评定人员。

（3）报告的签发。报告填写要详细清楚，并由Ⅱ级或Ⅲ级检测人员（UT）审核、签发。检测报告至少一式两份，一份交委托方，一份检测单位存档。

（4）记录和报告的存档。相关记录、报告、射线底片应妥善保存，保存期不低于技术规范和标准的规定。

二、客运索道的超声波检测

客运索道是一种特种设备，它是一种在险要山崖地段安装具有高空承揽运送游客的特殊设备，一旦发生事故，后果不堪设想。空心轴是客运索道的主要驱动轴（见图8-9），是客运索道的关键部件。

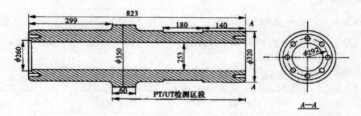

图8-9 空心轴（单位：mm）

空心轴材质通常选用中碳钢，表面通过淬火处理，硬度较高，在使用过程中受扭矩力较大，易产生疲劳裂纹，由于形状比较规则，通常采用超声波检测方法检查其内部缺陷，采用超声波检测检查其表面及近表面缺陷。

下面以空心轴为例，介绍超声波检测在客运索道中的具体应用。

空心轴主体材质45#钢，采用锻件经机加工而成，规格尺寸如图8-9所示，采用超声波进行检测，执行标准JB/T4730.3—2005，合格级别I/III级（见表8-2）。

具体检测方案及工艺如下。

（一）检测前的准备

1.待检工件表面的清理

检测前应清除空心轴表面铁屑、油污及其他可能影响探头扫查的杂物。

2.设备器材的选择

考虑到针对不同种类缺陷的检出要求，该空心轴的检测需采用直探头和斜探头相结合的方法。因此，采用多通道数字式超声波检测仪可同时存储直探头和斜探头对应的设定参数和距离波幅曲线，极大提高检测的便捷性，加之数字超声波检测仪具有检测数据、波形存储功能，所以检测设备优先选择多通道数字式超声波检测仪（4通道以上），如PXUT-350数字超声波检测仪。

探头方面，用斜探头直接接触法在空心定轴表面轴向、环向进行扫查，以发现空心轴内部径向及轴向缺陷。考虑工件厚度及近场方面的因素，采用小晶片双晶直探头直接接触法在空心定轴表面全区域进行扫查，以发现工件内部缺陷。

考虑工件曲率半径较小，直探头和斜探头均选择小晶片尺寸，斜探头选择K2（2.5P9×9K2），直探头选择2.5P10在空心轴外侧探测。

表8-2　超声波检测工艺卡2

检测工艺卡编号：HNAT-UT-2011-09

工件	设备名称	客运索道	规格（mm×mm）		φ350×823
	部件名称	空心轴			
	表面状态	清洗除污垢	检件材质		45#钢
	检测部位	空心轴本体			
器材及参数	仪器型号	PXUT-350	检测方法		直接接触法
	探头型号	2.5P13X13K2/2.5P10	评定灵敏度		DAC-9dB/DAC-6dB/φ2平底孔
	试块型号	CSK-I A CSK-III A CSII CSIII	扫查方式		斜探头方齿扫查/直探头区域扫查
	耦合剂	机油■	表面补偿		+4dB
	扫描调节	深度1：1/大平底	检测面		工件表面
技术要求	检测比例	100%	合格级别		I/III
	检测标准	JB/T4730.3-2005			
检测部位及扫查方式示意图					
技术要求及说明	1.扫查过程应注意区分孔、槽反射。 2.直探头、斜探头扫查过程应保证有一定的扫查重叠区				

斜探头检测试块选择CSK-I A和CSK-III A试块，双晶直探头检测采用CSII标准试块。

（二）检测时机

表面清理完毕并外观检查合格后方可进行超声波检测。

（三）检测方法和技术要求

根据该类构件的制作工序和结构特点，选择斜探头和直探头组合检测的方法，直探头在轴外表面采用直接接触法进行检测，斜探头在轴外表面采用直射法和一次反射法进行检测。

斜探头检测时基扫描按深度 1：1 调节，根据工件特点，检测技术等级为 B 级，查标准 JB/T4730.3–2005，斜探头检测灵敏度 DAC–9dB/DAC–6dB，进行区域 100% 扫查；直探头以所测部位壁厚 φ2 平底孔 80% 波高作为检测灵敏度，进行区域 100% 扫查。

（四）其他要求

缺陷部位的标识、检测记录和报告的出具与焊接接头检测要求相同。

第九章　磁粉检测在机电特种设备中的应用

第一节　概　述

一、引言

磁粉检测同射线检测、超声波检测一样，也是工业无损检测的一个重要专业门类，属常规无损检测方法之一。其最主要的应用是探测试件表面及近表面的宏观几何缺陷。

按照不同特征（使用的设备种类、磁化方法、磁粉类型、检测工艺和技术特点等）可将磁粉检测分为多种不同的方法，设备种类包括固定式、移动式、便携式等；磁粉类型包括干粉、湿粉、荧光磁粉等，而根据工艺和技术特点又包括原材料检测、焊接接头检测等。

二、磁粉检测原理

铁磁性材料工件被磁化后，由于不连续性（缺陷）的存在，使工件表面和近表面的磁力线发生局部畸变而产生漏磁场，吸附施加在工件表面的磁粉，在合适的光照下形成目视可见的磁痕，从而显示出不连续性（缺陷）的位置、大小、形状和严重程度。

磁粉检测适用于检测铁磁性材料表面和近表面缺陷，不适合检测埋藏较深的内部缺陷。适用于检测铁镍基铁磁性材料，不适用于检测非磁性材料。

磁粉检测优点是操作简单方便，检测成本低；缺点是对被检测件的表面光洁度要求高，对检测人员的技术和经验要求高，检测范围小，检测速度慢。

第二节 磁粉检测工艺方法与通用技术

一、磁化电流

在电场作用下，电荷有规则的运动形成了电流。电流通过的路径称为电路，它一般由电源、连接导线和负载组成。单位时间内流过导体某一截面的电量叫电流，用 I 表示，单位是安［培］（A）。

在磁粉检测中是用电流来产生磁场的，常用不同的电流对工件进行磁化。这种为在工件上形成磁化磁场而采用的电流叫做磁化电流。由于不同电流随时间变化的特性不同，在磁化时所表现出的性质也不一样，因此在选择磁化设备与确定工艺参数时，应该考虑不同电流种类的影响。磁粉检测采用的磁化电流有交流电、整流电（包括单相半波整流电、单相全波整流电、三相半波整流电和三相全波整流电）、直流电和冲击电流。

机电类特种设备的磁粉检测多采用交流电、直流电，这也是本节的介绍重点。

（一）交流电

1.交流电流

大小和方向随时间按正弦规律变化的电流称为正弦交流电，简称交流电，用符号 AC 表示，如图 9-1 所示。

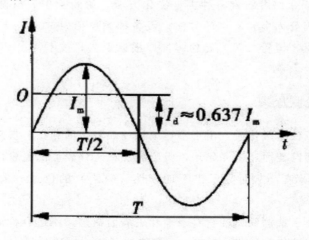

图 9-1 正弦交流电及在半个周期内平均值

交流电在一个周期内的电流最大值叫峰值，用 I_m 表示。在工程上还应用有效值和平均值。从交流电流表上读出的电流值是有效值。交流电的峰值 I_m 和有效值 I 的换算关系为

$$I_m = \sqrt{2}\,I = 1.414I \ 或 \ I = \frac{I_m}{\sqrt{2}} = 0.707I_m$$

交流电在半个周期（T/2）范围内各瞬间的算术平均值称为交流电的平均值，用 I_d 表示，也可以用图解法求出，如图9-1矩形的高度代表交流电平均值。交流电峰值和平均值的换算关系为

$$I_d = (2/\pi) I_m = 0.637 I_m$$

在一个周期内，交流电的平均值等于零。

2.趋肤效应

交变电流通过导体时，导体表面电流密度较大而内部电流密度较小的现象称为趋肤效应（或集肤效应）。这是由于导体在变化着的磁场里因电磁感应而产生涡流，在导体表面附近，涡流方向与原来电流方向相同，使电流密度增大；而在导体轴线附近，涡流方向则与原来电流方向相反，使导体内部电流密度减弱，如图9-2所示。材料的电导率和相对磁导率增加时，或交流电的频率提高时，都会使趋肤效应更加明显。通常50Hz交流电的趋肤深度，也称交流电的透入深度δ，大约为2mm，透入深度δ可用下式表示

$$\delta = \frac{500}{\sqrt{f \sigma \mu_r}}$$

式中 δ——交流电趋肤深度，m；

f——交流电频率，Hz；

σ——材料电导率，S/m；

μ_r——相对磁导率，H/m。

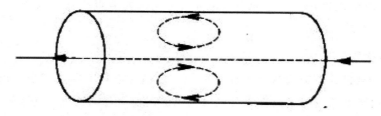

图 9-2　趋肤效应

3.交流电的优点和局限性

（1）交流电的优点

磁粉检测中，交流电被广泛应用，是由于它具有以下优点：

1）对表面缺陷检测灵敏度高。由于趋肤效应在工件表面电流密度最大，所以磁通密度也最大，有助于表面缺陷产生漏磁场，从而提高了工件表面缺陷的检测灵敏度。

2）容易退磁。因为交流电磁化的工件，磁场集中于工件表面，所以用交流电容易将工件上的剩磁退掉，还因为交流电本身不断地换方向，而使退磁方法变得简单又容易实现。

3）电源易得，设备结构简单。由于电流电源能方便地输送到检测场所，交流探

伤设备也不需要可控硅整流装置，结构较简单。

4）能够实现感应电流法磁化。根据电磁感应定律，交流电可以在磁路里产生交变磁通，而交变磁通又可以在回路产生感应电流，对环形件实现感应电流法磁化。

5）能够实现多向磁化。多向磁化常用两个交流磁场相互叠加来产生旋转磁场或用一个直流磁场和一个交流磁场矢量合成来产生摆动磁场。

6）磁化变截面工件磁场分布较均匀。当用固定式电磁轭磁化变截面工件时，可发现用交流电磁化，工件表面上磁场分布较均匀。若用直流电磁化，工件截面突变处有较多的泄漏磁场，会掩盖该部位的缺陷显示。

7）有利于磁粉迁移。由于交流电的方向在不断地变化，所产生的磁场方向也不断地改变，它有利于搅动磁粉促使磁粉向漏磁场处迁移，使磁痕显示清晰可见。

8）用于评价直流电（或整流电）磁化发现的磁痕显示。由于直流电磁化较交流电磁化发现的缺陷深，所以直流电磁化发现的磁痕显示，若退磁后用交流电磁化发现不了，说明该缺陷不是表面缺陷，有一定的深度。

9）适用于在役工件的检验。用交流电磁化，检验在役工件表面疲劳裂纹灵敏度高，设备简单轻便，有利于现场操作。

10）交流电磁化时工序间可以不退磁。

（2）交流电的局限性

1）剩磁法检验受交流电断电相位影响。剩磁大小不稳定或偏小，易造成缺陷漏检，所以使用剩磁法检验的交流探伤设备应配备断电相位控制器。

2）探测缺陷深度小。对于钢件ϕ1mm人工孔，交流电的探测深度，剩磁法约为1mm，连续法约为2mm。

（二）直流电

直流电是磁粉检测应用最早的磁化电流，它的大小和方向都不变，用符号DC表示。直流电是通过蓄电池组或直流发电机供电的。使用蓄电池组，需要经常充电，电流大小调节和使用也不方便，退磁又困难，所以现在磁粉检测很少使用。

直流电的平均值 I_d、峰值 I_m 和有效值 I 相等。

1.直流电的优点

（1）磁场渗入深度大，在七种磁化电流中，检测缺陷的深度最大。

（2）剩磁稳定，剩磁能够有力地吸住磁粉，便于磁痕评定。

（3）适用于镀铬层下的裂纹、闪光电弧焊中的近表面裂纹和薄壁焊接件根部的未焊透和未溶合的检验。

2.直流电的局限性

（1）退磁最困难。

（2）不适用于干法检验。

（3）退磁场大。

（4）工序间要退磁。

（三）各类磁化电流的特点

（1）用交流电磁化湿法检验，对工件表面微小缺陷检测灵敏度高。

（2）交流电的渗入深度不如整流电和直流电。

（3）交流电用于剩磁法检验时，应加装断电相位控制器。

（4）交流电磁化连续法检验主要与有效值电流有关，而剩磁检验主要与峰值电流有关。

（5）整流电流中包含的交流分量越大，检测近表面较深缺陷的能力越小。

（6）单相半波整流电磁化干法检验，对工件近表面缺陷检测灵敏度高。

（7）三相全波整流电可检测工件近表面较深的缺陷。

（8）直流电可检测工件近表面最深的缺陷。

（9）冲击电流只能用于剩磁法检验和专用设备。

二、磁化方法

（一）磁场方向与发现缺陷的关系

磁粉检测的能力取决于施加磁场的大小和缺陷的延伸方向，还与缺陷的位置、大小和形状等因素有关。工件磁化时，当磁场方向与缺陷延伸方向垂直时，缺陷处的漏磁场最大，检测灵敏度最高。当磁场方向与缺陷延伸方向夹角为45°时，缺陷可以显示，但灵敏度降低。当磁场方向与缺陷延伸方向平行时，不产生磁痕显示，发现不了缺陷。从图9-3可直观地看出磁场方向与显现缺陷方向的关系。由于工件中缺陷有各种取向，难以预知，故应结合工件尺寸、结构和外形等组合使用多种磁化方法，以发现所有方向的缺陷。

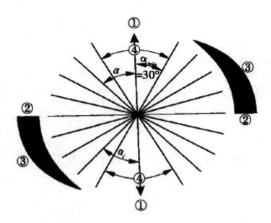

①-磁场方向；②-最佳灵敏度；③-灵敏度减小；④-灵敏度不足；

α-磁场和缺陷间夹角；α_{min}-最小角度；α_i-实例

图9-3 显现缺陷方向的示意

选择磁化方法应考虑以下因素：

（1）工件的尺寸大小。

（2）工件的外形结构。

（3）工件的表面状态。

（4）根据工件过去断裂的情况和各部位的应力分布，分析可能产生缺陷部位和方向，选择合适的磁化方法。

（二）磁化方法的分类

根据工件的几何形状、尺寸、大小和欲发现缺陷的方向而在工件上建立的磁场方向，将磁化方法一般分为周向磁化、纵向磁化和多向磁化。所谓周向与纵向，是相对被检工件上的磁场方向而言的。

1.周向磁化

周向磁化是指给工件直接通电，或者使电流通过贯穿空心工件孔中的导体，旨在工件中建立一个环绕工件的并与工件轴垂直的周向闭合磁场，用于发现与工件轴平行的纵向缺陷。

2.纵向磁化

纵向磁化是指将电流通过环绕工件的线圈，沿工件纵长方向磁化，工件中的磁力线平行于线圈的中心轴线，用于发现与工件轴向垂直的周向缺陷（横向缺陷）。利用电磁轭和永久磁铁磁化，使磁力线平行于工件纵轴的磁化方法亦属于纵向磁化。

将工件置于线圈中进行纵向磁化，称为开路磁化，开路磁化在工件两端产生磁极，因而产生退磁场。

电磁轭整体磁化、电磁轭或永久磁铁的局部磁化，称为闭路磁化，闭路磁化不产生退磁场或退磁场很小。

3.多向磁化（也叫复合磁化）

多向磁化是指通过复合磁化，在工件中产生一个大小和方向随时间成圆形、椭圆形或螺旋形轨迹变化的磁场。

4.辅助通电法

辅助通电法是指将通电导体置于工件受检部位而进行局部磁化的方法，如电缆平行磁化法和铜板磁化法，仅用于常规磁化方法难以磁化的工件和部位，一般情况下不推荐使用。

（三）各种磁化方法的特点

磁化工件的顺序，一般是先进行周向磁化，后进行纵向磁化；如果一个工件上横截面尺寸不等，周向磁化时，电流值分别计算，先磁化小直径，后磁化大直径。

磁粉检测磁化方法有12种：轴向通电法、中心导体法、偏置芯棒法、触头法、感应电流法、环形件绕电缆法、线圈法、磁轭法、永久磁轭法、交叉磁轭法、平行电缆磁化法、直流电磁轭与交流通电法复合磁化，根据工件特点、缺陷检出要求选择不同的磁化方法，每种磁化方法各有其优缺点。

机电类特种设备的磁粉检测常用磁化方法有轴向通电法、中心导体法、触头法、环形件绕电缆法、线圈法、磁轭法、交叉磁轭法，下面重点介绍这几类方法，如需了解其他方法可查阅专业无损检测资料。

1.轴向通电法

（1）轴向通电法是将工件夹于探伤机的两磁化夹头之间，使电流从被检工件上直接流过，在工件的表面和内部产生一个闭合的周向磁场，用于检查与磁场方向垂直、与电流方向平行的纵向缺陷，如图9-4所示，是最常用的磁化方法之一。

将磁化电流沿工件轴向通过的磁化方法称为轴向通电法，简称通电法；电流垂直于工件轴向通过的方法，称为直角通电法；若工件不便于夹持在探伤机两夹头之间，则可采用夹钳通电法，如图9-5所示，此法不适用大电流磁化。

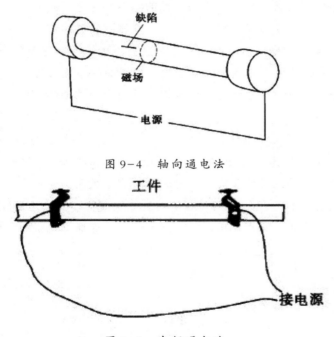

图9-4　轴向通电法

图9-5　夹钳通电法

（2）轴向通电法和触头法产生打火烧伤的原因有：①工件与两磁化夹头接触部位有铁锈、氧化皮及脏物；②磁化电流过大；③夹持压力不足；④在磁化夹头通电时夹持或松开工件。

（3）预防打火烧伤的措施：①清除掉与电极接触部位的铁锈、油漆和非导电覆盖层；②必要时应在电极上安装接触垫，如铅垫或铜编织垫，应当注意，铅蒸汽是有害的，使用时应注意通风，铜编织物仅适用于冶金上允许的场合；③磁化电流应在夹持压力足够时接通；④必须在磁化电流断电时夹持或松开工件；⑤用合适的磁化电流磁化。

（4）轴向通电法的优点、缺点和适用范围。

轴向通电法的优点：①无论简单或复杂工件，一次或数次通电都能方便地磁化；②在整个电流通路的周围产生周向磁场，磁场基本上都集中在工件的表面和近表面；③两端通电，即可对工件全长进行磁化，所需电流值与长度无关；④磁化规范容易计算；⑤工件端头无磁极，不会产生退磁场；⑥用大电流可在短时间内进行大面积磁化；⑦工艺方法简单，检测效率高；⑧有较高的检测灵敏度。

轴向通电法的缺点：①接触不良会产生电弧烧伤工件；②不能检测空心工件内表面的不连续性；③夹持细长工件时，容易使工件变形。

轴向通电法适用范围：特种设备实心和空心工件的焊接接头、机加工件、轴类、管子、铸钢件和锻钢件的磁粉检测。

2.中心导体法

（1）中心导体法是将导体穿入空心工件的孔中，并置于孔的中心，电流从导体上通过，形成周向磁场，所以又叫电流贯通法、穿棒法和芯棒法。由于是感应磁化，可用于检查空心工件内、外表面与电流平行的纵向不连续性和端面的径向的不连续性，如图9-6所示。空心件用直接通电法不能检查内表面的不连续性，因为内表面的磁场强度为零。但用中心导体法能更清晰地发现工件内表面的缺陷，因为内表面比外表面具有更大的磁场强度。

（2）中心导体法用交流电进行外表面检测时，会在筒形工件内产生涡电流 i_e，因此工件的磁场是中心导体中的传感电流 i_t 和工件内的涡电流 i_e 产生的磁场叠加，由于涡电流有趋肤效应，因此导致工件内、外表面检测灵敏度相差很大，对磁化规范确定带来困难。国内有资料介绍，对某一规格钢管分别通交、直流电磁化，为达到管内、外表面相同大小的磁场，通直流电时二者相差不大，而通交流电时，检测外表面时的电流值将会是检测内表面电流值的2.7倍。因此，用中心导体法进行外表面检测时，一般不用交流电而尽使用直流电和整流电。

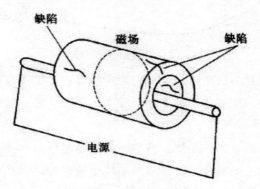

图9-6 中心导体法

（3）对于一端有封头（亦称盲孔）的工件，可将铜棒穿入盲孔中，铜棒为一端，封头作为另一端（保证封头内表面与铜棒端头有良好的电接触），被夹紧后进行中心导体法磁化。

（4）对于内孔弯曲的工件，可用软电缆代替铜棒进行中心导体法磁化。

（5）中心导体材料通常采用导电性能良好的铜棒，也可用铝棒。在没有铜棒采用钢棒做中心导体磁化时，应避免钢棒与工件接触产生磁写，所以最好在钢棒表面包上一层绝缘材料。

（6）中心导体法的优点、缺点和适用范围。

中心导体法的优点：①磁化电流不从工件上直接流过，不会产生电弧；②在空心工件的内、外表面及端面都会产生周向磁场；③重量轻的工件可用芯棒支承，许多小工件可穿在芯棒上一次磁化；④一次通电，工件全长都能得到周向磁化；⑤工艺方法简单，检测效率高；⑥有较高的检测灵敏度。因而，中心导体法是最有效、最常用的磁化方法之一。

中心导体法的缺点：①对于厚壁工件，外表面缺陷的检测灵敏度比内表面低很多；②检查大直径管子时，应采用偏置芯棒法，需转动工件，进行多次磁化和检验；③仅适用于有孔工件的检验。

中心导体法适用范围：特种设备的管子、管接头、空心焊接件和各种有孔的工件如轴承圈、空心圆柱、齿轮、螺帽及环形件的磁粉检测。

3.触头法

（1）触头法是用两支杆触头接触工件表面，通电磁化，在平板工件上磁化能产生一个畸变的周向磁场，用于发现与两触头连线平行的缺陷，触头法设备分非固定触头间距和固定触头间距两种。如图9-7所示，触头法又叫支杆法、尖锥法、刺棒法和手持电极法。触头电极尖端材料宜用铅、钢或铝，最好不用铜，以防铜沉积被检工件表面，影响材料的性能。

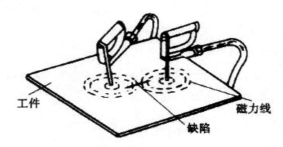

图9-7　触头法的磁力线

（2）触头法用较小的磁化电流值就可在工件局部得到必要的磁场强度，灵敏度高，使用方便。最短不得小于75mm，因为在触头附近25mm范围内，电流密度过大，产生过渡背景，有可能掩盖相关显示，如图9-8所示。如果触头间距过大，电流流过的区域就变宽，使磁场减弱，磁化电流必须随着间距的增大相应地增加。

（3）为了保证触头法磁化时不漏检，必须让两次磁化的有效磁化区相重叠不小于10%，如图9-9所示。

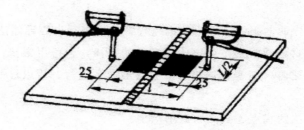

图9-8　触头法磁化的有效磁化区

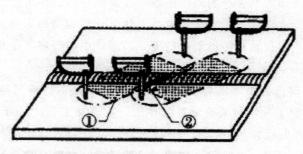

①—磁化范围；②—重叠区域

图9-9　有效磁化区的重叠区

（4）触头法的优点、缺点及适用范围。

触头法的优点：①设备轻便，可携带到现场检验，灵活方便；②可将周向磁场集中在经常出现缺陷的局部区域进行检验；③检测灵敏度高。

触头法的缺点：①一次磁化只能检验较小的区域；②接触不良会引起工件过热和打火烧伤；③大面积检验时，要求分块累积检验，很费时。

触头法适用于：平板对接焊接接头、T形焊接接头、管板焊接接头、角焊接接头以及大型铸件、锻件和板材的局部磁粉检测。

4.环形件绕电缆法

在环形工件上，缠绕通电电缆，也称为螺线环，如图9-10所示。所产生的磁场沿着环的圆周方向，磁场大小可近似地用下式计算：

$$H = \frac{NI}{2\pi R} \text{ 或 } H = \frac{NI}{L}$$

式中 H——磁场强度，A/m；

N——线圈匝数；

I——电流，A；

R——圆环的平均半径，m；

L——圆环中心线长度，m。

环形件绕电缆法是用软电缆穿绕环形件，通电磁化，形成沿工件圆周方向的周围磁场，用于发现与磁化电流平行的横向缺陷，如图9-10所示。

环形件绕电缆法的优点：①由于磁路是闭合的，无退磁场产生，容易磁化；②非电接触，可避免烧伤工件。

缺点是：效率低，不适用于批量检验。

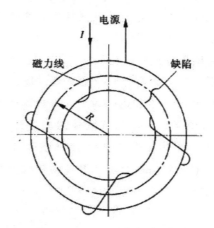

图9-10　环形件绕电缆法

5.线圈法

（1）线圈法是将工件放在通电线圈中，或用软电缆缠绕在工件上通电磁化，形成纵向磁场，用于发现工件的周向（横向）缺陷。适用于纵长工件如焊接管件、轴、管子、棒材、铸件和锻件的磁粉检测。

（2）线圈法包括螺管线圈法和绕电缆法两种，如图9-11和图9-12所示。

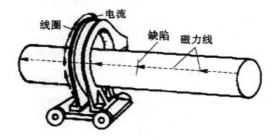

图9-11　螺管线圈法

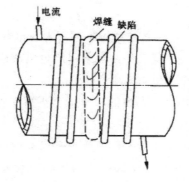

图9-12　绕电缆法图

（3）线圈法纵向磁化的要求。

①线圈法纵向磁化，会在工件两端形成磁极，因而产生退磁场。工件在线圈中磁化与工件的长度L和直径D之比（L/D）有密切关系，L/D愈小愈难磁化，所以L/D必须≥2，若L/D<2，应采用与工件外径相似的铁磁性延长块将工件接长，使L/D≥2。

②工件的纵轴应平行于线圈的轴线。

③可将工件紧贴线圈内壁放置进行磁化。

④对于长工件，应分段磁化，并应有10%的有效磁场重叠。

⑤工件置于线圈中开路磁化，能够获得满足磁粉检测磁场强度要求的区域称为线圈的有效磁化区。线圈的有效磁化区是从线圈端部向外延伸150mm的范围内。超过150mm以外区域，磁化强度应采用标准试片确定。ASTM E1444-94a对于低和高充填因数线圈的有效磁化区分别规定如下：对于低充填因数线圈，在线圈中心向两侧延伸的有效磁化区大约等于线圈的半径R，如图9-13所示。对于高充填因数线圈和绕电缆法从线圈中心向两侧分别延伸9in（229mm）为有效磁化区，如图9-14所示。可供试验和应用时参考。

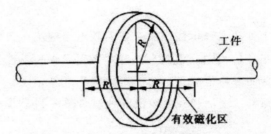

图9-13　低充填因数线圈有效磁化区

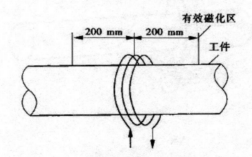

图9-14　高充填因数线圈有效磁化区

对于不能放进螺管线圈的大型工件，可采用绕电缆法磁化。

（4）线圈法的优点、缺点及适用范围。

线圈法的优点：①非电接触；②方法简单；③大型工件用绕电缆法很容易得到纵向磁场；④有较高的检测灵敏度。

线圈法的缺点：①L/D值对退磁场和灵敏度有很大的影响，决定安匝数时要加以考虑；②工件端面的缺陷检测灵敏度低；③为了将工件端部效应减至最小，应采用"决速断电"。

线圈法适用范围：特种设备对接焊接接头、角焊接接头、管板焊接接头以及纵长工件如曲轴、轴、管子、棒材、铸件和锻件的磁粉检测。

6.磁轭法

（1）磁轭法是用固定式电磁轭两磁极夹住工件进行整体磁化，或用便携式电磁轭两磁极接触工件表面进行局部磁化，用于发现与两磁极连线垂直的缺陷。在磁轭法中，工件是闭合磁路的一部分，用磁极间对工件感应磁化，所以磁轭法也称为极间法，属于闭路磁化，如图9-15和图9-16所示。

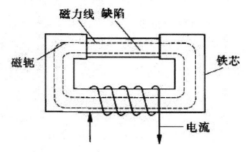

图 9-15　电磁轭整体磁化

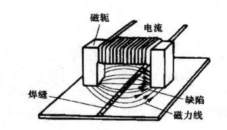

图 9-16　电磁轭局部磁化

（2）整体磁化。用固定式电磁轭整体磁化的要求是：①只有磁极截面大于工件截面时，才能获得好的探伤效果。相反，工件中便得不到足够的磁化，在使用直流电磁轭比交流电磁轭时更为严重。②应尽量避免工件与电磁轭之间的空气隙，因空气隙会降低磁化效果。③当极间距大于1m时，工件便不能得到必要的磁化。④形状复杂而且较长的工件，不宜采用整体磁化。

（3）局部磁化。用便携式电磁轭的两磁极与工件接触，使工件得到局部磁化，两磁极间的磁力线大体上平行两磁极的连线，有利于发现与两磁极连线垂直的缺陷。

便携式电磁轭，一般做成带活动关节，磁极间距L一般控制在75~200mm为宜，但最短不得小于75mm。因为磁极附近25mm范围内，磁通密度过大会产生过渡背景，有可能掩盖相关显示。在磁路上总磁通量一定的情况下，工件表面的磁场强度随着两极间距L的增大而减小，所以磁极间距也不能太大，如图9-17所示。

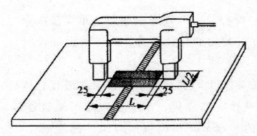

图 9-17　便携式磁轭磁化的有效磁化区（阴影部分）（单位：mm）

交流电具有趋肤效应，因此对表面缺陷有较高的灵敏度。又因交流电方向在不断地变化，使交流电磁轭产生的磁场方向也不断地变化，这种方向变化可搅动磁粉，有助于磁粉迁移，从而提高磁粉检测的灵敏度。而直流电磁轭产生的磁场能深入工件表面较深，有利于发现较深层的缺陷。因此，在同样的磁通量时，探测深度越大，磁通密度就越低，尤其在厚钢板中比在薄钢板中这种现象更明显，如图 9-18 所示。尽管直流电磁轭的提升力满足标准要求（>177N），但测量工件表面的磁场强度和在 A 型试片上的磁痕显示都往往达不到要求，为此建议对厚度>6mm 的工件不要使用直流电磁轭探伤。ASME 规范第Ⅴ卷也特别强调"除了厚度小于等于 6mm 的材料外，在相等的提升力条件下，对表面缺陷的探测使用交流电磁轭优于直流和永久磁轭"。

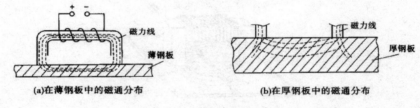

图 9-18　直流电磁轭在钢板中的磁通分布

一般说来，特种设备的表面和近表面缺陷的危害程度较内部缺陷要大得多，所以对焊接接头进行磁粉检测，一般最好采用交流电磁轭。但对于薄壁（<6mm）的压力管道来说，利用直流电磁轭既可发现较深层的缺陷，又可兼顾表面及近表面缺陷能检测出来，这样也弥补了交流电磁轭的不足，所以对于<6mm 的薄壁压力管道应采用直流电磁轭。

（4）磁轭法的优点、缺点及适用范围。

磁轭法的优点：①非电接触；②改变磁轭方位，可发现任何方向的缺陷；③便携式磁轭可带到现场检测，灵活、方便；④可用于检测带漆层的工件（当漆层厚度允许时）；⑤检测灵敏度较高。

磁轭法的缺点：①几何形状复杂的工件检验较困难；②磁轭必须放到有利于缺陷检出的方向；③用便携式磁轭一次磁化只能检验较小的区域，大面积检验时，要求分块累积，很费时；④磁轭磁化时应与工件接触好，尽量减小间隙的影响。

磁轭法适用于：特种设备平板对接焊接接头、T 形焊接接头、管板焊接接头、角焊接接头以及大型铸件、锻件和板材的局部磁粉检测。

7.交叉磁轭法

电磁轭有两个磁极，进行磁化只能发现与两极连线垂直的和成一定角度的缺陷，对平行于两磁极连线方向缺陷则不能发现。使用交叉磁轭可在工件表面产生旋转磁场。国内外大量实践证明，这种多向磁化技术可以检测出非常小的缺陷，因为在磁化循环的每个周期都使磁场方向与缺陷延伸方向相垂直，所以一次磁化可检测出工件表面任何方向的缺陷，检测效率高。

（1）交叉磁轭的正确使用方法如下：

①交叉磁轭磁化检验只适用于连续法。必须采用连续移动方式进行工件磁化，且边移动交叉磁轭进行磁化，边施加磁悬液。最好不采用步进式的方法移动交叉磁轭。

②为了确保灵敏度和不会造成漏检，磁轭的移动速度不能过快，不能超过标准规定的4m/min的移动速度，可通过标准试片磁痕显示来确定。当交叉磁轭移动速度过快时，对表面裂纹的检出影响不是很大，但是，对近表面裂纹，即使是埋藏深度只有零点几毫米，也难以形成缺陷磁痕。

③磁悬液的喷洒至关重要，必须在有效磁化场范围内始终保持润湿状态，以利于缺陷磁痕的形成。尤其对有埋藏深度的裂纹，由于磁悬液的喷洒不当，会使已经形成的缺陷磁痕被磁悬液冲刷掉，造成缺陷漏检。

④磁痕观察必须在交叉磁轭通过后立即进行，避免已形成的缺陷磁痕遭到破坏。

⑤交叉磁轭的外侧也存在有效磁化场，可以用来磁化工件，但必须通过标准试片确定有效磁化区的范围。

⑥交叉磁轭磁极必须与工件接触好，特别是磁极不能悬空，最大间隙不应超过1.5mm，否则会导致检测失效。

（2）交叉磁轭磁化的优点、缺点及适用范围。

交叉磁轭磁化的优点：一次磁化可检测出工件表面任何方向的缺陷，而且检测灵敏度和效率都高。

交叉磁轭磁化的缺点：不适用于剩磁法磁粉检测，操作要求严格。

交叉磁轭磁化的适用范围：平板对接焊接接头的磁粉检测。

三、磁化规范

（一）磁化规范及其制定

对工件磁化，选择磁化电流值或磁场强度值所遵循的规则称为磁化规范。磁粉检测应使用既能检测出所有的有害缺陷，又能区分磁痕显示的最小磁场强度进行检验。因磁场强度过大易产生过度背景，会掩盖相关显示；磁场强度过小，磁痕显示不清晰，难以发现缺陷。

1.制定磁化规范应考虑的因素

首先根据工件的材料、热处理状态和磁特性，确定采用连续法还是剩磁法检验，制定相应的磁化规范；还要根据工件的尺寸、形状、表面状态和欲检出缺陷的种类、位置、形状及大小，确定磁化方法、磁化电流种类和有效磁化区，制定相应的磁化规范。显然这些变动因素范围很大，对每个工件制定一个精确的磁化规范进行磁化是困难的。但是人们在长期的理论探讨和实践经验的基础上，摸索出将磁场强度控制在一个较合理的范围内，使工件得到有效磁化的方法。

2.制定磁化规范的方法

磁场强度足够的磁化规范可通过下述一种或综合三种方法来确定。

（1）用经验公式计算

对于工件形状规则的，磁化规范可用经验公式计算，如I=（8~15）D等，这些公式可提供一个大略的指导，使用时应与其他磁场强度监控方法结合使用。

（2）用毫特斯拉计测量工件表面的切向磁场强度

国内外磁粉检测标准都公认：连续法检测时，2.4~4.8kA/m，剩磁法检测时施加在工件表面的磁场强度为14.4kA/m是恰当的。测量时，将磁强计的探头放在被检工件表面，确定切向磁场强度的最大值，连续法只要达到2.4~4.8kA/m磁场强度所用的磁化电流，可以替代用经验公式计算出的电流值，这样制定的磁化规范比较可靠。

（3）用标准试片确定

用标准试片上的磁痕显示程度确定磁化规范，尤其对于形状复杂的工件，难以用计算法求得磁化规范时，把标准试片贴在被磁化工件不同部位，可确定大致理想的磁化规范。这种方法是简单也是最常用的方法。

（二）轴向通电法和中心导体法磁化规范

轴向通电法和中心导体法的磁化规范按表9-1计算。

表9-1 轴向通电法和中心导体法的磁化规范

磁化方法	磁化电流计算公式	
	AC	FWDC
连续法	I=（8~15）D	I=（12~32）D
剩磁法	I=（25~45）D	I=（25~45）D

中心导体法可用于检测工件内、外表面与电流平行的纵向缺陷和端面的径向缺陷。外表面检测时应尽量使用直流电或整流电。

（三）触头法磁化规范

触头法磁化时，触头间距L一般应控制在75-200mm。连续法检验的磁化规范I按表9-2计算。

表9-2 触头法磁化电流值

工件厚度T（mm）	电流值I（A）
T<19	I=（3.5~4.5）L
T≥19	I=（4~5）L

（四）线圈法磁化规范

1.用连续法检测的线圈法磁化规范

（1）低充填因数线圈

线圈横截面积与被检工件横截面积之比 Y≥10时。

1）当工件偏心放置线圈内壁放置时，线圈的安匝数为：

$$IN = \frac{45000}{L/D}\ (\pm 10\%)$$

2）当工件正中放置于线圈中心时，线圈的安匝数为：

$$IN = \frac{1690R}{6\ (L/D)-5}\ (\pm 10\%)$$

（2）高充填因数线圈

线圈横截面积与被检工件横截面积之比 Y≤2时，线圈的安匝数为：

$$IN = \frac{35000}{(L/D)-5}\ (\pm 10\%)$$

以上各式中 I——施加在线圈上的磁化电流，A；

N——线圈匝数；

R——线圈半径，mm；

L——工件长度，mm；

D——工件直径或横截面上最大尺寸，mm。

（3）中充填因数线圈

线圈横截面积与被检工件横截面积之比 2<Y<10时，线圈的安匝数为：

$$IN = (IN)_h \frac{10-Y}{8} + (IN)_l \frac{Y-2}{8}$$

式中 $(IN)_l$——由（1）或（2）计算出的安匝数；

$(IN)_h$——由2）计算出的安匝数。

充填因数 Y 为线圈横截面积与被检工件横截面积之比。

$$Y = \frac{S}{S_1} = \frac{R^2}{r^2} = \frac{D_0^2}{D^2}$$

式中 Y——充填因数；

S——线圈横截面积；

S_1——被检工件横截面积；

R——线圈横截面积半径；

r——被检工件横截面积半径；

D_0——线圈横截面积直径；

D——被检工件横截面积直径（对于中空的非圆筒形工件和圆筒形工件的直径 D 应由有效直径 D_{eff} 代替）。

对于中空圆筒形工件：

$$D_{eff} = \sqrt{D_0^2 - D_i^2}$$

式中 D_0——圆筒外直径；

D_i——圆筒内直径。

2. 检测中的注意事项

（1）上述公式在 L/D>2 时有效。若 L/D<2，应在工件两端连接与被检工件材料接近的磁极块，使 L/D>2；若 L/D≥15，仍按 15 计算。

（2）当被检工件太长时，应进行分段磁化，且应有一定的重叠区。重叠区应不小于分段检测长度的 10%。检测时，磁化电流应根据标准试片实测结果来确定。

（3）若工件为空心件，则由 $D_{eff} = \sqrt{D_0^2 - D_i^2}$ 给出的有效直径。D_{eff} 代替公式中的工件直径计算。

（4）公式中的电流 I 为放入工件后的电流值。

（5）对于中空的非圆筒形工件和圆筒形工件的 L/D 值计算时，此时工件直径 D 应由有效直径 D_{eff} 代替。

（五）磁轭法

1. 提升力

磁轭法的提升力是指通电电磁轭在最大磁极间距时（有的指磁极间距为 200mm 时），对铁磁性材料（或制件）的吸引力。磁轭的提升力大于反映了磁轭对磁化规范的要求，即当磁轭磁感应强度峰值 B_m 达到一定大小所对应的磁轭吸引力，对于一定的设备和工件，磁轭的吸引力与铁素体钢板的磁导率、磁极间距、磁极与钢板的间隙及移动情况都有关。当上述因素不变时，磁感应强度峰值 B_m 与磁轭吸引力有一定的对应关系。但当磁极间距 L 变化时，将使磁感应强度峰值 B_m 随之改变，这就是讲提升力大小时必须注明磁极间距 L 的原因。

2. 检测灵敏度

磁轭法磁化时，检测灵敏度可根据标准试片上的磁痕显示和电磁轭的提升力来确定。磁轭法磁化时，两磁极间距 L 一般应控制在 75~200mm。当使用磁轭最大间距时，交流电磁轭至少应有 45N 的提升力，直流电磁轭至少应有 177N 的提升力，交叉磁轭至少应有 118N 的提升力（磁极与试件表面间隙为 0.5mm）。采用便携式电磁轭磁化工件，其磁化规范应根据标准试片上的磁痕显示来验证；如果采用固定式磁轭磁化工件，应根据标准试片上的磁痕显示来校验灵敏度是否满足要求。

（六）直径 D、当量直径 D_d 与有效直径 D_m 的关系

（1）D 代表圆柱形直径（外径），单位 mm，适用于轴向通电法计算磁化规范用。

（2）所谓当量直径 D_d，是指将非圆柱形横截面换算成相当圆柱形横截面的直径。当量直径 D_d=周长/π，单位 mm，适用于非圆柱形工件计算周向磁化规范用。

下面几种圆柱形和非圆柱形横截面的当量直径 D_d 与横截面最大尺寸求法。

轴向通电法磁化规范与直径有关，I=（8~15）D、I=πD，因为直径与外表面大小成正比，因而也与施加的磁化电流、磁场强度成正比。

按当量直径 D_d 比按横截面最大尺寸计算出的磁化规范更精确。

（3）所谓有效直径 D_{eff}，是指将圆筒形工件和中空非圆筒形工件的实心部分横截面积减去空心部分横截面积后计算出的，对纵向磁化起作用的有效直径 D_{eff} 以下分三种情况：

①适用于圆筒形工件线圈法计算磁化规范的有效直径 $D_{eff} = \sqrt{D_0^2 - D_i^2}$。

②适用于中空的非圆筒形工件线圈法计算磁化规范的有效直径 $D_{eff} = 2\sqrt{\dfrac{A_t - A_h}{\pi}}$。

③适用于非圆筒形工件线圈法计算磁化规范的有效直径 $D_{eff} = 2\sqrt{\dfrac{A}{\pi}}$。

四、磁粉检测通用技术

（一）预处理

对受检工件进行预处理是为了提高检测灵敏度、减少工件表面的杂乱显示，使工件表面状况符合检测的要求，同时延长磁悬液的使用寿命。

预处理主要有以下内容：

（1）清除工件表面的杂物，如油污、涂料、铁锈、毛刺、氧化皮、金属屑等。清除的方法根据工件表面质量确定。可以采用机械的或化学的方法进行清除。如采用溶剂清洗、喷砂或钢刷、砂轮打磨和超声清洗等方法，部分焊接接头还可以采用手提式砂轮机修整。清除杂物时特别要注意如螺纹凹处、工件曲面变化较大部位淤积的污垢。用溶剂清洗或擦除时，注意不要用棉纱或带绒毛的布擦拭，防止磁粉滞留在棉纱头上造成假显示影响观察。

（2）清除通电部位的非导电层和毛刺。通电部位的非导电层（如漆层及磷化层等）及毛刺不仅会隔断磁化电流，还会在通电时产生电弧烧伤工件。可采用溶剂清洗或在不损伤工件表面的情况下用细砂纸打磨，使通电部位导电良好。

（3）分解组合装配件。组合装配件的形状和结构一般比较复杂，难以进行适当的磁化，而且在其交界处易产生漏磁场形成杂乱显示，因此最好分解后进行检测，以利于磁化操作、观察、退磁及清洗。对那些在检测时可能流进磁悬液而又难以清除，以致工件运动时会造成磨损的装配件（如轴承、衬套等），更应该加以分解后再进行检测。

（4）对工件上不需要检查的孔、穴等，最好用软木、塑料或布将其堵上，以免清除磁粉困难。但在维修检查时不能封堵上述的孔、穴，以免掩盖孔穴周围的疲劳裂纹。

（5）干法检测的工件表面应充分干燥，以免影响磁粉的运动。湿法检测的工件，应根据使用的磁悬液的不同，用油磁悬液的工件表面应不能有水分，而用水磁悬液的工件表面则要认真除油，否则会影响工件表面的磁悬液湿润。

（6）有些工件在磁化前带有较大的剩磁，有可能影响检测的效果。对这类工件应先进行退磁，然后再进行磁化。

（7）如果磁痕和工件表面颜色对比度小，可在检测前先给工件表面涂敷一层反差增强剂。

经过预处理的工件，应尽快安排检测，并注意防止其锈蚀、损伤和再次污染。

（二）磁化、施加磁粉

1.磁化电流的调节

在磁粉检测中，磁化磁场的产生主要靠磁化电流来完成，认真调节好磁化电流是磁化操作的基本要求。

由于磁粉检测中通电磁化时电流较大，为防止开关接触不良时产生电弧火花烧伤电触头，通常电压调整和电流检查是分别进行的，即将电压开路调整到一定位置再接通磁化电流，一般不在磁化过程中调整电流。调整时，电压也是从低到高进行调节，以避免工件过度磁化。

电流的调整应在工件置入探伤机形成通电回路后才能进行。对通电法或中心导体法磁化，电流调整好后不能随意更换不同类型工件。必须更换时，应重新核对电流，不合要求的应重新调整。

线圈磁化时应注意交直流线圈电流调整的差异。对于直流线圈，线圈中有无工件电流变化不是很大；但对于交流线圈，线圈中的工件将影响电流的调整。

2.综合性能鉴定

磁粉检测系统的综合性能是指利用自然或人工缺陷试块上的磁痕来衡量磁粉检测设备、磁粉和磁悬液的系统组合特性。综合性能又叫综合灵敏度，利用它可以反映出设备工作是否正常及磁介质的好坏。

鉴定工作在每班检测开始前进行。用带自然缺陷的试块鉴定时，缺陷应能代表同类工件中常见的缺陷类型，并具有不同的严重程度。当按规定的方法和磁化规范检查时，若能清晰地显现试块上的全部缺陷，则认为该系统的综合性能合格。当采用人工缺陷试块（环形试块或灵敏度试片）时，用规定的方法和电流进行磁化，试块或试片上应清晰显现出适当大小和数量的人工缺陷磁痕，这些磁痕即表示了该系统的综合性能。在磁粉检测工艺图表中应规定对设备器材综合性能的要求。

3.磁粉介质的施加

（1）干法操作的要求

干法检测常与触头支杆、Ⅱ形磁轭等便携式设备并用，主要用来检查大型毛坯件、结构件以及不便于用湿法检查的地方。

干法检测必须在工件表面和磁粉完全干燥的条件下进行，否则表面会黏附磁粉，使衬底变差，影响缺陷观察。同时，干法检测在整个磁化过程中要一直保持通电磁化，只有观察磁痕结束后才能撤除磁化磁场。施加磁粉时，干粉应呈均匀雾状分布于工件表面，形成一层薄而均匀的磁粉覆盖层。然后用压缩空气轻轻吹去多余磁粉。吹粉时，要有顺序地移动风具，从一个方向吹向另一个方向，注意：不要干扰缺陷形成的磁痕，特别是磁场吸附的磁粉。

磁痕的观察、分析在施加干磁粉和去除多余磁粉的同时进行。

（2）湿法操作的要求

湿法有油、水两种磁悬液。它们常与固定式检测设备配合使用，也可以与其他设备并用。

湿法的施加方式有浇淋和浸渍。所谓浇淋，是通过软管和喷嘴将液槽中的磁悬液均匀施加到工件表面，或者用毛刷或喷壶将搅拌均匀的磁悬液涂洒在工件表面。浸渍是将已被磁化的工件浸入搅拌均匀的磁悬液槽中，在工件被湿润后再慢慢从槽中取出来。浇淋法多用于连续磁化以及尺寸较大的工件。浸渍法则多用于剩磁法检测时尺寸较小的工件。采用浇淋法时，要注意液流不要过大，以免冲掉已经形成的磁痕；采用浸渍法时，要注意在液槽中的浸放时间和取出方法的正确性，浸放时间过长或取出太快都将影响磁痕的生成。

使用水磁悬液时，载液中应含有足够的润湿剂，否则会造成工件表面的不湿润现象（水断现象）。一般来说，当水磁悬液漫过工件时，工件表面液膜断开，形成许多小水点，就不能进行检测，还应加入更多的湿润剂。工件表面的粗糙度越低，所需要的湿润剂也越多。

在半自动化检查中使用多喷嘴对工件进行磁悬液喷洒时，应注意调节各喷嘴的位置，使磁悬液能均匀地覆盖整个检查面。注意各喷嘴磁悬液的流量大小，防止液流过大，影响磁痕形成。

4.连续法操作要点

机电类特种设备的磁粉检测基本都是采用连续法，其操作的要点如下：

（1）采用湿法时在工件通电的同时施加磁悬液，至少通电两次，每次时间不得少于0.5s，磁悬液均匀湿润后再通电几次，每次1~3s，检验可在通电的同时或断电之后进行。

（2）采用干法检测时应先通电，通电过程中再均匀喷撒磁粉和干燥空气吹去多余的磁粉，在完成磁粉施加并观察磁痕后才能切断电源。

5.磁化操作技术

工件磁化方法有周向磁化、纵向磁化及多向磁化。磁化方法不同时应注意其对磁化操作的要求。

当采用通电法周向磁化时，由于磁化电流数值较大，在通电时要注意防止工件过热或因工件与磁化夹头接触不良造成端部烧伤。在探伤机夹头上应有完善的接触保护装置，如覆盖铜网或铅垫，以减少工件和夹头间的接触电阻。另外在夹持工件时应有一定的接触压力和接触面积，使接触处有良好的导电性能。在磁化时还应注意施加激磁电流的时间不宜过长，以防止工件温度升高超过许可范围，特别是直流磁化时更是如此。在采用触头与工件间的接触不好，则容易在触头电极处烧伤工件或使工件局部过热。因此，在检测时，触头与工件间的接触压力足够，与工件接触或离开工件时要断电操作，防止接触处打火烧伤工件的现象发生。并且一般不用触头法检查表面光洁度要求较高的工件。触头法检查时应根据需要进行多次移动磁化，每次磁化应按规定有一定的有效检测的范围，并注意有效范围边缘应相互重叠。检测用触头的电极一般不用铜制作，因为铜在接触不良打火时可能渗入钢铁中，影响材料的使用性能。

在采用中心导体法磁化时，芯棒的材料可用铁磁性材料也可不用铁磁性材料。为了减少芯棒导体的通电电阻，常常采用导电良好并具有一定强度的铜棒（铜管）或铝棒。当芯棒位于管形工件中心时，工件表面的磁场是均匀的，但当工件直径较大，探伤设备又不能提供足够的电流时，也可采用偏置芯棒法检查。偏置芯棒应靠近工件内表面，检测时应不断转动工件（或移动工件）进行检测，这时工件需注意圆弧面的分段磁化并且相邻区域要有一定的重叠面。

采用线圈法进行纵向磁化时，应注意交直流线圈的区别。在线圈中磁化时，工件应平行于线圈轴线放置。不允许手持工件放入线圈的同时通电，特别是采用直流电线圈磁化时，更应该防止强磁力吸引工件造成对人的伤害。若工件较短（L/D<2）时，可以将数个短工件串联在一起进行检测，或在单个工件上加接接长杆检测。若工件长度远大于线圈直径，由于线圈有效磁化范围的影响，应对长工件进行分段磁化。分段时每段不应超出线圈直径的一半，且磁化时要注意各段之间的覆盖。线圈直流磁化时，工件两端头部分的磁力线是发散的，端头面上的横向缺陷不易得到显示，检测灵敏度不高。

用磁轭法进行直流纵向磁化时，磁极与工件间的接触要好，否则在接触处将产生很大的磁阻，影响检测灵敏度。极间磁轭法磁化时，如果工件截面大于铁芯截面，工件中的磁感应强度将低于铁芯中的磁感应强度。工件得不到必要的磁化；而工件截面若是大于铁芯截面，工件两端由于截面突变在接触部位产生很强的漏磁场，使工件端部检测灵敏度降低。为避免以上情况，工件截面最好与铁芯截面接近。极间磁轭法磁化时还应注意工件长度的影响，长度一般应在0.5m以下，最长不超过1m，过长时工件中部将得不到必要的磁化。此时只有在中间部位移动线圈进行磁化，才能保证工件各部位检测灵敏度的一致。

在使用便携式磁轭及交叉磁轭旋转磁场检测时，应注意磁极端面与工件表面的间隙不能过大，如果有较大的间隙存在，接触处将有很强的漏磁场吸引磁粉，形成检测盲区并将降低工件表面上的检测灵敏度。检测平面工件时，还应注意磁轭在工件上的行走速度要适宜，并保持一定的覆盖面。

对于其他的磁化方法，也应注意其使用的范围及有效磁化区。注意操作的正确性，防止因失误影响检测工作的进行。不管是采用何种检测方法，在通电时是不允许装卸工件的，特别是采用通电法和触头法时更是如此。这一方面是为了操作安全，另一方面也是防止工件端部受到电烧伤而影响产品使用。

6.交叉磁轭对检测灵敏度的影响因素

（1）磁化场方向对检测灵敏度的影响

为了能检出各个方向的缺陷，通常对同一部位需要进行互相垂直的两个方向磁化。一是要有足够的磁场强度，二是要尽量使磁场方向与缺陷方向垂直，这样才能获得最大的缺陷漏磁场，易于形成磁痕，从而确保缺陷不漏检。而对旋转磁化来说，由于其合成磁场方向是不断地随时间旋转着的，任何方向的缺陷都有机会与某瞬时的合成磁场垂直，从而产生较大的缺陷漏磁场而形成磁痕。但是，只有当旋转磁场的长轴方向与缺陷方向垂直时才有利于形成磁痕。因此，不能认为只要使用旋转磁场，不管如何操作就一定能发现任何方向的缺陷，这种认识是错误的。

（2）交叉磁轭磁极与工件间隙大小的影响

磁轭式磁粉探伤仪和交叉磁轭的工作原理是通过磁轭把磁通导入被检测工件来达到磁化工件的目的。而磁极与工件之间的间隙越大，等于磁阻越大，从而降低了有效磁通。当然也就会降低工件的磁化程度，结果必然造成检测灵敏度的下降。此外，由于间隙的存在，将会在磁极附近产生漏磁场，间隙越大所产生的漏磁场就越严重。由于间隙产生的漏磁场会干扰磁极附近由缺陷产生的漏磁场，有可能形成过度背景或以至于无法形成缺陷磁痕。因此，为了确保检测灵敏度和有效检测范围必须限制间隙，而且越小越好。

对于特种设备，由于其结构特点，当被检工件表面为一曲面时，它的四个磁极不能很好地与工件表面相接触，会产生某一磁极悬空（在球面上时），或产生四个磁极以线接触方式与工件表面相接触（在柱面上时），这样就在某一对磁极间产生很大的磁阻，从而降低了某些方向上的检测灵敏度。因此，在进行特种设备磁粉检测时，使用交叉磁轭旋转磁场探伤仪应随时注意各磁极与工件表面之间的接触是否良好，当接触不良时应停止使用，以避免产生漏检。所以，标准规定最大间隙不应超过1.5mm。

（3）交叉磁轭移动方式的影响

交叉磁轭磁场分布无论在四个磁极的内侧还是外侧，磁场分布是极不均匀的。只有在几何中心点附近很小的范围内，其旋转磁场的椭圆度变化不大，而离开中心点较远的其他位置，其椭圆度变化很大，甚至不形成旋转磁场。因此，使用交叉磁轭进行探伤时，必须连续移动磁轭，边行走磁化边施加磁悬液。只有这样操作才能使任何方向的缺陷都能经受不同方向和大小磁场的作用，从而形成磁痕。

若采用步进式将交叉磁轭固定位置分段磁化，只要在交流电一个周期（0.02s）内，仍可形成圆形或椭圆形磁场进行磁化和检测，但这样不仅检测效率低，而且有效磁化区重叠不到位时，就会造成漏检。

（4）行走速度与磁化时间的影响

交叉磁轭的行走速度对检测灵敏度至关重要，因为行走速度的快慢决定着磁化时间。而磁化时间是有要求的，磁化时间过短缺陷磁痕就无法形成。所以，标准规定，速度不能超过4m/min，这也是为了保证不漏检必须控制的工艺参数。

（5）喷洒磁悬液方式的影响

用交流电磁轭探伤时，必须先停止喷洒磁悬液，然后断电。为的是避免已经形成的缺陷磁痕被流动的磁悬液破坏掉。当采用交叉磁轭旋转磁场磁粉探伤仪进行检测时，是边移动磁化边喷洒磁悬液，就更应该避免由于磁悬液的流动破坏已经形成的缺陷磁痕。这就需要掌握磁悬液的喷洒应在保证有效磁化场被全部润湿的情况下，与交叉磁轭的移动速度良好地配合，才能把细微的缺陷磁痕显现出来，对这种配合的要求是：在移动的有效磁化范围内，有可供缺陷漏磁场吸引的磁粉，同时又不允许因磁悬液的流动而破坏已经形成了的缺陷磁痕，如果配合不好，即使有缺陷磁痕形成也会遭到破坏，因此使用交叉磁轭最难掌握的环节是喷洒磁悬液，需要根据交叉磁轭的移动速度、被检部位的空间位置等情况来调整喷洒手法。旋转磁轭探伤时最好选用能形成雾状磁悬液的喷壶，但是压力不要太高。

为了提高磁粉的附着力，可在水磁悬液中加入少量的水溶性胶水，用以保护已经形成的缺陷磁痕，经试验证明效果很好。

目前，复合磁化技术在国内外的应用已非常广泛，而采用交叉磁轭旋转磁场进行磁粉检测，虽然国内应用很广，但在国外应用并不多，其主要原因就是用交叉磁轭检测时，其操作手法必须十分严格，否则容易造成漏检。尤其是有埋藏深度的较小缺陷，漏检概率会更高。

（6）综合性能试验的影响

既然是综合性能试验（系统灵敏度试验），就应该按照既定的工艺条件（尤其是移动速度）把试片贴在焊接接头的热影响区进行试验，在静止的状态下把试片贴在四个磁极的中心位置进行综合性能试验是不规范的，因为静止状态不包含由于交叉磁轭的移动对检测灵敏度的影响。

7. 交叉磁轭的提升力

（1）磁轭的结构尺寸及激磁规范对提升力的影响

磁轭提升力的表达式为：

$$F=1.99 \times 10^5 \phi_m B_m$$

式中 F——磁轭的提升力，N；

ϕ_m——磁通的峰值，Wb；

B_m——磁感应强度的峰值，T。

不难看出，磁轭的提升力F与磁通ϕ成正比，而由此可见，磁轭的提升力F的大小取决于磁轭的铁芯截面面积S、铁芯材料的磁性能以及激磁规范的大小。

测试提升力的根本目的就在于检验磁轭导入工件有效磁通的多少。这只是一种手段，以此来衡量磁轭性能的优劣。

（2）磁极与工件表面间隙对提升力的影响

由于磁路（铁芯）中的相对磁导率μ_r远远大于空气中的相对磁导率μ_r，因此由于间隙的存在必将损耗磁势，降低导入工件的磁通量，从而也降低了被磁化工件的有效磁化场强度和范围的大小。

而间隙的存在所损耗的磁势将产生大量的泄漏磁场，且通过空气形成磁回路。它的存在降低了磁轭的提升力，同时也降低了检测灵敏度，还会在间隙附近产生漏磁场。因此，即使在磁级间隙附近有缺陷，也将被间隙产生的漏磁场所湮没，根本无法形成磁痕。通常把这个区域称为盲区。

（3）旋转磁场的自身质量对提升力的影响

旋转磁场是由两个或多个具有一定相位差的正弦交变磁场相互叠加而形成的。所谓旋转磁场的自身质量，是指在不同瞬间其合成磁场幅值大小的变化情况。正如通常所说"椭圆形旋转磁场"或"圆形旋转磁场"，而"圆形旋转磁场"比"椭圆形旋转磁场"的自身质量要高，提升力也大。

（三）磁痕观察、记录与缺陷评级

1.磁痕观测的环境

磁痕是磁粉在工件表面形成的图像，又叫做磁粉显示。观察磁粉显示要在标准规定的光照条件下进行。采用白光检查非荧光磁粉或磁悬液显示的工作时，应能清晰地观测到工件表面的微细缺陷。此时工件表面的白光强度至少应达到1000lx。若使用荧光磁悬液，必须采用黑光灯，并在有合适的暗室或暗区的环境中进行观察。采用普通的黑光灯时，暗室或暗区内的白光强度不应大于20lx，工件表面上的黑光波长和强度也应符合标准规定。刚开始在黑光灯下观察时，检查人员应有暗场适应时间，一般不应少于3min，以使眼睛适应在暗光下进行观察。

2.磁痕观测的方法

对工件上形成的磁痕应及时观察和评定。通常观察在施加磁粉结束后进行，在用连续法检验时，也可以在进行磁化的同时检查工件，观察磁痕。

观察磁痕时，首先要对整个检测面进行检查，对磁粉显示的分布大致了解。对一些体积太大或太长的工件，可以划定区域分片观察。对一些旋转体的工件，可画出观察起始位置再进行磁痕检查。在观察可能受到妨碍的场合，可将工件从探伤机上取下仔细检查。取下工件时，应注意不要擦掉已形成的磁粉显示或使其模糊。

观察时，要仔细辨认磁痕的形态特征，了解其分布状况，结合其加工过程，正确进行识别。对一些不清楚的缺陷磁痕，可以重复进行磁化，必要时还可加大磁化电流进行磁化，也可以采用放大镜对磁痕进行观察。

3.材料不连续性的认识与评定

材料的均匀状态（致密性）受到破坏，自然结构发生突然变异叫做不连续性。这种受到破坏的均匀状态可能是材料中固有的，也可能是人为制造的。而通常影响材料使用的不连续性就叫做缺陷。

并非所有的磁粉显示都是缺陷磁痕。除缺陷磁痕能产生磁粉显示外，工件几何形状和截面的变化、表面预清理不当、过饱和磁化、金相组织结构变化等都可能产生磁粉显示。应当根据工件的工艺特点、磁粉的不同显示分析磁痕产生的原因，确定磁痕的性质。

磁粉检测只能发现工作表面和近表面（表层）上的缺陷。这两种显示的特征不完全相同。表明缺陷磁痕一般形象清晰、轮廓分明、线条纤细并牢固地吸附在工件表面上，而近表面缺陷磁粉显示清晰程度较表面差，轮廓也比较模糊成弥散状。在擦去磁粉后，表面缺陷可用放大镜看到缺陷开口处的痕迹，而近表面缺陷则很难观察到缺陷的露头。

对于缺陷及非缺陷产生的磁粉显示以及假显示也应该正确识别。缺陷的磁痕又叫相关显示，有一定的重复性，即擦掉后重新磁化又将出现。同时，不同工件上的缺陷磁痕出现的部位和形态也不一定相同，即使同为裂痕，也都有不同的形态。而几何形状等引起的磁痕（非相关显示）一般都有一定规律，假显示没有重复性或重复性很差。

对工件来说，不是有了缺陷就要报废。因此，对有缺陷磁痕的工件，应该按照验收技术条件（标准）对工件上的磁痕进行评定。不同产品有不同的验收标准，同一产品在不同的使用地方也有不同的要求。比如发纹在某些产品上是不允许的，但在另一些产品上则是允许的。因此，严格按照验收标准评定缺陷磁痕是必不可少的工作。

4.磁痕的记录与保存

磁粉检测主要是靠磁痕图像来显示缺陷的。应该对磁痕情况进行记录，对一些重要的磁痕还应该复制和保存，以作评定和使用的参考。

磁痕记录有几种方式：

（1）绘制磁痕草图。在草图上标明磁痕的形态、大小及尺寸。

（2）在磁痕上喷涂一层可剥离的薄膜，将磁痕粘在上面取下薄膜。

（3）用橡胶铸型法对一些难以观察的重要孔穴内的磁痕进行保存。

（4）照相复制。对带磁痕的工件或其磁痕复制品进行照相复制，用照片反映磁痕原貌。照相时，应注意放置比例尺，以便确定缺陷的大小。

（5）用记录表格的方式记下磁痕的位置、长度和数量。

对记录下的磁痕图像，应按规定加以保存。对一些典型缺陷的磁痕，最好能够作永久性记录。

5.试验记录与检测报告

试验记录应由检测人员填写。记录上应真实准确记录下工件检测时的有关技术数据并反映检测过程是否符合工艺说明书（图表）的要求，并且具有可追踪性。主要应包括以下内容：

（1）工件：记录其名称、尺寸、材质、热处理状态及表面状态。

（2）检测条件：包括检测装置、磁粉种类（含磁悬液情况）、检验方法、磁化电流、磁化方法、标准试块、磁化规范等。

（3）磁痕记录：应按要求对缺陷磁痕大小、位置、磁痕等级等进行记录。在采用有关标准评定时，还应记录下标准的名称及要求。

（4）其他：如检测时间、检测地点以及检测人员姓名和技术资格等。

检测报告是关于检测结论的正式文件，应根据委托检测单位要求作出，并由检测负责人等签字。检测报告可按有关要求制定。

（四）退磁

1.铁磁材料的退磁原理

铁磁材料磁化后都不同程度地存在剩余磁场，特别是经剩磁法检测的工件，其剩余磁性就更强。在工业生产中，除了有特殊要求的地方，一般不希望工件上的残留磁场过大。因为具有剩磁的工件，在加工过程中会加速工具的磨损，可能干扰下道工序的进行以及影响仪表和精密设备的使用等。退磁就是消除材料磁化后的剩余磁场，使其达到无磁状态的过程。

退磁的目的是打乱由于工件磁化引起的磁畴方向排列的一致，让磁畴恢复到磁化前的那种杂乱无章的磁中性状态，亦即 $B_r=0$。退磁是磁化的逆过程。

反转磁场退磁有两个必需的条件，即退磁的磁场方向一定不断地正反变化，与此同时，退磁的磁场强度一定要从大到小（足以克服矫顽力）不断地减少。

2.影响退磁效果的因素

以下几种情况应当进行退磁：

（1）当连续进行检测、磁化，估计上一次磁化将会给下一次磁化带来不良影响时；

（2）工件剩磁将会对以后的加工工艺产生不良影响时；

（3）工件剩磁将会对测试装置产生不良影响时；

（4）用于摩擦或近于摩擦部位，因磁粉或铁屑吸附在摩擦部位会增大摩擦损耗时；

（5）其他必要的场合。

另外，一些工件虽然有剩磁，但不会影响工件的使用或继续加工，也可以不进行退磁。如：高磁导率电磁软铁制作的工件；将在强磁区使用的工件；后道工序是热处理，加热温度高于居里点的工件；还要继续磁化，磁化磁场大于剩磁的工件；以及有剩磁不影响使用的工件，如锅炉压力容器等。

由于磁粉检测时用到了周向和纵向磁化，于是剩磁也有周向和纵向剩磁之分。周向磁场由于磁力线包含在工件中，有时可能保留很强的剩磁而不显露。而纵向磁化由于工件有磁极的影响，剩磁显示较为明显。为此，对纵向磁化可以直接采用磁场方向反转强度不断衰减的方法退磁。而对于周向磁化的工件，最好是再进行一次纵向磁化后退磁，这样可较好地校验退磁后的剩磁存在。当然，在一种形式的磁场被另一种形式的磁场代替时，采用的退磁磁场强度至少应等于和大于磁化时所用的磁场强度。

退磁的难易程度取决于材料的类别、磁化电流类型和工件的形状因素。一般来说，难以磁化的材料也较难退磁，高矫顽力的硬磁材料最不容易退磁；而易于磁化的软磁及中软磁材料较容易退磁。直流磁化比交流磁化磁场渗入要深，经过直流磁化的工件一般很难用交流退磁的方法使其退尽，有时表面上退尽了，过一段时间又会出现剩磁。退磁效果还与工件的形状因素有关，退磁因子越小（即长径比越大）的材料较易退磁，而对于一些长径比较小的工件，往往采用串联或增加长度的方法来实行较好的退磁。

3. 实现退磁的方法

如果磁场不断反向并且逐步减少强度到零，则剩余磁场也会降低到零。磁场的方向和强度的下降可以用多种方法实现。

（1）工件中磁场的换向方法

1）不断反转磁化场中的工件；

2）不断改变磁化场磁化电流的方向，使磁场不断改变方向；

3）将磁化装置不断地进行 180° 旋转，使磁场反复换向。

（2）磁场强度的减少方法

1）不断减少退磁场电流；

2）使工件逐步远离退磁磁场；

3）使退磁磁场逐渐远离工件。

在退磁过程中，磁场方向反转的速率叫退磁频率。方向每转变一次，退磁的磁场强度也应该减少一部分。其需要的减小量和换向的次数，取决于工件材料的磁导率和工件形状及剩磁的保存深度。材料磁导率低（剩磁大）及直流磁化后，退磁磁场换向的次数（退磁频率）应较多，每次下降的磁场值应较少，且每次停留的时间（周期）要略长。这样可以较好地打乱磁畴的排布。而对于磁导率高及退磁因子小的材料经交流磁化的工件，由于剩磁较低，退磁磁场则可以比较大的阶跃下降。

退磁时的初时磁场值应大于工件磁化时的磁场，每次换向时磁场值的降低不宜过大或过小且应停留一定时间，这样才能有效地打乱工件中磁畴排布。但在交流退磁中，由于换向频率是固定的，所以其退磁效果远不如超低频电流。

在实际的退磁方法中，以上的方法都有可能采用。如交流衰退退磁、交流线圈退磁及超低频电流退磁等。

一般来说，进行了周向磁化的工件退磁，应先进行一次纵向磁化。这时因为周向磁化时工件上的磁力线完全被包含在闭合磁路中，没有自由磁极。若先在磁化的工件中建立一个纵向磁场，使周向剩余磁场合成一个沿工件轴向螺旋状多项磁场，然后再施加反转磁场使其退磁，这时退磁效果较好。

纵向磁化的工件退磁时，应当注意退磁磁场反向交变减少过程的频率。当退磁频率过高时，剩磁不容易退得干净，当交替变化的电流以超低频率运行时，退磁的效果较好。

利用交流线圈退磁时，工件应缓慢通过线圈中心并移出线圈1.5m以外；若有可能，应将工件在线圈中转动数次后移出有效磁场区，退磁效果会更好。但应注意，不宜将过多工件堆放在一起通过线圈退磁，由于交流电的集肤效应，堆放在中部的工件可能会退磁不足。最好的办法是将工件单一成排通过退磁线圈，以加强退磁效果。

采用扁平线圈或"II"形交流磁轭退磁时，应将工件表面贴近线圈平面或"II"形交流磁轭的磁极处，并让工件和退磁装置做相对运动。工件的每一个部分都要经过扁平线圈的中心或"II"形磁轭的磁极，将工件远离它们后才能切断电源。操作时，最好像电熨斗一样来回"熨"过几次，并注意一定的覆盖区，可以取得较好的效果。

长工件在线圈中退磁时，为了减少地磁的影响，退磁线圈最好东西方向放置，使线圈轴与地磁方向成直角。

退磁效果用专门的仪器检查，应达到规定的要求。一般要求不大于0.3mT，简便方法可采用大头针来检查，方法是用退磁后的工件磁极部位吸引大头针，以吸引不上为符合退磁要求。

（五）后处理

包括对退磁后工件的清洗和分类标记，对有必要保留的磁痕还应用合适的方法进行保留。

经过退磁的工件，如果附着的磁粉不影响使用，可不进行清理。但如果残留的磁粉影响以后的加工和使用，则在检查后必须清理。清理主要是除去表面残留磁粉和油漆，可以用溶剂冲洗或磁粉烘干后清除。使用水磁悬液检测的工件为防止表面生锈，可以用脱水除锈油进行处理。

经磁粉检测检查并已确定合格的工件应作出明显标记，标记的方法有打钢印、腐蚀、刻印、着色、盖胶印、挂标签、铅封及分类存放等。严禁将合格品和不合格品混放。标记的方法和部位应由设计或工艺部门确定，应不能被后续加工去掉，并不影响工件的以后检验和使用。

（六）复验

当出现下列情况之一时，应进行复验：

（1）检测结束时，用标准试片验证检测灵敏度不符合要求时；

（2）发现检测过程中操作方法有误或技术条件改变时；

（3）磁痕显示难以定性时；

（4）供需双方有争议或认为有其他需要时。

若产品技术条件允许，可通过局部打磨减小或排除被拒收的缺陷。进行复验时和打磨排除缺陷后，仍应按原检测工艺要求重新进行磁粉检测和磁痕评定。

五、影响磁粉检测灵敏度的主要因素

磁粉检测灵敏度，从定量方面来说，是指有效地检出工件表面或近表面某一规定尺寸大小缺陷的能力。从定性方面说，是指检测最小缺陷的能力，可检出的缺陷越小，检测灵敏度就越高。所以，磁粉检测灵敏度是指绝对灵敏度，认真分析影响磁粉检测灵敏度的主要因素，对于防止缺陷的漏检或误判，提高检测灵敏度具有重要意义。

影响磁粉检测灵敏度的因素有：外加磁场强度，磁化方法，磁化电流类型，磁粉性能，磁悬液的类型和浓度，设备性能，工件材质、形状尺寸和表面状态，缺陷的方向、性质、形状和埋藏深度，工艺操作，检测人员素质及检测环境等。

（一）外加磁场强度

采用磁粉检测方法时，检出缺陷必不可少的条件是磁化的工件表面应具有适当的有效磁场强度，使缺陷处能够产生足够的漏磁场吸附磁粉，从而产生磁痕显示。磁粉检测灵敏度与工件的磁化程度密切相关。从铁磁性材料的磁化曲线得知，外加磁场大小和方向直接影响磁感应强度的变化，一般来说，外加磁场强度一定要大于 $H_{\mu m}$，即选择在产生最大磁导率 μ_m 对应的 $H_{\mu m}$ 点右侧的磁场强度值，此时磁导率减小，磁阻大。漏磁场增大，当铁磁性材料的磁感应强度达到饱和值的80%左右时，漏磁场便会迅速增大。因此，磁粉检测应使用既能检测出所有的有害缺陷，又能区分磁痕显示的最小磁场强度进行检验。因为磁场强度过大易产生过度背景，掩盖相关显示；磁场强度过小，缺陷产生的漏磁场强度就小，磁痕显示不清晰，难以发现缺陷。

（二）磁化方法

为了能检出各个方向的缺陷，通常对同一部位需要进行互相垂直的两个方向的磁化。不同的磁化方法对不同方向缺陷的检出能力有所不同，周向磁化对纵向缺陷的检测灵敏度较高，纵向磁化对横向缺陷的检测灵敏度较高。同一种磁化方法，对不同部位缺陷的检测灵敏度也不一致。如用中心导体法采用交流电磁化，由于涡电流的影响，其对工件内表面缺陷的检测灵敏度要比外表面高得多。另外，对于厚壁工件，由于内表面比外表面具有更大的磁场强度，因此其内表面缺陷的检测灵敏度也比外表面的要高。线圈法纵向磁化时，长度L和直径D之比（L/D）不同的工件产生的退磁场不一样，对检测灵敏度的影响也不同。L/D越小越难磁化，L/D<2的工件应采用与工件外径相似的铁磁性延长块，将工件接长，才能保证检测灵敏度。交叉磁轭检测时，磁轭的移动速度、磁极与工件间隙的大小、工件表面的平整度、缺陷相对磁极的位置都

会对检测灵敏度造成不同程度的影响。

（三）磁化电流类型

磁化电流类型对磁粉检测灵敏度的影响，主要是因为不同的磁化电流具有不同的渗入性和脉动性，交流电具有集肤效应，其渗入性很小，因此对表面缺陷有较高的灵敏度，但对近表面的检测灵敏度大大降低。另外，由于交流电方向在不断地变化，使交流电产生的磁场方向也不断地变化，这种方向变化可搅动磁粉，具有很好的脉动性，有助于磁粉迁移，从而提高磁粉检测的灵敏度。直流电具有最大的渗入性，产生的磁场能较深地进入工件表面，有利于发现埋藏较深的缺陷，但对表面缺陷的检测灵敏度不如交流电。另外，直流电由于电流强度和方向始终恒定，没有脉动性，在干法检验时灵敏度很低，因此干法检验不宜采用直流电。当采用直流电磁轭检测厚壁工件时，由于直流电渗入深度较大，在同样的磁通量时，渗入深度越大，磁通密度就越低。尽管电磁轭的提升力满足标准要求，但工件表面的检测灵敏度达不到标准的要求，因此对厚壁工件检测不宜采用直流电磁轭。单相半波整流电兼有直流的渗入性和交流的脉动性，对工件近表面缺陷和表面缺陷具有一定的检测灵敏度。三相全波整流电具有很大的渗入性和较小的脉动性，对近表面检测灵敏度较高。冲击电流输出的磁化电流很大，但通电时间很短，只能适用于剩磁法，为保证磁化效果，往往需要反复通电三次，否则会导致检测灵敏度降低。

（四）磁粉性能

磁粉检测是靠磁粉聚集在漏磁场处形成的磁痕显示缺陷的。因此，磁粉检测灵敏度与磁粉本身的性能如磁特性、粒度、形状、流动性、密度和识别度有关。

高磁导率的磁粉容易被缺陷产生的微小漏磁场磁化和吸附，聚集起来便于识别，因此检测灵敏度高。如果磁粉的矫顽力和剩磁大，则磁化后，磁粉会形成磁极，彼此吸引聚集成团不容易分散开，磁粉也会被吸附到工件表面不易去除，形成过度背景，甚至会掩盖相关显示。

粒度的大小对磁粉的悬浮性和漏磁场吸附磁粉的能力有很大的影响，从而对检测灵敏度产生影响。粒度细的磁粉，悬浮性好，容易被小缺陷产生的微小漏磁场磁化和吸附，形成的磁痕显示线条清晰，对细小缺陷的检测灵敏度高。粒度较粗的磁粉，在空气中容易分散开，也容易搭接跨过大缺陷，磁导率又较细磁粉的高，因而搭接起来容易磁化和形成磁痕显示，常用于干法检测中，对大裂纹的检测灵敏度高。实际应用中，因要发现大小不同的各种缺陷，故宜选用含有各种粒度的磁粉。

条形磁粉容易磁化并形成磁极，因而较容易被漏磁场吸附，对检测大缺陷和近表面缺陷灵敏度高，但其流动性不好，磁粉严重聚集还会导致灵敏度下降。球形磁粉能提供良好的流动性，但由于退磁场的影响不容易被漏磁场磁化。综合磁吸附性能和流动性两方面的因素，为保证检测灵敏度，理想的磁粉应由一定比例的条形、球形和其他形状的磁粉混合在一起使用。

磁粉的密度对检测灵敏度有一定的影响：在湿法检验中，磁粉的密度大、易沉淀，悬浮性差；在干法检验中，密度大，则要求吸附磁粉的漏磁场要大。但密度大小与材料磁特性也有关，所以应综合考虑磁粉密度对检测灵敏度的影响。

磁粉检测灵敏度与磁粉的识别度密切相关。对于非荧光磁粉，磁粉的颜色与工件表面的颜色形成的对比度大，检测灵敏度高；对于荧光磁粉，在黑光下观察时，工件表面呈紫色，只有微弱的可见光本底，磁痕呈黄绿色，色泽鲜明，能提供最大的对比度和亮度，因此检测灵敏度较非荧光磁粉要高得多。

以上六方面的影响因素是互相关联的，不能片面追求某一方面，最终应以综合性能（系统灵敏度）试验结果来衡量磁粉的性能。

（五）磁悬液的类型和浓度

常用的磁悬液有水磁悬液和油磁悬液两种类型，两种磁悬液的黏度值不同，其流动性也不一致，导致检测灵敏度有所差异。油磁悬液在温度较低时黏度值较高，导致流动性变差和灵敏度下降，因此磁粉检测标准一般都规定某一温度范围内油磁悬液的最大黏度值，以保证油磁悬液的流动性和检测灵敏度。然而，磁悬液黏度过小，虽然能使磁悬液的流动性变好，但在施加过程中，大部分磁粉会随磁悬液流失，也会引起检测灵敏度的下降，特别是在仰视面和垂直位置进行检测时，灵敏度下降尤其严重。此外，检测灵敏度还与磁悬液对工件表面的润湿作用相关，为提高检测灵敏度，要求磁悬液能充分润湿工件表面，水磁悬液要形成无水断表面，以便使磁悬液能均匀分布在工件表面上，防止缺陷漏检。

磁悬液浓度对磁粉检测的灵敏度影响很大。浓度太低，影响漏磁场对磁粉的吸附量，磁痕不清晰，导致缺陷漏检；浓度太高，会在工件表面滞留很多磁粉，形成过度背景，甚至会掩盖相关显示。所以，国内外标准都对磁悬液浓度作了严格的控制。

（六）设备性能

应保证磁粉检测设备在完好状态下使用，如果设备某一方面的功能缺失，不但导致检测灵敏度降低，严重时会导致整个检测失效。如磁粉探伤机上的电流表精度不够，导致磁化规范的选择产生偏差，过大或过小的磁化规范都会导致检测灵敏度降低。磁粉检测设备如果出现内部短路，会造成磁粉检测时工件的成批漏检，后果极其严重；电磁轭的提升力不够，会导致工件表面有效磁场强度不足，也会引起检测灵敏度的下降；交叉磁轭设备的相位控制误差，会导致旋转磁场的自身质量下降，使"圆形旋转磁场"变成"椭圆形旋转磁场"，导致各个方向缺陷的检测灵敏度存在差异。因此，设备的性能直接关系到磁粉检测灵敏度。

（七）工件材质、形状尺寸和表面状态

工件材质对检测灵敏度的影响主要表现在工件磁特性对灵敏度的影响上，工件的磁特性包括工件的磁导率、剩磁和矫顽力。工件本身的晶粒大小、含碳量的多少、热

处理及冷加工都会对其磁特性产生影响。剩磁法检验时，工件的剩磁越大，矫顽力就越大，缺陷检出的灵敏度就越高。因此，剩磁法检验要求工件具有一定的剩磁和矫顽力。$B_r \leqslant 0.8T$ 和 $H_c \leqslant 1000A/m$ 的工件一般不能采用剩磁法检验。

工件的形状尺寸影响到磁化方法的选择和检测灵敏度。一般来说，形状复杂的工件，磁化规范的选择、磁化操作、施加磁粉和磁悬液都比较困难，从而对检测灵敏度造成一定的影响。线圈法纵向磁化时，退磁场的大小与工件的长度 L 和直径 D 之比（L/D）有密切关系，L/D 越小越难磁化。磁轭法检验时工件的曲率大小影响磁极与工件表面的接触状况，从而对检测灵敏度产生影响。

工件表面粗糙度、氧化皮、油污、铁锈等对磁粉检测灵敏度都有一定影响。工件表面较粗糙或存在氧化皮、铁锈时，会增加磁粉的波动阻力，影响缺陷处漏磁场对磁粉的吸附，使检测灵敏度下降，工件表面的凹坑和油污处会出现磁粉聚集，引起非相关显示。工件表面的油漆和镀层会削弱缺陷漏磁场对磁粉的吸附作用，使检测灵敏度降低。当相应的涂层较厚时，甚至可能会引起缺陷的漏检。因此，为了提高磁粉检测灵敏度，磁粉检测前必须清除工件表面的油污、水滴、氧化皮、铁锈，提高工件表面的粗糙度。对于涂层较厚的工件，应在镀层以前进行检测。

（八）缺陷的方向、性质、形状和埋藏深度

缺陷的检测灵敏度取决于缺陷延伸方向与磁场方向的夹角，当缺陷垂直于磁场方向时，漏磁场最大，吸附的磁粉最多，也最有利于缺陷的检出，灵敏度最高。随着夹角由 90° 减小，灵敏度下降；若缺陷与磁场方向平行或夹角小于 30°，则几乎不产生漏磁场，不能检出缺陷。

漏磁场形成的原因是缺陷的磁导率远远低于铁磁性材料的磁导率。如果铁磁性工件表面存在着不同性质的缺陷，则其磁导率不同，检出的效率也就不同。缺陷磁导率越低，越容易检出，例如，裂纹就比金属夹杂容易被发现。

缺陷的形状不同，阻挡磁感应线的程度也不同。例如，面状缺陷比点状缺陷能够阻挡更多的磁感应线，其检测灵敏度相应比点状缺陷要高。另外，缺陷的深宽比也是影响磁粉检测灵敏度的一个重要因素，同样宽度的表面缺陷，深度不同，产生的漏磁场也不同，相应地检测灵敏度也随之不同。当缺陷的宽度很小时，检测灵敏度随着宽度的增加而增加；当缺陷的宽度很大时，漏磁场反而下降，如表面划伤又长又宽，产生的漏磁场很小，导致检测灵敏度降低。

缺陷的埋藏深度对检测灵敏度有很大的影响。同样的缺陷，位于工件表面时，产生的漏磁场大，灵敏度高；位于工件的近表面时，产生的漏磁场将显著减小，检测灵敏度降低；若位于距工件表面很深的位置，则工件表面几乎没有漏磁场存在，缺陷就无法检出。

（九）工艺操作

磁粉检测的工艺操作主要有清理工件表面、磁化工件、施加磁粉或磁悬液、观察

分析等。不管是哪一步操作不当，都会影响缺陷的检出。

工件表面清理不干净，不但会增大磁粉的流动阻力，影响缺陷磁痕的形成，而且会产生非相关显示，影响对缺陷的判别。

磁化工件是磁粉检测中关键的工序，对检测灵敏度影响很大。磁化规范的选择、磁化时间、磁化操作和施加磁粉与磁悬液的协调性都会影响到检测灵敏度。

磁化操作首先要选择一个合适的磁化规范，实验证明，只有当工件表面的磁感应强度达到饱和磁感应强度的 80% 时，才能有效地检出规定大小的缺陷，磁化不足和磁化过剩都会引起检测灵敏度的下降。另外，磁化效果还与磁化时间与磁化次数有关，检测时，为了不致烧伤工件，需要对工件进行多次磁化。多次磁化要持续一定的时间，磁化时间太短或磁化次数太少，会使工件内部的磁畴来不及转向，从而导致磁化效果变差，检测灵敏度降低。

磁化操作时还应注意磁粉与磁悬液施加的协调性。湿连续法要先用磁悬液润湿工件表面，在通电磁化的同时浇磁悬液，停止浇磁悬液后再通电数次，待磁痕形成并滞留下来时方可停止通电。干连续法应在工件通电磁化后开始喷洒磁粉，并在通电的同时吹去多余的磁粉，待磁痕形成和检验完后再停止通电。通电磁化和施加磁粉与磁悬液的时机掌握不好，会造成缺陷磁痕无法形成，或者形成的磁痕被后来施加的磁粉或磁悬液冲刷掉，影响缺陷的检出。

当采用交叉磁轭旋转磁场磁粉探伤仪进行检测时，是边移动磁化边喷洒磁悬液的，所以更应该避免由于磁悬液的流动破坏已经形成的缺陷磁痕，检测时，磁悬液的喷洒应在保证有效磁化场被全部润湿的情况下，与交叉磁轭的移动速度良好地配合，只有这样才能保证检测灵敏度。因此，使用交叉磁轭检测时，其操作手法必须十分严格，否则检测就容易造成漏检。

在磁化工件时，磁化方向的布置也至关重要。触头法和磁轭法磁化时应注意两次磁化时方向应大致垂直，并保证合适的触头或磁极间距。间距太小，触头或磁极附近产生的过度背景有可能影响缺陷检出；间距过大，则会使有效磁场强度减弱，检测灵敏度降低。触头和磁极与工件表面的接触状况、交叉磁轭的移动速度、磁极与工件表面的间隙等操作因素都会影响到检测灵敏度。

在观察分析时，观察环境条件会影响缺陷的检出。磁粉检测人员佩戴眼镜对观察磁痕也有一定的影响，如光敏（先致变色）眼镜在黑光辐射时会变暗，变暗程度与辐射的入射量成正比，影响对荧光磁粉磁痕的观察和辨认。

（十）检测人员素质及检测环境

由于磁痕显示主要靠目视观察，因此对缺陷的识别与人的视觉特性相关，即与人眼对识别对象的亮度、反差（对比度）、色泽等感觉方式相关，检测人员的视力和辨色能力也直接会影响到缺陷的检出能力。同时，检测人员的实践经验、操作技能和工作责任心都对检测结果有直接的影响。

人的视觉灵敏度在不同光线强度下有所不同，在强光下对光强度的微小差别不敏感，而对颜色和对比度的差别的辨别能力很高；而在暗光下，人的眼睛辨别颜色和对比度的本领很差，却能看出微弱的发光物体或光源。因此，采用非荧光磁粉检测时，检测地点应有充足的自然光或白光，如果光照度不足，人眼辨别颜色和对比度的本领就会变差，从而导致检测灵敏度下降。采用荧光磁粉检测时，要有合适的暗区或暗室，如果光照度比较大，影响人眼对缺陷在黑光灯照射下发出的黄绿色突光的观察，就会导致检测灵敏度的下降；另外，如果到达工件表面的黑光辐照度不足，则会影响缺陷处磁痕发出的黄绿色突光的强度，从而影响到对缺陷的检出。因此，标准中对非荧光磁粉检验时被检工件表面的可见光照度以及荧光磁粉检验时工件表面的黑光辐照度、暗区或暗室的环境光照度均有要求。

六、磁粉检测工艺文件

同射线检测、超声波检测一样，磁粉检测工艺文件也包括两种：通用工艺和专用工艺（工艺卡）。

（一）磁粉检测通用工艺

其基本要求和编制方法与射线检测、超声波检测相同，在此不再赘述。

（二）磁粉检测专用工艺

专用工艺内容包括下列部分：工艺卡编号、工件（设备）原始数据、规范标准数据、检测方法及技术要求、特殊的技术措施及说明、有关人员签字。

除检测方法及技术要求需要根据磁粉检测特点选择确定，其他部分的要求和射线检测工艺卡基本一致。

检测方法及技术要求包括选定的检测设备名称、型号、试块名称、检测附件、检测材料、磁化方法、磁化电流，磁悬液施加方法、通电（磁化）时间、检测部位示意图。

第三节　磁粉检测在机电特种设备中的应用

一、客运索道的磁粉检测

客运索道是特种设备一种，它是在险要山崖地段安装具有高空承揽运送游客的一种特殊设备，一旦发生事故后果不堪设想。

空心轴是客运索道的主要驱动轴（见图9-19），是客运索道的关键部件。空心轴材质通常选用中碳钢，表面通过淬火处理，硬度较高，在使用过程中受扭矩较大，易产生疲劳裂纹，由于形状比较规则，通常采用磁粉检测的方法检查其表面及近表面缺陷。

下面以空心轴为例，介绍磁粉检测在客运索道中的具体应用。

空心轴主体材质 Q235，规格尺寸如图 9-19 所示，检测方法选择磁粉检测，执行标准 JB/T4730.4-2005，检测比例 20%，合格级别 I 级。

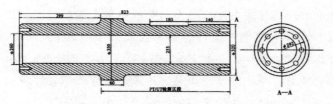

图 9-19　客运索道空心轴

具体检测方案及工艺如下。

（一）检测前的准备

1.待检工件表面的清理

检测前应清除空心轴表面区域内的铁屑、油污及其他可能影响磁化和观察的杂物。

2.设备器材的选择

考虑工件具有一定尺寸并且表面存在孔、槽等，加之考虑现场检测的便捷性，磁化设备选用交流便携磁轭。

灵敏度试片选择中等灵敏度试片 A_1-30/100。

（二）检测时机

待检工件表面清理完毕且外观检查合格后方可进行检测。

（三）检测方法和技术要求

根据该类构件的结构特点，尺寸较大且表面存在空槽等，轴向磁化时，由于工件曲率半径较小，所以磁轭间距控制在 100mm 左右范围，纵向磁化时，按标准推荐，磁轭间距控制在 200mm 左右范围。磁悬液浓度控制在 15-20g/L，磁化时间（1~3）×3s。

磁轭提升力不小于 45N，轴向及纵向磁化过程中，每次磁化的重叠区域不小于 25%。

（四）缺陷部位的标识与返修复检

缺陷返修部位以记号笔加以清楚标注，返修部位按原文件规定的方法进行复检。

（五）检测记录和报告的出具

（1）采用的记录和报告要符合规范、标准的要求及检测单位质量体系文件的规定。

（2）记录应至少包括下列主要内容。工件技术特性（包括工件名称、编号、材质、规格、表面状态等）、检测设备器材（包括磁粉探伤仪型号、灵敏度试块种类型号等）、检测方法（包括磁化方法、磁化规范、灵敏度等）、检测部位示意图、评定结果（缺陷种类、数量、评定级别等）、检测时间、检测人员。客运索道空心轴磁粉检测工艺卡见表 9-3。

表9-3 客运索道空心轴磁粉检测工艺卡

工件	设备名称	空心轴	检件材质	碳钢
	设备编号	/	表面状态	清洗除油
器材及参数	检测部位	空心轴表面及近表面		
	仪器型号	SJE-212E	磁化方法	磁轭法
	磁粉种类	红磁膏	灵敏度试片型号	A₁-30/100
	磁悬液浓度	15-20g/L	磁化方向	交叉磁化
	磁化电流	交流	提升力	≥45N
	磁化时间	1~3s	触头（磁轭）间距	120~150mm
技术要求	检测比例	100%	合格级别	I级
	检测标准	JB/T4730-2005	检测工艺编号	HNAT-MT-2010-024

（3）报告的签发。报告填写要详细清楚，并由II级或III级检测人员（MT）审核、签发。检测报告至少一式两份，一份交委托方，一份检测单位存档。

（4）记录和报告的存档。相关记录、报告应妥善保存，保存期不低于技术规范和标准的规定。

二、游乐设施的磁粉检测

自控飞机是高空旋转设备的一种，它能把人们带到距地面十几米高的空中体验驾驶飞机的乐趣，但也给人们带来高空的危险，自控飞机大臂液压缸销轴是该类设备较为重要的构件，通常采用磁粉检测的方法检查其表面及近表面缺陷。

下面以自控飞机大臂液压缸销轴为例，介绍磁粉检测在游乐设施中的具体应用。因工件表面长期腐蚀，表面光洁度较差，影响缺陷的识别，在受检工件表面喷涂反差增强剂。

该构件主体材质45#钢，采用锻件经机加工而成，检测方法选择磁粉检测，执行标准JB/T4730.4-2005，检测比例20%，合格级别I级。

具体检测方案及工艺如下。

（一）检测前的准备

1.待检工件表面的清理

检测前应清除销轴表面铁屑、油污及其他可能影响磁化、观察的杂物。

2.设备器材的选择

考虑到工件的结构特点及缺陷的检出要求，该工件的检测方法应为两种磁化方法的组合，即线圈法和直接通电法，所以磁化设备选择CJX-3000移动式磁粉探伤机，配套附件包括磁化线圈。

灵敏度试片选择中等灵敏度试片A₁-30/100。

（二）检测时机

待检工件表面清理完毕且经外观检查合格后方可进行检测。

（三）检测方法和技术要求

根据该类构件的制作工序和结构特点，先周向磁化，后纵向分两段磁化；周向磁化后用触头法从空心轴两端通电，安装接触垫，以防打火烧伤工件，用连续法检测 I_1 =15D=1200A。

纵向绕电缆法，N=5，L/D=5；使用高充填因数公式：NI=35000/［（L/D）+2］计算，I=1100A。

（四）其他技术要求

缺陷部位的标识、检测记录和报告的出具与焊接接头检测要求相同。自控飞机大臂液压缸销轴磁粉检测工艺卡见表9-4。

表9-4　自控飞机大臂液压缸销轴磁粉检测工艺卡

	产品名称		自控飞机	规格	Φ60×320mm
工件	部件编号			材料牌号	45#钢
	部件名称		吊钩	表面状态	清洗除油/打磨除锈
	检测部位		大臂液压缸销轴表面	光线及检测环境	白光
	检测阶段		使用后	缺陷记录方法	照像或草图
检测器材及参数	仪器型号		CJX-3000	磁悬液施加方法	浇或喷
	磁粉		磁粉浓度0.5~3g/L湿法水悬液		
	磁化方法		周向磁化和线圈法		
	磁化电流		AC周向磁化 I_1=1200A，纵向磁化N=5匝，I_2=1100A		
	磁化时间		（1~3）×3s	提升力	≥45N
	灵敏度试片型号		A1-30/100	磁轭间距	/mm
技术要求	检测标准		JB/T4730.4-2005	检测比例	100%
	合格级别		I		
评定要求	1.不允许存在任何裂纹和白点、任何横向缺陷显示、线性缺陷显示。 2.圆形缺陷磁痕（评定框尺寸为2500mm²，其中一条矩形边长最大为150mm）长径 d≤2.0mm，且在评定框内不大于1个。				

检测部位示意图及说明：

1.先周向磁化，后纵向分两段磁化。

2.周向磁化后用触头法从吊钩两端通电，安装接触垫，以防打火烧伤工件，用连续法检测 I_1=15D=1200A。

3.受力区A和B用连续法检测，纵向绕电缆法，N=5，L/D=5，Y<2；使用高充填因数公式：NI=35000/［（L/D）+2］计算，I=1100A。

编制（资格）：×××（II）年月日	审核（资格）：×××（III）年月日

第十章 渗透检测在机电特种设备中的应用

第一节 概 述

一、渗透检测的概念

渗透检测同射线检测、超声波检测、磁粉检测一样，也是工业无损检测的一个重要专业门类，属常规无损检测方法之一。其最主要的应用是探测试件表面开口的宏观几何缺陷。

按照不同特征（使用的设备种类、渗透剂类型、检测工艺和技术特点等）可将渗透检测分为多种不同的方法。设备种类包括固定式、便携式等；渗透剂类型包括荧光渗透剂、着色渗透剂及荧光着色渗透剂；渗透剂去除方法分为水洗、后乳化、溶剂清洗；显像剂类型包括干式、湿式等；而根据工艺和技术特点又包括原材料检测、焊接接头检测等。

着色法是机电类特种设备中应用较多的渗透检测方法，而锻件、焊接接头是涉及较多的检测对象。

二、渗透检测原理

将一种含有染料的着色或荧光的渗透剂涂覆在零件表面上，在毛细作用下，由于液体的润湿与毛细管作用使渗透剂渗入表面开口缺陷中去。然后去除掉零件表面上多余的渗透剂，再在零件表面涂上一层薄层显像剂。缺陷中的渗透剂在毛细作用下重新被吸附到零件表面上来而形成放大了的缺陷图像显示，在黑光灯（荧光检验法）或白光灯（着色检验法）下观察缺陷显示。

渗透检测可广泛应用于检测大部分的非吸收性物料的表面开口缺陷，如钢铁、有色金属、陶瓷及塑料等，对于形状复杂的缺陷也可一次性全面检测。无需额外设备，便于现场使用。其局限性在于，检测程序烦琐，速度慢，试剂成本较高，灵敏度低于磁粉检测，对于埋藏缺陷或闭合性表面缺陷无法测出。

第二节　渗透检测的工艺方法与通用技术

一、渗透检测方法

渗透检测方法较为常用的有三种：水洗型渗透检测法、后乳化渗透检测法及溶剂去除型渗透检测法。本节重点介绍机电类特种设备涉及的两种，即水洗型渗透检测法和溶剂去除型渗透检测法。

（一）水洗型渗透检测法

1.水洗型渗透检测方法的操作程序

水洗型渗透检测方法是目前广泛使用的方法之一，工件表面多余的渗透剂可直接用水冲洗掉。它包括水洗型着色法（ⅡA）和水洗型荧光法（ⅠA）。荧光法的显像方式有干式、非水基湿式、湿式和自显像等几种。着色法的显像方式有非水基湿式、湿式两种，一般不用干式和自显像，因为这两种方法均不能形成白色背景，对比度低，灵敏度也低。

水洗型渗透检测操作程序如图10-1所示。

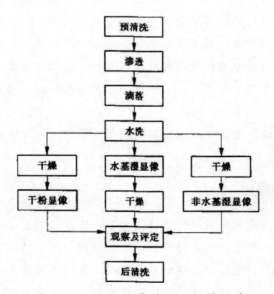

图10-1　水洗型渗透检测操作程序

水洗型渗透检测法适用于灵敏度要求不高、工件表面粗糙度较大、带有键槽或盲孔的工件和大面积工件的检测，如锻件、铸件毛坯阶段和焊接件等的检验。工件的状态不同，预检测的缺陷种类不同，所需渗透时间也不同。实际渗透检测时，需要根据所使用的渗透剂类型、检测灵敏度要求等具体制定，或根据制造厂推荐的渗透时间来具体确定。不同的材料和不同的缺陷，渗透时间不同，显像时间也不同，所以渗透检测实际操作过程中，显像时间也要区别对待。

2.水洗型渗透检测法的优点

（1）对荧光渗透检测，在黑光灯下，缺陷显示有明亮的荧光和高的可见度；对着色渗透检测，在白光下，缺陷显示出鲜艳的颜色。

（2）表面多余的渗透剂可以直接用水去除，相对于后乳化型渗透检测方法，具有操作简便、检测费用低等特点。

（3）检测周期较其他方法短。能适应绝大多数类型的缺陷检测。如使用高灵敏度荧光渗透剂，可检出很细微的缺陷。

（4）较适用于表面粗糙的工件检测，也适用于螺纹类工件、窄缝和工件上有键槽、盲孔内缺陷等的检测。

3.水洗型渗透检测的缺点

（1）灵敏度相对较低，对浅而宽的缺陷容易漏检。

（2）重复检验时，重复性差，故不宜在复检的场合使用。

（3）如清洗方法不当，易造成过清洗，例如水洗时间过长、水温高、水压大，都可能会将缺陷中的渗透剂清洗掉，降低缺陷的检出率。

（4）渗透剂的配方复杂。

（5）抗水污染的能力弱。特别是渗透剂中的含水量超过容水量时，会出现混浊、分离、沉淀及灵敏度下降等现象。

（6）酸的污染将影响检验的灵敏度，尤其是铬酸和铬酸盐的影响很大。这是因为酸和铬酸盐在没有水存在的情况下，不易与渗透剂的染料发生化学反应，但当水存在时，易与渗透剂的染料发生化学反应，而水洗型渗透剂中含有乳化剂，易与水混溶，故酸和铬酸盐对其影响较大。

（二）溶剂去除型渗透检测法

1.溶剂去除型渗透检测方法

溶剂去除型渗透检测方法是目前渗透检测中应用最为广泛的方法，也是机电类特种设备渗透检测最常用的方法。

表面多余的渗透剂可直接用溶剂擦拭去除。它包括荧光法和着色法。荧光法的显像方式有干式、非水基湿式、湿式和自显像等几种。着色法的显像方式有非水基湿式、湿式两种，一般不用干式和自显像，因为这两种显像方法的灵敏度太低。其操作程序如图10-2所示。

溶剂去除型渗透检测方法适用于表面光洁的工件和焊接接头的检验，特别是溶剂去除型着色检测方法，它更适应于大工件的局部检验、非批量工件的检验和现场检验。工件检验前的预清洗和渗透剂去除都采用同一类溶剂。工件表面多余渗透剂的去除采用擦拭去除而不采用喷洗或浸洗，这是因为喷洗或浸洗时，清洗用的溶剂能很快渗入到表面开口的缺陷中去，从而将缺陷中的渗透剂溶解掉，造成过清洗，降低检验灵敏度。

溶剂去除型渗透检测多采用非水基湿显像（即采用溶剂悬浮显像剂），因而它具有较高的检测灵敏度，渗透剂的渗透速度快，故常采用较短的渗透时间。

2.溶剂去除型着色渗透检测法的优点

（1）设备简单。渗透剂、清洗剂和显像剂一般都装在喷罐中使用，故携带方便，且不需要暗室和黑光灯。

（2）操作方便，对单个工件检测速度快。

（3）适合于外场和大工件的局部检测，配合返修或对有怀疑的部位，可随时进行局部检测。

（4）可在没有水、电的场合下进行检测。

（5）缺陷污染对渗透检测灵敏度的影响不像对荧光渗透检测的影响那样严重，工件上残留的酸或碱对着色渗透检测的破坏不明显。

（6）与溶剂悬浮显像剂配合使用，能检出非常细小的开口缺陷。

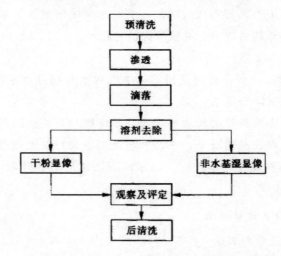

图 10-2 溶剂去除型渗透检测操作程序

3.溶剂去除型着色渗透检测的缺点

（1）所用的材料多数是易燃和易挥发的，故不宜在开口槽中使用。

（2）相对于水洗型和后乳化型而言，不太适合于批量工件的连续检测。

（3）不太适合于表面粗糙的工件的检验，特别是对吹砂的工件表面更难应用。

（4）擦拭去除表面多余渗透剂时要细心，否则易将浅而宽的缺陷中的渗透剂擦掉，造成漏检。

（三）渗透检测方法选择

1.渗透检测方法选择的一般要求

　　各种渗透检测方法均有自己的优缺点，具体选择检测方法，首先应考虑检测灵敏度的要求，预期检出的缺陷类型和尺寸，还应根据工件的大小、形状、数量、表面粗糙度，以及现场的水、电、气的供应情况，检验场地的大小和检测费用等因素综合考虑。在上述因素中，以灵敏度和检测费用的考虑最为重要。只有足够的灵敏度才能确保产品的质量，但这并不意味着在任何情况下都选择高灵敏度的检测方法，例如，对表面粗糙的工件采用高灵敏度的渗透剂，会使清洗困难，造成背景过深，甚至会造成虚假显示和掩盖显示，以致达不到检测的目的。而且灵敏度高的检测，其检测费用也很高，因此灵敏度要与检测技术要求和检测费用等综合考虑。

　　此外，在满足灵敏度要求的前提下，应优先选择对检测人员、工件和环境无损害或损害较小的渗透检测剂与渗透检测工艺方法。应优先选用易于生物降解的材料，优先选择水基材料，优先选择水洗法，优先选择亲水性后乳化法。

　　对给定的工件，采用合适的显像方法，对保证检测灵敏度非常重要。比如光洁的工件表面，干粉显像剂不能有效地吸附在工件表面上，因而不利于形成显示，故采用湿式显像比干粉显像好；相反，粗糙的工件表面则适于采用干粉显像。采用湿式显像时，显像剂会在拐角、孔洞、空腔、螺纹根部等部位聚集而掩盖显示。溶剂悬浮显像剂对细微裂纹的显示很有效，但对浅而宽的缺陷显示效果较差。

　　在进行某一项渗透检测时，所用的渗透检测剂应选用同一制造厂家生产的产品，应特别注意不要将不同厂家的产品混合使用，因为制造厂家不同，检测材料的成分也不同，若混合使用时，可能会出现化学反应而造成灵敏度下降。经过着色检测的工件，不能进行荧光检测。

2.渗透检测方法选择

　　渗透检测方法的选择可参见表10-1，具体选择时，需根据被检对象的特点，综合考虑。

表10-1　渗透检测方法的选择指南

对象或条件		渗透剂	显像剂
以检出缺陷为目的	浅而宽的缺陷、细微的缺陷	后乳化型荧光渗透剂	水基湿式、非水基湿式、干式（缺陷长度几毫米以上）
	深度10μm及以下的细微缺陷		
	深度30μm及以上的缺陷	水洗型渗透剂和溶剂去除型渗透剂	水基湿式、非水基湿式和干式（只用于荧光）
	靠近或聚集的缺陷以及需观察表面形状的缺陷	水洗型荧光剂、后乳化型荧光剂	干式
以被检工件为目的	小工件批量连续检验少量工件不定期检验及大工件局部检验	水洗型和后乳化型荧光剂溶剂去除型渗透剂	湿式、干式非水基湿式
考虑工件表面粗糙程度	表面粗糙的锻、铸件	水洗型渗透剂	干式（荧光检测）、水基湿式和非水基湿式
	螺钉及键槽的拐角处		

续表

对象或条件		渗透剂	显像剂
	车削、刨削加工表面	水洗型渗透剂、溶剂去除型渗透剂	
	磨削、抛光加工表面	后乳化型荧光渗透剂	
	焊接接头和其他缓慢起伏的凹凸面	水洗型渗透剂、溶剂去除型渗透剂	
考虑设备条件	有场地、水、电和暗室	水洗型、后乳化型、溶剂去除型荧光渗透剂	水基和非水基湿式
	无水、电或在现场高空作业	溶剂去除型渗透剂	非水基湿式
其他因素	要求重复检验	溶剂去除型、后乳化荧光渗透剂	非水基湿式、干式
	泄漏检验	水洗荧光、后乳化荧光渗透剂	自显像、非水基湿式、干式

二、渗透检测通用技术

（一）表面清洗和预清洗

1.预清洗的意义及清洗范围

渗透检测操作中，最重要的要求之一是使渗透剂能以最大限度渗入工件表面开口缺陷中去，以使显示更加清晰，更容易识别，工件表面的污物将严重影响这一过程。所以，在施加渗透剂之前，必须对被检工件的表面进行预清洗，以除去工件表面的污染物；对局部检测的工件，清洗的范围应比要求检测的范围大。总之，预清洗是渗透检测的第一道工序。在渗透检测器材合乎标准要求的条件下，预清洗是保证检测成功的关键。

2.污染物的种类

被检工件常见的污染物有：①铁锈、氧化皮和腐蚀产物；②焊接飞溅、焊渣、铁屑和毛刺；③油漆及其涂层；④防锈油、机油、润湿油和含有有机成分的液体；⑤水和水蒸发后留下的化合物；⑥酸和碱以及化学残留物。

3.清除污物的目的

（1）污染物会妨碍渗透剂对工件的润湿，妨碍渗透剂渗入缺陷，严重时甚至会完全堵塞缺陷开口，使渗透剂无法渗入。

（2）缺陷中的油污会污染渗透剂，从而降低显示的荧光亮度或颜色强度。

（3）在荧光检测时，最后显像在紫蓝色的背景下显现黄绿色的缺陷影像，而大多数油类在黑光灯照射下都会发光（如煤油、矿物油发浅蓝色光），从而干扰真正的缺陷显示。

（4）渗透剂易保留在工件表面有油污的地方，从而有可能会把这些部位的缺陷显示掩盖掉。

（5）渗透剂容易保留在工件表面毛刺、氧化物等部位，从而产生不相关显示。

（6）工件表面上的油污被带进渗透剂槽中，会污染渗透剂，降低渗透剂的渗透能力、荧光强度（颜色强度）和使用寿命。

在实际检测过程中，对同一工件，应先进行渗透检测后再进行磁粉检测，若进行磁粉检测后再进行渗透检测时磁粉会紧密地堵住缺陷。而且这些磁粉的去除是比较困难的，对于渗透检测来说，湿磁粉也是一种污染物，只有在强磁场的作用下，才能有效地去除。同样，如工件同时需要进行渗透检测和超声波检测，也应先进行渗透检测后再进行超声波检测。因为超声检测所用的耦合剂，对渗透检测来说也是一种污染物。

4.清除污物的方法

表面准备时，应视污染物的种类和性质，选择不同的方法去除，常用的方法有机械清洗、化学清洗、溶剂清洗等。

（1）机械清洗

a.机械清洗的适应性和方法

当工件表面有严重的锈蚀、飞溅、毛刺、涂料等一类的覆盖物时，应首先考虑采用机械清洗的方法，常用的方法包括振动光饰、抛光、干吹砂、湿吹砂、钢丝刷、砂轮磨和超声波清洗等。

振动光饰适于去除轻微的氧化物、毛刺、锈蚀、铸件型砂或模料等，但不适用于铝、镁和钛等软金属材料。

抛光适用于去除表面的积碳、毛刺等。

干吹砂适用于去除氧化物、焊渣、模料、喷涂层和积碳等。

湿吹砂可用于清除比较轻微的沉积物。

砂轮磨和钢丝刷适用于去除氧化物、焊剂、铁屑、焊接飞溅和毛刺等。

超声波清洗是利用超声波的机械振动，去除工件表面油污，它常与洗涤剂或有机溶剂配合使用。适用于小批量工件的清洗。

应注意的是，涂层必须用化学方法去除，不能用打磨方法去除。

b.机械清洗应注意的事项

采用机械清洗时，对喷丸、吹砂、钢丝刷及砂轮磨等方法的选用应特别注意。一方面，这些方法易对工件表面造成损坏，特别是表面经研磨过的工件及软金属材料（如铜、铝、钛合金等）更易受损，同时，这类机械方法还有可能使工件表面层变形，如变形发生在缺陷开口处，很可能造成开口闭塞，渗透剂难以涌入；另一方面，采用这些机械方法清理污物时，所产生的金属粉末、砂末等也可能堵塞缺陷，从而造成漏检。所以，经机械处理的工件，一般在渗透检测前应进行酸洗或碱洗。焊接件和铸件吹砂后，可不进行酸洗或碱洗而进行渗透检测，精密铸件的关键部件如涡轮叶片，吹砂后必须酸洗方能进行渗透检测。

（2）化学清洗

a.化学清洗的适应性和方法

化学清洗主要包括酸洗和碱洗，酸洗是用硫酸、硝酸或盐酸来清洗工件表面的铁锈（氧化物）；碱洗是用氢氧化钠、氢氧化钾来清洗工件表面的油污、抛光剂、积碳等，碱洗多用于铝合金。对某些在役的工件，其表面往往会有较厚的结垢、油污锈蚀等，如采用溶剂清洗，不但不经济而且还往往难以清洗干净。所以，可以先将污物用机械方法清除后，再进行酸洗或碱洗。还有那些经机械加工的软金属工件，其表面的缺陷很可能因塑性变形而被封闭，这时，也可以用酸碱侵蚀而使缺陷开口重新打开。

机电类特种设备涉及最多的钢工件通常采用硫酸、铬酐、氢氟酸加水配制成的侵蚀剂来处理。

b.化学清洗的程序及应注意事项

化学清洗的程序如下：

酸洗（或碱洗）→水淋洗→烘干

酸洗（或碱洗）要根据被检金属材料、污染物的种类和工作环境来选择。同时，由于酸、碱对某些金属有强烈的腐蚀作用，所以在使用时，对清洗液的浓度、清洗的时间都应严格控制，以防止工件表面的过腐蚀。高强度钢酸洗时，容易吸进氢，产生氢脆现象。因此，在清洗完毕后，应立即在合适的温度下烘烤一定的时间，以去除氢。另外，无论酸洗或碱洗，都应对工件进行彻底的水淋洗，以清除残留的酸或碱。否则，残留的酸或碱不但会腐蚀工件，而且还能与渗透剂产生化学反应而降低渗透剂的颜色强度或荧光亮度。清洗后还要烘干，以除去工件表面和可能渗入缺陷中的水分。

（3）溶剂清洗

溶剂清洗包括溶剂液体清洗和溶剂蒸汽除油等方法。它主要用于清除各类油、油脂及某些油漆。

溶剂液体清洗通常采用汽油、醇类（甲醇、乙醇）、苯、甲苯、三氯乙烷、三氯乙烯等溶剂清洗或擦洗，常应用于大工件局部区域的清洗。近几年来，从节约能源及减小环境污染出发，国内外均已研制出一些新型清洗剂和洗洁剂等，例如金属清洗剂。这些清洗剂对油、脂类物质有明显的清洗效果，并且在短时间内可保持工件不生锈。

溶剂蒸汽除油通常是采用三氯乙烯蒸汽除油，它是一种最有效又最方便的除油方法。

这种除油方法操作简便，只需将工件放入蒸汽区中，三氯乙烯蒸汽便迅速在工件表面冷凝，从而将工件表面的油污溶解掉。在除油过程中，工件表面浓度不断上升，当达到温度时，除油也就结束了。

三氯乙烯蒸汽除油法不仅能有效地去除油污，还能加热工件，保证工件表面和缺陷中水分蒸发干净，有利于渗透剂的渗入。

（二）施加渗透剂

1.渗透剂的施加方法

施加渗透剂的常用方法有浸涂法、喷涂法、刷涂法和浇涂法等。可根据工件的大小、形状、数量和检查的部位来选择。

（1）浸涂法：把整个工件全部浸入渗透剂中进行渗透，这种方法渗透充分，渗透速度快，效率高，它适用于大批量的小工件的全面检查。

（2）喷涂法：可采用喷罐喷涂、静电喷涂、低压循环泵喷涂等方法，将渗透剂喷涂在被检部位的表面上。喷涂法操作简单，喷洒均匀，机动灵活，它适于大工件的局部检测或全面检测。

（3）刷涂法：采用软毛刷或棉纱布、抹布等将渗透剂刷涂在工件表面上。刷涂法机动灵活，适用于各种工件，但效率低，常用于大型工件的局部检测和焊接接头检测，也适用中小工件小批量检测。

（4）浇涂法：也称流涂法，是将渗透剂直接浇在工件表面上，适于大工件的局部检测。

2.渗透时间及温度控制

渗透时间是指施加渗透剂到开始乳化处理或清洗处理之间的时间。它包括滴落（采用浸涂法时）的时间，具体是指施加渗透剂的时间和滴落时间的总和。采用浸涂法施加渗透剂后需要进行滴落，以减少渗透剂的损耗，也减少渗透剂对乳化剂的污染。因为渗透剂在滴落的过程中仍继续保留渗透作用，所以滴落时间是渗透时间的一部分，渗透时间又称接触时间或停留时间。

渗透时间的长短应根据工件和渗透剂的温度、渗透剂的种类、工件种类、工件的表面状态、预期检出的缺陷大小和缺陷的种类来确定。渗透时间要适当，不能过短，也不宜太长，时间过短，渗透剂渗入不充分，缺陷不易检出；如果时间过长，渗透剂易于干涸，清洗困难，灵敏度低，工作效率也低。一般规定：温度在10~50℃范围时，渗透时间大于10min。对于某些微小的缺陷，例如腐蚀裂纹，所需的渗透时间较长，有时可以达到几小时。

渗透温度一般控制在10~50℃范围内，温度过高，渗透剂容易干在工件表面上，给清洗带来困难，同时，渗透剂受热后，某些成分蒸发，会使其性能下降；温度太低，将会使渗透剂变稠，使动态渗透参量受到影响，因而必须根据具体情况适当增加渗透时间，或把工件和渗透剂预热至10~50℃的范围，然后再进行渗透。当温度条件不能满足上述条件时，应按标准对操作方法进行鉴定。

（三）去除多余的渗透剂

这一操作步骤是将被检工件表面多余的渗透剂去除干净，达到改善背景、提高信噪比的目的。在理想状态下，应当全部去除工件表面多余的渗透剂而保留已渗入缺陷内的渗透剂，但实际上这是较难做到的，故检验人员应根据检查的对象，尽力改善工件表面的信噪比，提高检验的可靠性，多余渗透剂去除的关键是保证不过洗而又不能清洗不足，这一步骤在一定程度上需要凭操作者所掌握的经验。

1.水洗型渗透剂的去除

水洗型渗透剂的去除主要有四种方法，即手工水喷洗、手工水擦洗、自动水喷洗和空气搅拌水浸洗。空气搅拌水浸洗法仅适于对灵敏度要求不高的检测。

水洗型荧光渗透剂用水喷洗，应由下往上进行，以避免留下一层难以去除的荧光薄膜，水洗型渗透剂中含有乳化剂，所以如水洗时间长、水洗温度高、水压过高都有可能把缺陷中的渗透剂清洗掉，造成过清洗。水洗时间得到合格背景前提下，越短越好。水洗时应在白光（着色渗透剂）或黑光（荧光渗透剂）下监视进行。采用手工水擦洗时，首先用清洁而不起毛的擦拭物（棉纱、纸等）擦去大部分多余的渗透剂，然后用被水润湿的擦拭物擦拭。应当注意的是，擦拭物只能用水润湿，不能过饱和，以免造成过清洗。最后将工件表面用清洁而干燥的擦拭物擦干，或者自然风干。

2.溶剂去除型渗透剂的去除

先用不脱毛的布或纸巾擦拭去除工件表面多余的渗透剂，然后再用沾有去除剂的干净不脱毛的布或纸巾擦拭，直到将被检表面上多余的渗透剂全部擦净。擦拭时必须注意：应按一个方向擦拭，不得往复擦拭；擦拭用的布或纸巾只能用去除剂润湿，不能过饱和，更不能用清洗剂直接在被检面上冲洗，因为流动的溶剂会冲掉缺陷中的渗透剂，造成过清洗，去除时应在白光（着色渗透检测）或黑光（荧光渗透检测）下监视去除的效果。

3.去除表面多余渗透剂的方法与从缺陷中去除渗透剂的可能性的关系

图10-3表示采用不同的去除表面多余渗透剂的方法与从缺陷中去除渗透剂的可能性的关系。可以看出，用不沾有有机溶剂的干布擦拭时，缺陷内的渗透剂保留最好；后乳化型渗透剂的乳化去除法较好；水洗型渗透剂的水洗去除法较差；有机溶剂冲洗去除法最差，缺陷中的渗透剂被有机溶剂洗掉最多。

在去除操作过程中，如果出现欠洗现象，则应采取适当措施，增加清洗去除，使荧光背景或着色底色降低到允许水准上；或重新处理，即从预清洗开始，按顺序重新操作，渗透、乳化、清洗去除及显像过程。如果出现过乳化过清洗现象，则必须进行重新处理。

（四）干燥

1.干燥的目的和时机

干燥处理的目的是除去工件表面的水分，使渗透剂能充分地渗入缺陷或被回渗到显像剂上。

　　干燥的时机与表面多余渗透剂的清除方法和所使用的显像剂密切相关。当采用溶剂去除工件表面多余的透液时，不必进行专门的干燥处理，只需自然干燥5~10min。用水清洗的工件，如采用干粉显像或非水基湿显像剂（如溶剂悬浮型湿显像剂），则在显像之前必须进行干燥处理。若采用水基湿显像剂（如水悬浮型显像剂），水洗后直接显像，然后再进行干燥处理。

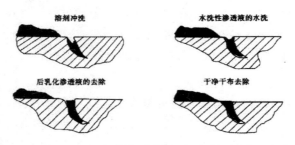

图10-3　去除方法与缺陷中渗透剂被去除掉可能性的关系示意图

　　2.干燥的常用方法

　　干燥的方法可用干净的布擦干、压缩空气吹干、热风吹干、热空气循环烘干装置烘干等方法。实际应用中，常将多种干燥方法结合起来使用。例如，对于单件或小批量工件，经水洗后，可用干净的布擦去表面明显的水分，再用经过过滤的清洁干燥的压缩空气吹去工件表面的水分，尤其要吹去盲孔、凹槽、内腔部位及可能积水部位的水分，然后再放进热空气循环干燥装置中干燥，这样做不但效果好，而且效率高。

　　3.干燥的时间和温度控制

　　干燥时要注意温度不要过高，时间也不宜过长，否则会将缺陷中的渗透剂烘干，造成施加显像剂后，缺陷中的渗透剂不能回渗到工件表面上来，从而不能形成缺陷显示，使检测失败。允许的最高干燥温度与工件的材料和所用的渗透剂有关。正确的干燥温度应通过实验确定，干燥时间越短越好，干燥时间与工件材料、尺寸、表面粗糙度、工件表面水分的多少、工件的初始温度和烘干装置的温度有关，不与干燥的工件数量有关。干燥温度一般不得超过50℃，干燥时间不得超过10min。

　　4.注意事项

　　干燥时，还应注意工作筐、吊具上的渗透检测剂以及操作者手上油污等对工件的污染，以免产生虚假的显示或掩盖显示。为防止污染，应将干燥前的操作和干燥后的操作隔离开来。

　　（五）显像

　　显像过程是指在工件表面施加显像剂，利用吸附作用和毛细作用原理将缺陷中的渗透剂回渗到工件表面，从而形成清晰可见的缺陷显示图像的过程。

　　1.显像方法

　　常用的显像方法有干式显像、非水基湿式显像、湿式显像和自显像等，其中非水基湿式显像在机电类特种设备的渗透检测中最为常用，干式显像和自显像基本不采用。

（1）非水基湿显像

非水基湿式显像一般采用压力喷罐喷涂，喷涂前，必须摇动喷罐中珠子，使显像剂搅拌均匀，喷涂时要预先调节，调节到边喷涂边形成显像薄膜的程度；喷嘴距被检表面的距离为300~400mm，喷洒方向与被检面的夹角为30°~40°。非水基湿显像时也采用刷涂和浸涂。刷涂时，所用的刷笔要干净，一个部位不允许往复刷涂多次；浸涂时要迅速，以免缺陷内的渗透剂被侵蚀掉。实际操作时，喷显像剂前，一定要在工件检验部以外试好后再喷到受检部位，以保证显像剂喷洒均匀。

（2）水基湿显像

水基湿显像可采用浸涂、流涂或喷涂等方法。在实际应用中，大多数采用浸涂。在施加显像剂之前，应将显像剂搅拌均匀，涂覆后，要进行滴落，然后再放在热空气循环干燥装置中干燥。干燥的过程就是显像的过程。对悬浮型水基湿显像剂，为防止显像剂粉末沉淀，在浸涂过程中，还应不定时地搅拌。

2.显像的时间和温度控制

显像时间和温度应控制在规范规定的范围内，显像时间不能太长，也不能太短。显像时间太长，会造成缺陷显示被过度放大，使缺陷图像失真，降低分辨力；而时间过短，缺陷内渗透剂还没有被回渗出来形成缺陷显示，将造成缺陷漏检。所谓显像时间，在干粉显像中，是指从施加显像剂到开始观察的时间；在湿式显像法中，是指从显像剂干燥到开始观察的时间。显像时间必须严加控制。显像时间取决于渗透剂和显像剂的种类、缺陷大小以及被检件的温度。显像时间一般不少于7min。

3.显像剂覆盖层的控制

施加显像剂时，应使显像剂在工件表面上形成圆滑均匀的薄层，并以能覆盖工件底色为度。

应注意不要使显像剂覆盖层过厚。如太厚，会把显示掩盖起来，降低检测灵敏度；如覆盖层太薄，则不能形成显示。

4.干粉显像和湿式显像比较

干粉显像和湿式显像相比，干粉显像只附着在缺陷部位，即使经过一段时间后，缺陷轮廓图形也不散开，仍能显示出清晰的图像，所以使用干粉显像时，可以分辨出相互接近的缺陷。另外，通过缺陷的轮廓图形进行等级分类时，误差也较小。相反，湿式显像后，如放置时间较长，缺陷显示图形会扩展开来，使形状和大小都发生变化，但湿式显像易于吸附在工件表面上形成覆盖层，有利于形成缺陷显示并提供良好的背景，对比度较高。

5.显像剂的选择原则

渗透剂不同，工件表面状态不同，所选用的显像剂也不同。就荧光渗透剂而言，光洁表面应优先选用溶剂悬浮显像剂，粗糙表面应优先选用干式显像剂，其他表面优先选用溶剂悬浮显像剂，然后是干式显像剂，最后考虑水悬浮显像剂。就着色渗透剂而言，任何表面状态，都应优先选用溶剂悬浮显像剂，然后是水悬浮显像剂。

（六）观察和评定

1.对观察时机的要求

缺陷显示的观察应在施加显像剂之后7~60min时间内进行。如显示的大小不发生变化，则可超过上述时间，甚至可达到几小时。为确保任何缺陷显示在其未被扩展得太大之前得到检查，可在7min前进行观察，对缺陷进行准确定性。

2.观察时对光源的要求

检验时，工作场地应保持足够的照度，这对于提高工作效率，使细微的缺陷能被观察到，确保检测灵敏度是非常重要的。

着色检测应在白光下进行，显示为红色图像。通常工件被检面白光照度应大于或等于1000lx；当现场采用便携式设备检测，由于条件所限无法满足时，可见光照度可以适当降低，但不得低于500lx。试验测定：80W荧光灯管在距光源1m处照度约为500lx。

荧光检测应在暗室内的紫外线灯下进行观察，显示为明亮的黄绿色图像。为确保足够的对比率，要求暗室应足够暗，暗室内白光照度不应超过20lx。被检工件表面的黑光照度应不低于$1000\mu W/cm^2$。如采用自显像工艺，则应不低于$3000\mu W/cm^2$。检验台上应避免放置荧光物质，因在黑光灯下，荧光物质发光会增加白光的强度，影响检测灵敏度。

3.注意事项

（1）检验人员在观察过程中，当发现的显示需要判断其真伪时，可用干净的布或棉球沾一些酒精，擦拭显示部位，如果被擦去的是真实的缺陷显示，则擦拭后，显示能再现，若在擦拭后撒上少许的显像粉末，可放大缺陷显示，提高微小缺陷的重现性；如果擦去后显示不再重现，一般是虚假显示，但一定要重新进行渗透检测操作，确定其真伪。对于特别细小或仍有怀疑的显示，可用5~10倍放大镜进行放大辨认。但不能戴影响观察的有色眼镜。若因操作不当，真伪缺陷实在难以辨认时，应重复全过程进行重新检测。确定为缺陷显示后，还要确定缺陷的性质、长度和位置。

（2）检验后，工件表面上残留的渗透剂和显像剂，都应去除。钢制工件只需用压缩空气吹去显像粉末即可，但对铝、镁、钛合金工件，则应保护好表面，不能腐蚀工件，可在煤油中清洗。

（3）渗透检测一般不能确定缺陷的深度，但因为深的缺陷所回渗的渗透剂多，故有时可根据这一现象粗略地估计缺陷的深浅。检验完毕后，对受检工件应加以标识。标识的方式和位置对受检工件没有影响。实际考核时一定记录下缺陷的位置、长度和条数。

（七）后清洗和复验

1.后清洗的目的

工件检测完毕后，应进行后清洗，以去除对以后使用或对工件材料有害的残留物。去除这些渗透检测残留物越早越容易去除，影响越小。

显像剂层会吸收或容纳促进腐蚀的潮气，可能造成腐蚀，并且影响后续处理工序。对于要求返修的焊接接头，渗透检测残留物会对焊接区域造成危害。

2.后清洗操作方法

（1）溶剂悬浮显像剂的去除，可先用湿毛巾擦，然后用干布擦，也可直接用清洁干布或硬毛刷擦，对于螺纹、裂缝或表面凹陷，可用加有洗涤剂的热水喷洗，超声清洗效果更好。

（2）碳钢渗透检测清洗时，水中应添加硝酸钠或铬酸钠化合物等防腐剂，清洗后还应用防锈油防锈。

三、渗透检测工艺文件

同射线检测、超声波检测一样，渗透检测工艺文件也包括两种：通用工艺规范和专用工艺（工艺卡）。

（一）渗透检测通用工艺

其基本要求和编制方法与射线检测、超声波检测、磁粉检测相同，在此不再赘述。

（二）渗透检测专用工艺

专用工艺内容包括下列部分：工艺卡编号、工件（设备）原始数据、规范标准数据、检测方法及技术要求、特殊的技术措施及说明、有关人员签字。

除检测方法及技术要求需要根据磁粉检测特点选择确定，其他部分的要求和射线检测工艺卡基本一致。

检测方法及技术要求包括选定的渗透检测设备名称和型号、选用的灵敏度试块种类型号、渗透剂种类、渗透剂去除方法、显像剂种类及施加方法、各个工序的控制时间、检测部位示意图。

第三节　渗透检测在机电特种设备中的应用

一、客运索道的渗透检测

客运索道是特种设备的一种，它是在险要山崖地段安装具有高空承揽运送游客的一种特殊设备，一旦发生事故，后果不堪设想。

抱索器是客运索道的主要构件之一，也是最关键的构件（图10-4），抱索器属锻件，形状不规则，在使用过程中，受交变频率较强的拉力和扭矩力，易产生疲劳裂纹，通常采用渗透检测的方法检查其表面开口缺陷。

下面以在用客运索道抱索器为例，介绍渗透检测在客运索道中的具体应用。

该构件主体材质为20#钢，采用锻件经机加工而成，结构如图10-4所示，采用渗透检测，检测标准JB/T4730.5-2005。

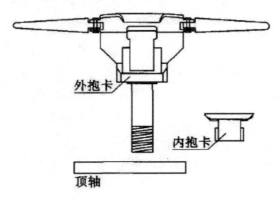

图10-4　抱索器结构图

具体检测方案及工艺确定如下。

（一）检测前的准备

1.待检工件表面的清理

检测前应清除工件表面的铁屑、油污及其他可能影响磁化和观察的杂物，必要的情况下采用清洗剂进行清洗。

2.设备器材的选择

考虑到该类构件的现状较为复杂，加之现场检测，所以采用溶剂去除着色法，以便于现场操作，并且可以一次检出各个方向的缺陷，相应的检测器材较为简单，包括着色剂、清洗剂及显像剂，通常上述试剂为市售套装。

（二）检测时机

工件表面清理完毕并经外观检查合格后，如果工件表面油污较多，还应采用清洗剂进行预清洗，清洗后当工件表面达到干燥状态后方可进行检测。

（三）检测方法和技术要求

基本操作程序包括预清洗、着色剂的施加、多余着色剂的去除、显像剂的施加、观察、后处理。

渗透时间应根据检测时的环境温度及工件表面状况进行控制，通常情况下渗透时间控制在10~15min。

（四）其他技术要求

采用清洗剂去除工件表面多余着色剂时，应根据工件表面状况掌握，避免过清洗。

（五）缺陷部位的标识

缺陷部位以记号笔加以清楚标注。

（六）检测记录和报告的出具

（1）采用的记录和报告要符合规范、标准的要求及检测单位质量体系文件的规定。

（2）记录应至少包括下列主要内容：工件技术特性（包括工件名称、编号、材质、规格、表面状态等）、检测设备器材（包括渗透剂型号、灵敏度试片的种类型号等）、检测方法（包括渗透时间、显像时间等）、检测部位示意图、评定结果（缺陷种类、数量、评定级别等）、检测时间、检测人员。客运索道抱索器渗透检测工艺卡见表 10-2。

表 10-2　客运索道抱索器渗透检测工艺卡

工艺卡编号：HNAT-PT-2011-05

	设备名称	抱索器	检件材质	20#钢
工件	设备编号	1~8 吊箱（抱索器）	表面状态	清洗除油/打磨除锈
	检测部位	抱索器内抱卡、外抱卡表面		
	渗透剂种类	H-ST	检测方法	II C-d
	渗透剂	HP-ST	渗透时间	>10min
器材及	清洗剂	HD-ST	显像时间	>10min
参数	显像剂	HR-ST	对比试块类型	□铝合金■镀铬
	渗透剂施加方法	■喷□刷□浸□浇	环境温度	15℃
	显像剂施加方法	■喷口刷□浸□浇		
技术	检测比例	≥20%	合格级别	I级
要求	检测标准	JB/T4730.5-2005		

（3）报告的签发。报告填写要详细清楚，并由 II 级或 III 级检测人员（PT）审核、签发。检测报告至少一式两份，一份交委托方，一份检测单位存档。

（4）记录和报告的存档。相关记录、报告、射线底片应妥善保存，保存期不低于技术规范和标准的规定。

检测完毕后清理检测现场，做好环境保护工作。

二、游乐设施的渗透检测

太空漫步车架是承载的重要构件，通常采用不锈钢材料制作。

下面以太空漫步车架为例，介绍渗透检测在游乐设施中的具体应用。

具体检测方案和工艺的确定方法同前述客运索道，基本操作程序如下：

（1）用清洗剂清洗工件表面。

（2）清洗剂晾干后在检测部位喷涂渗透剂。

（3）喷涂渗透剂完成10min后用清洗剂清洗检测部位多余的渗透剂，注意不要过清洗。

（4）清洗剂晾干后在检测部位喷涂显像剂。

（5）喷涂显像剂完成后10min，观察工件检测部位表面是否有缺陷痕迹显示，并做好记录，出具报告。

（6）清理检测现场，做好环境保护工作。

太空漫步车架渗透检测工艺卡见表10-3。

表10-3　太空漫步车架渗透检测工艺卡

工艺卡编号：HNAT-PT-2011-11

工件	设备名称	太空漫步	检件材质	不锈钢
	设备编号	AF810、AF801	表面状态	脱脂除垢
	检测部位	车架对接及角接焊缝		
器材及参数	渗透剂种类	H-ST	检测方法	II C-d
	渗透剂	HP-ST	渗透时间	>10min
	清洗剂	HD-ST	显像时间	>10min
	显像剂	HR-ST	对比试块类型	□铝合金■镀铬
	渗透剂施加方法	■喷□刷□浸□浇	环境温度	25℃
	显像剂施加方法	■喷□刷□浸□浇		
技术要求	检测比例	≥20%	合格级别	I级
	检测标准	JB/T4730.5-2005		

参考文献

[1] 姜敏.电气自动化技术在机械设备中的应用 [J].建筑工程技术与设计，2018，（14）：4437-4437

[2] 白云东.探讨机械自动化设计与制造存在的问题及应对措施 [J].中文科技期刊数据库（全文版）工程技术，2022，（12）：65-68

[3] 马建.电气工程自动化及其节能设计的应用研究 [J].设备管理与维修，2021，（14）：156-157

[4] 李复丽.自动化技术在机械设计制造中的应用 [J].时代农机，2020，47（5）：3-4

[5] 许莎，周翀.自动化技术在机械工程中的应用分析 [J].建筑工程技术与设计，2018，（52）：187-187

[6] 麦建恒.自动化技术在机械工程中的应用研究 [J].建筑工程技术与设计，2019，（3）：51-51

[7] 黄刚.浅谈电气工程自动化系统的设计与应用 [J].通讯世界，2019，26（6）：142-143

[8] 梁永强.机械设备中电气工程自动化技术的应用 [J].建筑工程技术与设计，2018，（10）：3293-3293

[9] 屈亚博.煤矿机械设备电气自动化技术应用 [J].建筑工程技术与设计，2018，（11）：385-385

[10] 圣萍，王冰，范叶子.浅论自动化技术在机械设备设计研发与制造中的应用 [J].工程与管理科学，2020，2（4）：21-22

[11] 马小潭.浅论自动化机械设备设计研发与机械制造 [J].中国设备工程，2019，（2）：157-159

[13] 王鹏飞.节能设计理念在机械制造与自动化中的运用探讨 [J].中文科技期

刊数据库（全文版）工程技术，2022，（6）：76-79

[14] 张兵.多元化分析视角下机械设计制造及自动化应用［J］.农业工程与装备，2022，49（4）：34-36

[15] 黄志强，刘召杰.智能制造工程离散行业自动化生产线设计方案［J］.科技创新与应用，2022，12（32）：132-134

[16] 姬旭东，黄海宁，王慕将.电动汽车直流充电桩自动化测试平台的设计与应用研究［J］.中国设备工程，2022，（5）：132-133

[17] 王延娜.电气自动化设备检测装置创新设计与应用探讨［J］.中文科技期刊数据库（全文版）工程技术，2021，（12）：491-492

[18] 赵应时.自动化技术在机械设计制造中的应用探讨［J］.智能建筑与工程机械，2021，3（5）：45-47

[19] 梁小丽.肉鸽自动化饲养设备设计研究与应用［J］.中文科技期刊数据库（全文版）工程技术，2021，（6）：381+383

[20] 薛丽芬.矿山工程施工中机械自动化设计及应用研究［J］.世界有色金属，2021，（10）：28-29

[21] 黄光伟.对电气工程及其自动化技术的设计与应用探讨［J］.中文科技期刊数据库（文摘版）工程技术，2021，（11）：351-353

[22] 杨军.浅谈自动化系统在城市污水提升泵站中的设计与应用［J］.中国设备工程，2021，（23）：215-216

[23] 乔治有.电气自动化设备中PLC控制系统的应用分析［J］.建筑工程技术与设计，2018，（28）：2801-2801

[24] 付庆芬.机械设备电气自动化技术的应用［J］.建筑工程技术与设计，2018，（90）：182-182

[25] 桂福能.机械设备的自动化技术的实践应用［J］.建筑工程技术与设计，2018，（12）：5231-5231

[26] 王兴媛.自动化技术在矿山机电设备中的应用与发展研究［J］.建筑工程技术与设计，2018，（34）：4035-4035

[27] 赵建勃，罗帅训，董朝晖.工程勘查钻进数据采集设备的自动控制系统设计与应用［J］.探矿工程：岩土钻掘工程，2020，47（12）：23-29

[28] 刘秋晨.控制设备的可靠性在电气自动化工程中的应用探讨［J］.建筑工程技术与设计，2018，（17）：4223-4223

[29] 郭波.机械自动化技术及其在机械制造中的应用探讨［J］.建筑工程技术与设计，2018，（29）：834-834

[30] 高艳坤.机械设备电气自动化技术的应用［J］.建筑工程技术与设计，2018，（20）：1135-1135

[31] 刘杨.建筑工程中的自动化机电设备的应用与安装技术研究 [J].建筑工程技术与设计，2018，（14）：524-524

[32] 梁亨源.电气工程及其自动化技术的设计与应用初探 [J].电脑迷，2019，（2）：226-226

[33] 覃钰东.自动化技术在机械设计与制造中的应用分析 [J].中国设备工程，2018，（15）：206-207

[34] 刘敬盛.机械自动化控制系统的设计应用 [J].中国设备工程，2019，（13）：161-162

[35] 李夏.机械设备电气工程自动化技术的应用 [J].建筑工程技术与设计，2018，（81）：195-195

[36] 苑少立.机械设备电气工程自动化技术的运用分析 [J].建筑工程技术与设计，2018，（18）：4080-4080

[37] 钟利涛.浅谈高速公路机电设备自动化设计的应用 [J].建筑工程技术与设计，2018，（19）：2369-2369

[38] 杨佳艺.电气自动化设备中 plc 应用 [J].建筑工程技术与设计，2018，（23）：4374-4374

[39] 杜西兴.浅析电气工程自动化技术在机械设备中的运用 [J].建筑工程技术与设计，2018，（18）：4140-4140

[40] 朱彤.关于电气工程及其自动化技术设计与应用 [J].市场周刊：商务营销，2019，（63）：1-1

[41] 吴晨.探究机械设备电气工程自动化技术的应用 [J].建筑工程技术与设计，2018，（23）：5684-5684

[42] 刘青.浅论自动化技术在机械设计制造中的应用 [J].中国设备工程，2019，（14）：213-214

[43] 赵同，张良震.机械设备电气自动化技术的应用 [J].建筑工程技术与设计，2018，（90）：182-182

[44] 齐振朋.自动化技术在机械设备制造中的应用 [J].建筑工程技术与设计，2018，（28）：608-608

[45] 姚晓锋，朱瑞坤.机械自动化技术在机械制造中的应用探讨 [J].建筑工程技术与设计，2018，（22）：1409-1409

[46] 耿振宁.试论电气工程自动化技术在机械设备中的运用 [J].建筑工程技术与设计，2018，（18）：4142-4142